博士后科学基金面上资助：2016M593018

Complex Network

Analysis of Structure and Dynamic Evolution

复杂网络

结构与动态演化分析

朱先强 杨国利 朱承 张维明 ◎著

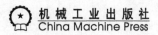

机械工业出版社
China Machine Press

图书在版编目（CIP）数据

复杂网络：结构与动态演化分析 / 朱先强等著 . -- 北京：机械工业出版社，2022.7（2024.6 重印）

ISBN 978-7-111-71209-1

I.①复… II.①朱… III.①计算机网络 - 研究 IV.① TP393

中国版本图书馆 CIP 数据核字（2022）第 124279 号

在信息智能技术的支撑下，大数据、云计算、物联网、人工智能等技术正成为当下社会最鲜明的时代特征，在这个时代中，人们争相利用网络数据提炼有效信息以催生服务价值。研究动态网络上的动态过程属于典型的交叉学科领域研究。本书主要从计算机科学角度介绍并讨论网络结构认知和演化动力学方面的研究成果，通过对经典的网络模型和其中的典型应用进行详细的讨论和解析分析，探索隐藏在其中的模式规律。

本书的核心内容就是面向复杂网络的结构和动态演化分析，结合网络数据信息，挖掘隐含的网络结构，分析结构和属性的表示学习，揭示网络的节点信息，从结构和攻击效果阐述网络的脆弱性，研究基于信息的网络阻断问题，揭示局部行为和全局特性之间的深层关联，让人们认识复杂自适应系统的演化机理，掌握复杂自适应系统的博弈手段。立足于不同层次上的认知能力，本书着重从偶对近似、群体选择和分布式学习三个方面出发，阐释复杂自适应系统上的演化、博弈和协同。

出版发行：机械工业出版社（北京市西城区百万庄大街 22 号　邮政编码：100037）

责任编辑：朱 劼　　　　　　　　　　　　责任校对：付方敏

印　　刷：北京建宏印刷有限公司　　　　　版　　次：2024 年 6 月第 1 版第 5 次印刷

开　　本：186mm×240mm　1/16　　　　　印　　张：20.5

书　　号：ISBN 978-7-111-71209-1　　　　定　　价：79.00 元

客服电话：(010) 88361066　68326294

前　言

在信息智能技术的支撑下，人们构造了一个又一个复杂而精妙的网络，我们开始步入"万物互联"时代。认识万物，首先需认识网络；改造世界，首先需改变节点。从孩提时代的哥尼斯堡七桥问题，到中学课本中的蛋白质分子结构，从微博、微信，到物流、网购，我们的生活被无数张大大小小的网络交织贯穿。从自然界中物种群体的优胜劣汰，到人类社会个体之间的交互学习，从现实世界新闻信息的传播扩散，到赛博空间智能系统的协同博弈，从自然到社会，从现实到虚拟，无不勾勒了纵横交互、错综复杂的网络形态，这些网络有天然的，有人造的，有摸得着看得见的，也有无声无息但却紧密附着的。

大数据、云计算、物联网、人工智能等技术正成为当前社会最鲜明的时代特征，从国家层面到地方政府，从科研院所到工业部门，人们都在争相利用基于网络数据的智能技术，提炼有益信息，催生服务价值。随着数据日益积累、设备持续增加、信息飞速流通，以互联网和物联网为依托的网络信息技术正潜移默化改变着人们的生产生活，人类正在迈向万物互联、万事可算的时代。通过对形形色色的网络进行建模和动力学分析，人们能够挖掘网络深层特征，开展网络演化预测，分析网络脆弱环节，控制网络智能协同。例如，深入研究社交网络影响力的产生模式和信息的传播模式，有助于精确预测舆论的走向以及趋势，为政府和机构提供决策依据和建议；深入研究人群接触网络和传染病机理，能够帮助卫生健康部门制定防控策略，防止疾病蔓延；深入研究消费者的购买模式和行为习惯，能够帮助公司企业制定产品推广策略和精准广告定位，促进产品营销。

众所周知，研究动态网络上的动态过程属于典型的交叉学科领域研究内容，涉及数学、复杂网络、统计物理、计算机科学、管理科学等诸多方面。本书主要从计算机科学的角度，介绍并讨论网络结构认知和演化动力学方面的研究成果。本书立足网络模型和典型运用，在力求严谨表述模型和算法的同时，飨以读者生动的示例、直观的见解和有益的启发。由于水平有限，而涉及的领域广泛且不断更新拓展，作者只选取了一些主要内容加以详细讨论，通过解析分析和数值计算探索隐藏在其中的模式规律。

本书的组织结构如下。第 1 章介绍了典型的网络演化模型和动态过程，为读者抽象概括本书所要传达的主旨思想。第 2 章介绍了网络中的结构重构方法，探索如何在信息缺失的条件下还原网络结构。第 3 章介绍了网络结构和属性的表示学习方法，用以挖掘网络深层特征。第 4 章介绍了网络的脆弱性方面的内容，探讨了网络关键节点的识别方法。第 5 章和第 6 章分别从网络信息的传播和阻断两个角度出发，构建模型阐释促进和抑制影响力扩散的手段和因素。第 7 章介绍了网络中的群体演化，讨论了动态网络结构对网络群体组成的影响。第 8 章就多智能体任务协同问题，探讨了无人网络系统如何通过自适应学习实现群体智能。

本书面向的读者包括复杂系统、网络科学和数据科学领域的本科生、研究生，以及对该领域感兴趣的研究学者，希望这些读者通过本书能够对网络结构认知和演化动力学有较为深入的了解，并从中汲取有价值的研究方向。此外，本书还可以作为数据工程师、算法工程师、网络分析师等业界实践者解决自身实际问题的参考，从中发掘使理论与实际有机结合的可能。本书包括了作者和众多学者的研究成果，在此对杨国利、朱承、张维明三位合作者表示由衷的感谢，对参与本书资料整理、指导修改的肖开明博士、徐翔博士以及研究生郭园园、朱梦婷、戴周璇、严经文表示感谢。由于作者水平有限，书中错误在所难免，敬请各位读者批评指正。我们希望随着越来越多研究的深入开展，人们对网络结构和演化动力学方面的认知越来越广泛，进而诞生出更多对社会有价值的实践和应用。

CONTENTS

目　　录

CHAPTER 1

第 1 章

绪 论

在过去的 20 余年中，人们通过构建分析各式各样的复杂网络来刻画深度关联的外部世界 [1-2]。众所周知，自 20 世纪末以来，人们对复杂网络的研究已广泛涵盖拓扑结构、统计特性、动态演化等方方面面，用以揭示信息网络、社交网络、生物网络、经济网络、生态网络等众多现实复杂系统的内在本质 [3-7]。近年来，以互联网和物联网为代表的网络信息技术在大数据和人工智能浪潮的推动下迅猛发展，人们的生产生活被各种形式的网络所贯穿。2015 年美国国防部将基于复杂网络的人类行为计算模型列入未来重点关注的六大颠覆性基础研究领域。现实世界中，信息网络、社交网络、经济网络、交通网络、生态网络等呈现出节点众多、状态异质、关联复杂、动态变化等特征，这些网络形态是自然科学和社会生活中各种复杂系统微观机理和宏观表征的综合体现。众所周知，一些奇妙的群体涌现现象（同步、渗透、临界、自组织等）往往通过一系列简单的个体交互行为（模仿、复原、断链、重连等）来实现，同时系统的全局特性（数量、规模、结构、流动等）也影响着个体形态（状态、邻居等）的变化 [4]。基于大数据背景，在局部交互行为与群体流动特性综合作用下的复杂网络结构和状态耦合动力学方面的研究正在成为复杂网络领域中的一项前沿核心内容 [7-9]。

尽管常见的复杂网络通常会以节点和边的形式进行展现，但愈究其本质，愈显差异。从单纯的规则网络、随机网络、小世界网络、无标度网络到复杂的加权网络、多层网络、异质网络、时序网络，人们对复杂网络的研究越发深刻，也越来越接近其奇妙多姿的内涵。为探索复杂网络结构与功能之间的内在关联，Newman 等人[4]从微观视角和宏观视角两方面出发对大量网络展开深入的研究，勾勒出从局部行为到全局涌现现象的作用机理。众多示例表明，相互关联的个体通过局部行为的改变能够促成宏观层面上的协同、混沌、同步、分支、自组织等涌现现象。为进一步理解复杂网络上的动态过程，Barrat 等人[7]以详实的理论解析和案例仿真展示了大量由局部行为触发产生的集体涌现特征，而这些行为通常是在局部信息下分布式控制的，并不存在集中控制者。

　　总体而言，本书的核心内容就是面向复杂网络的结构和动态演化分析。本书将结合网络数据信息，挖掘隐含的网络结构，分析结构和属性的表示学习，揭示网络节点信息，从结构和攻击效果阐述网络的脆弱性，研究基于信息的网络阻断问题，揭示局部行为和全局特性之间的深层关联，让人们认识复杂自适应系统的演化机理，掌握复杂自适应系统的博弈手段。特别需要指出的是，由于个体认知水平上的差异，其自适应能力是不同的，进而导致状态演化和结构调整相距甚远，最终彰显的全局特性也不尽相同。立足于不同层次上的认知能力，本书将着重从偶对近似、群体选择和分布式学习三个方面出发，阐释复杂自适应系统上的演化、博弈和协同。

1.1　网络视角下的现实世界

1.1.1　随机网络

　　在复杂网络的研究历程中，七桥问题开创了复杂网络中拓扑结构的图论研究，随后到 20 世纪 50 年代末，匈牙利数学家 Erdos 和 Renyi 首次提出了随机图理论。随机图（Random Graph）处于图论和概率论的交叉地带，是由随机过程产生的图，具有不确定性。随机图主要研究经典随机图的性质，即使用一些规则而随机产生的图，包括随机哈密顿图和随机可迹图。随机网络模型[10-11]提供了一种给定节点和边数情况下产生出任意一种情况的概率是相同的规则，并按照这种规则来产生随机图，即 ER 随机图或泊松随机图，被公认是在数学上开创了复杂网络拓扑结构的系统性分析，奠定了复杂网络发展的理论基础，其后大量类似模型由此演变而来[12-13]，如图 1-1 所示为基于随机图产生的网络结构。

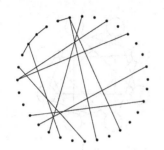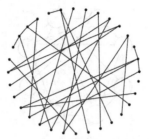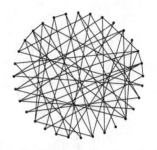

图 1-1 基于随机图产生的网络

复杂网络作为一门新兴的交叉科学,近年来逐渐影响人们的生活。在大规模网络中,其复杂拓扑结构和未知组织规则通常表现出一定的随机性,因此 ER 随机网络模型常被用来生成仿真网络数据,用于对复杂网络研究中的新模型进行对比分析。然而,现实生活中的复杂网络并非是完全随机的,因此随机网络在解决复杂网络问题时,仍存在一定的缺陷。

1.1.2 小世界网络

"六度分离"是社交网络中经典的案例 [14],其指出地球上任意两个个体之间最多通过 5 个相邻节点就可以实现相连,这种现象称为"小世界现象",具备这种特性的网络称为"小世界网络"。

1998 年,Watts 和 Strogatz 等人 [15] 提出了经典的 WS 模型描述小世界网络中的动态涌现特性,即高集聚性和短路径特性。我们可根据图 1-2 所示的案例在规则网络的基础上通过增加边分布的随机性产生一系列的小世界网络,在此过程中节点和连接的数量保持一定,通常比 ER 随机网络拥有更高的聚集系数和更小的平均最短路径,对于小世界网络的统计特性 [16-17],Barthelemy、Barrat 等人已有了大量详尽的描述。

现实生活中的小世界现象也很常见,如航空航班的小世界网络,当选择在任意两个城市之间飞行时,通过枢纽城市进行中转通常只需三程或更少的航班数。类似的案例还可在导航网络 [18]、蛋白质网络 [19]、基因网络 [20] 中体现。此外,因为小世界网络外围节点比例要远高于中心节点比例,在节点删除时,删除重要节点的概率非常低,因此相比其他网络结构,小世界网络对扰动的鲁棒性更强,但是对于针对中心的有意攻击问题,小世界网络更容易受到影响从而造成灾难性故障。

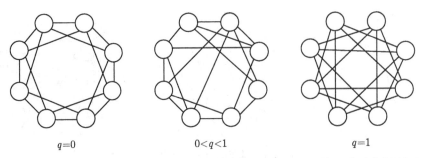

$q=0$　　　　　　$0<q<1$　　　　　　$q=1$

图 1-2　增加边的重连概率 q，网络结构由规则网络转为小世界网络，进而成为随机网络

1.1.3　无标度网络

近年来，越来越多的学者开始深入研究因特网、生物网络、社交网络等展现出的幂律分布，这些网络通常被称为无标度网络。1999 年 *Science* 上刊登了 Albert-László Barabási 和 Réka Albert 的文章，首次提出了无标度网络的概念，通过研究无标度网络的拓扑结构，发现其度分布服从幂律分布，即大多数的节点度很小，而仅有少数节点的度很大。现实生活中，无标度网络无处不在，如微博上一些大 V 用户拥有大量粉丝，他们在消息传递上具有相当高的影响力；万维网中，网站之间通过页面链接建立关系，其中绝大部分网站只有少数站外链接，少数网站有相当多的站外链接，如新浪网、百度网；物流网络中，存在大量的集散节点收集包裹快递，仅有少部分的转运中心节点与各集散节点连接进行物流交换。这些无标度网络都在实时影响着我们的日常生活。

无标度网络普遍存在于社交网络、互联网、交通网络中，同时具有一定的鲁棒性和脆弱性。由于网络中存在少数的枢纽节点，无标度网络对随机故障具有很强的容错能力，当错误随机发生时，由于枢纽节点的数目很少，因此几乎不会受到影响，并且删掉其他节点对网络的结构影响也很小。但是针对网络枢纽节点的蓄意攻击，则很容易破坏无标度网络，甚至使网络面临瞬间崩溃的风险。根据无标度网络的度分布满足幂律分布这个特点，我们也可以利用存在的少数枢纽节点对网络进行有指向的保护，如在应对流行病传染时，可以采取对社会网络中枢纽节点优先进行免疫的策略，这样通过免疫很小一部分节点就可以切断传染途径，达到快速消灭传染疾病的效果。百度网的搜索功能极大缩减了信息查询的时间，人们足不出户就可以快速查询到所需要的信息；物流网络中，通过布局少数的转运中心，就可以将全国货品送达每一处角落。

目前，对无标度网络的研究已逐渐成熟，如无标度网络的生成模型和鲁棒性脆弱性分析，然而现实生活中的网络结构更为复杂，具有动态性、异质性、时序性等网络特点，仅依据无标度网络已不足以解决当下所面临的问题，因此，如何改进优化网络模型仍是学者们后续努力的方向。

1.2 网络结构与性能分析

1.2.1 网络结构重构问题

现实中很多的复杂系统都可以抽象成网络，网络中的节点代表系统中的实体要素，网络中各节点间的边表示系统中各实体之间的相互作用关系。然而，人们一般对现实中的复杂系统知之甚少，不了解系统内部的相关结构，例如生态系统中各个物种之间的相互影响关系。但随着系统的逐渐演化，与系统相关的演化数据会被保留下来，例如在生态系统演化的过程中，不同演化时期的物种种类和物种数量可以被人们挖掘出来。因此，系统要素演化过程产生的相关数据对反映系统要素间的相互作用，即系统要素间的结构关系具有重要作用。通过对系统演化过程中产生的相关数据进行分析和处理，可以对系统中隐藏的结构和动态过程进行挖掘，这类研究问题被称为动力学网络重构。

网络重构作为网络科学研究的一类反问题，逐渐引起相关学者的研究兴趣，作为网络重构简单例子的链路预测在实际生活中的网络重构场景也随处可见，例如社交网络中的好友推荐、电子商务中的商品推荐等。网络重构在作战场景中也有相应的应用，例如为了获取敌方军事网络（组织关系网、作战设施设备网等）的结构，可通过侦察到的相关数据信息进行网络结构的反向还原。在疾病传播过程中，可通过感染人群的分布来还原疾病传播网络的结构。综上，网络还原在实际中的应用场景多种多样。如何根据实际应用场景设计高效快速的网络重构方法是目前逐渐被重视的研究方向。

对网络进行重构有以下难点：第一，网络结构的复杂性，实际中的很多网络具有节点数量多、连接关系复杂的结构特点；第二，网络各节点之间的交互关系一般为非线性；第三，关于网络动态过程的数据较难获得，包括数据的数量和质量，同时在获取网络数据过程中还会存在一定的干扰数据，即噪声会对网络重构的精度产生影响；第四，实际存在的网络大多数为时序动态网络，且存在双层甚至多层的结构，因此如何对时序网络和多层网络结构进行重构也是一个重要的问题。

1.2.2　网络特征表示学习问题

随着科技的快速发展，各个领域产生了大规模的数据，特别是大规模的网络数据不断涌现，如微博、Facebook、Twitter 等。这些网络数据不仅数量庞大，而且类型丰富，传统的复杂网络技术无法有效分析网络特征，且可能困于庞大的计算复杂度。此外，这种复杂的网络结构数据在日常生活中更加普遍，如何实现网络节点的社区划分、根据历史浏览记录实现精准商品推荐、由 PPI 相互作用网络解决疑难病症的药物发现等，对人们的生产与生活有着重要意义。网络表征方法的出现解决了这一问题。但是这种表示往往具有较高的计算复杂度，使后续的网络处理和分析变得十分困难。近年来，表示学习在自然语言处理领域取得了极大的进展，这为复杂网络的研究提供了一种新的视角，具体方法是将网络节点的连接关系看作自然语言处理中的上下文关系，应用 Word2Vec技术来实现网络节点的表征，不仅使得网络节点维度大大下降，且尽可能保有网络节点的原有信息。网络表示学习要解决的关键问题是如何应用网络提供的现有信息实现对网络节点更全面的认识。

网络表示学习技术不仅为复杂网络问题提供了新的解决思路，且涉及传统复杂网络理论、矩阵论、数据挖掘、机器学习、深度学习、强化学习等众多学科领域，现已成为网络科学研究的热门方向。传统的网络表示学习包括基于随机游走的表示学习方法和基于矩阵分解的表示学习方法，随着深度学习的快速发展，图神经网络等方法也被提出用于网络节点的低维表示学习，推动了网络表示学习的进一步发展。

1.2.3　网络结构的脆弱性

目前，如交通网、因特网、协作网等网络都与我们的生活息息相关，都可以用复杂网络的相关理论来描述。随着复杂网络的无标度和小世界特性的发现，复杂网络逐渐成为多个学科和领域共同关注的前沿热点。

现实生活中，微博中一些大 V 用户发表的微博很快会传遍整个网络，某段电路的瘫痪可能会迅速导致区域性的大面积停电，流感病毒从个体到群体的大面积传播，黑客通过木马病毒等手段来蓄意攻击服务器、路由器等网络设备造成网络系统的崩溃。当许多看似不起眼的网络节点遭受攻击，其在网络中的传播如"蝴蝶效应"般具有巨大的影响力，甚至是破坏力。这种节点在网络中一般数量较少，但其影响却可以迅速波及网络中的大部分节点。因此，如何刻画复杂网络中节点或边的脆弱性问题是当前复杂性科学研究面临的重要挑战。

所谓的网络脆弱性节点是指相比网络中其他节点而言能够在更大程度上影响网络的结构或功能的一些特殊节点。例如，交通网络中，识别网络中的重要交叉点可以防止交通拥挤导致的交通网络瘫痪；在病毒传播网络中，锁定关键传染源可以显著降低病毒传播的速度和范围；恐怖袭击网络中，攻击网络中的脆弱节点和链路，可以有效摧毁网络组织。因此，寻找网络中有影响的脆弱节点不仅具有一定的理论意义，而且具有实际的应用价值。

对一个无标度网络进行蓄意攻击时，攻击少量最关键的节点就会导致整个网络的瓦解。那么，如何定位网络中的脆弱节点呢？一般地，要回答这个问题有以下几个方面需要考虑：一是网络的结构是否已知，如结构未知时采用随机攻击，或结构已知时采用蓄意攻击用以发现网络中脆弱节点或边；二是网络的类型是单一还是复杂，如通过研究相互依赖网络中的级联失效发现网络的脆弱性；三是网络的脆弱性建模，如建立脆弱性评估指标，通过模型计算网络脆弱性值用以评价网络的脆弱性。

此外，网络的脆弱性研究可为后续网络的容错抗毁性研究提供理论支撑，通过对网络的脆弱节点和链路进行冗余备份，能够有效提高网络的容错抗毁性。因而，对网络脆弱节点进行评估具有很高的实用价值。

1.3　网络的动态性

1.3.1　网络中的动态过程

网络一致与结构分裂是自适应网络信息融合的两大趋势，自适应网络动态性已在神经系统[21]、疾病传播[22-24]、观点形成[25-27]等领域取得了丰硕的成果。其基本研究思路为探究局部行为作用下的全局涌现特性是如何形成的，以及这些动态性是如何反映到网络结构上的。在本章，我们将以自适应选举者模型为例，通过比对模仿和连接重连揭示二者耦合作用对网络形态的影响，探索网络中的信息传播模式。

通过观点传播和社会关联进行驱动以达到自适应的动态性最初由 Holme 等人[25]在 2006 年研究提出，其将活跃连接通过相邻状态模仿和结构重连实现网络的稳定。十分有趣的是，随着重连速率的增长，存在一个由归一性到多样性的相位临界转移。其后，伏锋等人[28]研究了一个模仿多数者（Majority-Preference，MP）避免少数者（Minority-Avoidance，MA）的策略消解活跃连接两端状态不一致。Durrett 等人[29]发现少数状态节点在稳态条件下的规模高度依赖其初始条件和重连速率。在两种经典重连策略 rewire-to-same 和 rewire-to-random 下，由归一到分裂的转移存在极大的不同。另外，Vazquez 等人[30-31]采用近似微分方程的方法预估网络演化的稳定状态，但是由于动态过程中的相关性，其分析结果与仿真结果存在较大的差距。

自适应选举者模型将状态演化和结构调整统一在同一时空维度处理活跃连接的不稳定性，这种耦合动态过程可以通过图 1-3 进行描述，其中状态模仿和连接重连有效促进了相邻节点状态的一致性，重连力 α $(0 \leqslant \alpha \leqslant 1)$ 暗示了这两种行为的相对速率。

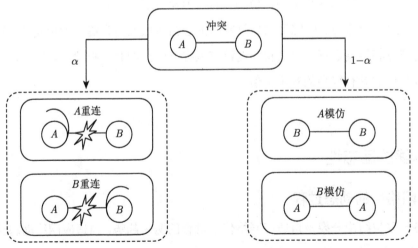

图 1-3　状态演化和结构重连耦合作用下的自适应网络模型示意图

在后面的章节中，我们将基于 Durrett 等人的工作 [29]，进行以下几个方面的扩展研究：

- 探索不同重连策略对网络状态归一和结构割裂的影响。
- 将中间状态引入状态演化过程，推动网络的归一性进程。
- 赋予网络节点权重，相邻节点状态演化依赖二者权重大小。
- 提出微分方程近似技术，精确刻画自适应网络的动态性。

1.3.2　网络中的信息阻断

网络阻断是指通过妨碍、破坏网络中的某些节点或链路，以达到降低网络的某项或某些性能的行为，通常被表示为具有博弈特点的优化问题。网络阻断问题常常被视为主从博弈问题。其中，跟随者希望在网络中最优化某项网络指标，例如特定节点之间的最短路径或者最大网络流；领导者则通过采取阻断策略，使得跟随者所能求得的最优解最差。领导者的阻断行为常常是通过影响跟随者的优化目标或是可行域来生效的，例如通过阻断策略使得跟随者使用某些链路的代价增大，或使得这些链路不可被使用。在攻防语境中，"阻断"意味着阻止或妨碍敌方的行动，例如对供应链操作或者通信的攻击，阻断策略既可能是物理上的火力打击、破坏工作，也可能是网络层次的侵入、阻碍。根据跟随者设置的优化目标或语境的不同，领导者，即阻断行为的决策者，可能扮演网络的攻击方，也可能扮演网络的防守方。例如，当网络描述为走私网络，跟随者问题描述为走私者寻找最短的走私路径时，领导者（警察）扮演着攻击方的角色，他希望尽可能地阻断走私路径；而当网络描述为领导者所使用的通信网络，跟随者问题描述为网络入侵行为时，领导者（网络运营方）则扮演着防守方的角色，他希望尽可能地延缓或阻止敌方的网络入侵。因此，研究网络阻断问题，无论是对于进攻方，还是防守方，都具有重要的意义。

网络阻断问题的研究起源于美国军方资助的关键基础设施网络阻断与防护项目，有着浓厚的军事国防背景。例如，美国的综合性战略研究机构兰德公司，在冷战时期曾研究了针对苏联在东欧铁路网的阻断问题，利用最小割问题和最大流问题的等价性，分析如何以更少的资源消耗来降低铁路网的运输能力，以延缓苏军的进攻速度。美国海军研究院的 Alan

W. McMasters 等人则研究了一般背包约束情况下，针对作战部队补给运输网络的阻断攻击问题。在军事攻防背景之外，网络阻断问题也有着许多实际的应用场景。例如医疗机构控制疾病传播的决策支持系统中针对病毒传播网络采取的防疫阻断问题、针对毒品走私网络的打击阻断问题等。当前时代，各式各样的网络系统在经济、军事、文化等诸多领域得到了广泛的应用，而随着网络系统的不断增多，不同网络之间的互联耦合正成为一种趋势。多网络系统的协同运作、相互支持、相互制约，大大提高了系统的能力和效率，也使得当今的网络系统无论是规模还是复杂程度都大大增加。对于具有复杂层间互联耦合关系的多层网络，在攻防两种意义上，网络阻断问题都具有十分重要的研究价值。美国空军的 John A. Warden 提出"五环打击理论"，将攻击目标划分为五个层次：指挥控制通信系统、生产设施、基础设施、民心和野战部队，通过优选目标、精确打击，造成敌方完全瘫痪。这一理论指导了美军在众多军事行动中打击目标的选取。实际上，在军事领域，不同层次的战略、战术目标构成了许多的网络，例如通信网络、指控网络、火力网络、监测网络，而这些网络之间存在大量复杂的耦合关系。在攻击资源和能力有限的情况下，如何规划作战力量，选取作战目标，实现对敌方军事力量的最佳打击，对于现代军事行动，尤其是大国之间军事较量，具有十分重要的战略、战术意义。

赛博物理系统是典型的具有多层网络特性的复杂系统，从智能家庭网络，到智能电网、交通系统，这些规模各异的赛博物理系统不仅仅提升了人类生活的品质，更在当今人类工业发展中发挥着重要的作用。赛博物理系统中多层网络之间的互联耦合，使得系统效率提高的同时，也为其带来了安全的隐患。某个环节的错误或失效可能对整个复杂系统产生严重的影响，同时针对系统的恶意攻击，也可能从多个层次开展。例如，2003年意大利电网的一个发电站的关闭，导致互联网的通信节点失效，而通信节点的失效反过来导致更多发电站关闭，最终波及了整个电力系统和信息系统；"震网"病毒通过间谍携带进入伊朗核设施，并通过 U 盘将病毒注入机器，在网络中转移，最终侵入离心机网络，对核设施造成破坏。由于赛博物理系统的应用广泛和其易受敌对攻击和失效影响范围广的特点，针对赛博物理系统的安全性研究有着重大的意义。其中，基于网络阻断的博弈问题从攻防两个方面研究赛博物理系统安全策略的效果，对于抵御恶意入侵、攻击行为检测和筛选关键链路等实际问题有着一定的刻画能力。

1.3.3 网络演化过程分析

众所周知，驱动复杂网络演化的动力既源于局部个体交互，又源于全局群体流动，二者共同作用推动网络在统一时空范畴内不断演化。一方面，复杂网络在微观层面上由于局部交互作用呈现状态扩散特性。强有力的信息可以在社交网络上像病毒一般扩散，在互联网时代，一段视频、一则新闻报道或一张照片可以在短时间内被成千上万人知晓。另一方面，复杂网络在宏观层面上由于群体流动作用呈现动态增减特性。以社交网络为例，从 20 世纪末到 2018 年，全球各种社交网络从无到有，从小到大，新用户个体在好友推荐下不断嵌入到网络中，总用户规模已增长至 30.28 亿人。就在 2017 年，全球主流社交网络平台（包括 Facebook⊖、Twitter、微信等）用户增加了 4%，约为 1.21 亿人。然而，也有一些社交网络平台用户呈现下行趋势，例如 Line 全球月活跃用户数量近年来持续下滑，截至 2017 年 3 月，其全球月活跃用户为 2.14 亿，已连续两个季度下滑，较 2016 年第三季度的 2.2 亿少了 600 万用户。众多现实案例显示，复杂网络中微观层面上的个体交互和宏观层面上群体流动共同推动着网络形态的不断演化，特别是当前信息时代各种网络平台更新换代速度飞快且开放性强，网络群体流动特征显著提升且变化明显，例如近年来快速崛起的快手、抖音等社交网络上，某热点新闻或视频的广泛转播既源于当前用户的彼此转发，又得益于大量新用户的不断加入。因此，如何将这种动态网络的动态过程系统地刻画并进行有效的利用和控制是人们下一步研究的重点。

1. 局部作用驱动的传播动力学

局部作用驱动的传播动力学旨在研究个体状态在网络中的传播过程（通过模仿、学习、比对、传染等手段），常见的模型主要有选举者模型、传染病模型和网络博弈模型。以选举者模型为例，节点状态对应着个体所持有的政见或投票对象，并且该状态会因周围邻居的影响而改变。首个选举者模型是由 Clifford 等人 [32] 在 1973 年提出的，随后大量的研究拓展了该模型，探索不同的传播机制对网络整体状态的影响，其中包括著名的 Sznajd 模型 [33]、Deffuant 模型 [34] 和 Axelrod 模型 [35] 等。在疾病传播领域也有类似的研究，李翔等人以传染病模型为例详细阐述了复杂网络传播动力学中的临界相

⊖ 现已更名为 Meta。——编辑注

变、分岔现象和平衡点，深刻揭示了网络拓扑结构对状态扩散爆发阈值和控制程度的影响 [36-37]，但是上述研究没有深入探讨状态扩散过程中网络结构自适应调整的反馈作用以及群体的动态流动性。

自适应传播模型在静态拓扑传播模型的基础上，进一步考虑了网络结构的动态调整以及其对状态传播的反馈作用。杨慧等人 [38] 从自适应网络中的疾病传播与免疫控制两方面入手，深入探讨了结构调整与状态传播之间的相互作用。近年来，Miller、靳祯等人 [39-40] 从人口动力学角度出发，探索个体新老接替对群体组成和疾病扩散的影响，但是这些工作通常只将个体的新增和淘汰过程与其度数进行关联，对于具备相同度数的个体无差别对待，忽视了个体自身结构配置和彼此之间的强弱竞争。针对自适应选举者模型 [25]，Holme 等人将结构调整和状态扩散的耦合动态性通过重构参数进行控制，当重构作用较小时，网络中大部分节点彼此连通且具有相同的状态；当重构作用较大时，网络分裂成多个较小规模的连通子图，网络状态呈现多样性。类似的工作还有伏锋 [28]、Vazquez [41] 和 Durrett [29] 等人的研究成果，他们尝试通过近似解析计算求解某类节点在稳定状态下的均值、分布以及临界点，然而这些研究无法克服动态网络中节点分布相关性造成的近似误差，且并未对群体流动造成的个体流入或流出过程展开讨论。

特别需要指出的是，上述大量工作侧重从微观角度出发通过数值仿真或微分方程的方法模拟局部交互作用下的系统演化过程，并运用统计物理学原理揭示群体特性，其群体组成和规模往往是固定的。而且这些工作缺乏从宏观角度出发考虑全局选择对群体流动的影响，忽略了个体竞争和新老接替对网络状态与结构的作用，也没有结合历史数据进行规则发现和分析验证，因此具有一定的片面性和不完善性。

2. 全局作用驱动的群体动力学

全局作用驱动的群体动力学主要探索群体规模与组成在特定竞争机制下的变化过程，常见的模型主要有演化博弈论和进化群体论等。其中，演化博弈论 [42] 将博弈论纳入达尔文进化群体框架内 [43]，是研究群体动力学的主要方法之一。演化博弈群体往往符合优胜劣汰、适者生存的自然规律，个体与个体之间通过对应策略的交互可为彼此产生一定的收益，其中收益高的个体会产生新的个体，而收益低的个体会逐渐被淘汰。随着新个体不断生成，老个体相继消失，整个群体的成分在个体动态流动作用下将会发生显著的变化。用于刻画演化博弈群体的模型主要有 Fermi 模型[44]、Wright-Fisher 模型[45-46] 和 Moran 过程[47]，其群体组成在一系列流入-流出操作中不断变化。

近年来，人们逐渐开始关注网络结构约束下的演化博弈论[48-49]，其中个体之间的交互收益通过连接关系实现，个体流入或流出的方式深刻改变着网络结构和群体组成。例如在经典的囚徒困境（Prisoner's Dilemma，PD）问题背景下，自然选择机制会促成对抗策略逐步成为群体的主导状态，为促进协作策略在整个群体中的扩散，Nowak 和 Pacheco 等人[50-51] 提出通过自适应结构调整机制提升群体的协作水平[52-54]，相关研究[55-56] 发现协作团体因为互助而关联紧密，而对抗团体则因互损而结构松散。另外，在演化博弈论中新增个体状态和结构的嵌入方式极大地影响着群体的稳定性，临界跃迁[57] 揭示了由嵌入条件渐变引发的系统状态突变，一些统计信号的变化（如临界降速、高波动性、高自相关性等）[57-59] 会出现在临界点附近作为系统稳定性突变的先兆，但是针对深层次、非线性网络的特征学习目前还未做出突破性的进展。

特别需要指出的是，上述研究侧重于全局作用下的群体流动特性，通过演化博弈模型定义适应度来刻画个体的新增与淘汰。然而大多数模型和方法并没有将宏观信号与个体的微观状态联系起来，特别是没有深入研究相邻个体之间是否存在策略模仿、新增个体以何种形式加入、已有个体以何种形式离开，以及这些行为对网络结构与状态的影响。现实世界里众多宏观特性归根到底都取决于微观个体的行为，抛开微观本质单纯探讨宏观机理是不完整且不充分的。

1.4 本书组织结构

本章的主要章节安排如下。

第 1 章为绪论。本章主要通过随机网络、小世界网络和无标度网络介绍网络视角下的现实世界，分析网络结构和性能，描述了网络的动态性，阐述了复杂系统和网络结构及动态性的背景和意义。

第 2 章为网络中的结构重构方法。本章描述了部分结构已知和网络结构完全未知的两种情况下的网络重构，并针对不同的适用条件列举了相应的解决问题的具体方法，提出基于离散信息的网络拓扑还原方法，并应用于 WS 网络、BA 网络和 ER 网络中。

第 3 章为网络结构与属性的表示学习方法。本章阐述了网络表示学习问题，从基于网络结构的表示学习和基于属性的表示学习两个方面分别描述了这两种情况下现有的表示学习方法，并应用于电影网络数据集中。

第 4 章为网络结构的脆弱性分析。本章从网络结构的脆弱性出发，研究网络中关键节点的识别方法。此外，从级联失效、渗流模型、马尔可夫模型三个方面详细介绍相互依存网络中的级联失效性问题，并应用在公用数据集中研究节点重要性识别问题。

第 5 章为网络中的信息传播。本章讨论了自适应网络上信息传播与结构调整的耦合动力学过程，并以自适应选举者模型为例展开深入的分析，提出了一些近似解析技术，用以快速预测网络稳定状态，在近似主方程 AME 的基础上提出了双星近似方法 DSA，结果性能有了明显的提升。

第 6 章为网络中的信息阻断。本章主要介绍了网络中基于信息的阻断问题，给出网络阻断的一般模型，介绍了其变种问题，并罗列了网络阻断问题的一般求解方法，提出了动态网络的阻断模型，并应用于栅格网络、ER 网络和无标度网络中。

第 7 章为网络中的群体演化。本章研究了自然选择（或全局选择）作用下的自适应群体如何通过状态演化和结构调整的耦合动态行为影响整个群体的主导状态，特别是由于某些参数的改变形成的群体状态临界跃迁，并将这种状态临界跃迁关联到一些结构性或非结构性的预警信号上，基于此预测群体未来的走向。

第 8 章为网络中的智能协同。本章介绍了多智能体的背景，基于量化指标，生成与任务匹配的智能体网络任务分组，实现各个智能体的协同。将状态演化、分布式学习和结构调整应用于自适应网络上的分布式协同，实现高效鲁棒的智能体任务分组。构造一种通用的工作–学习–调节机制，实现自适应系统协同合作，共同完成复杂任务。

参考文献

[1] STEVEN H S. Exploring complex networks[J]. Nature, 2001, 410(6825): 268–276.

[2] ALBERT R, BARABASI A Z. Statistical mechanics of complex networks[J]. Reviews of Modern Physics, 2002, 74(1): 47.

[3] SEREGEY N D, JOSE F M. Evolution of networks[J]. Advances in physics, 2002, 51(4): 1079–1187.

[4] MARK E N. The structure and function of complex networks[J]. SIAM review, 2003, 45(2): 167–256.

[5] STEFANO B, VITO L, YAMIR M, et al. Complex networks: Structure and dynamics[J]. Physics reports, 2006, 424(4): 175–308.

[6] MATTHEW O J, et al. Social and economic networks[M]. Princeton: Princeton University Press, 2008.

[7] ALAIN B, MARC B, ALESSANDRO V. Dynamical processes on complex networks[M]. New York: Cambridge University Press, 2008.

[8] 周涛，柏文洁，汪秉宏，等. 复杂网络研究概述 [J]. 物理, 2005, 34(1): 31–36.

[9] 汪小帆，李翔，陈关荣. 复杂网络理论及其应用 [M]. 北京：清华大学出版社, 2006.

[10] PAUL E, ALFRED R. On random graphs[J]. Publications Mathematicae Debrecen, 1959, 6: 290–297.

[11] PAUL E, ALFRED R. On the evolution of random graphs[J]. Publ. Math. Inst. Hungar. Acad. Sci, 1960, 5:17–61.

[12] REMCO V D.Random graphs and complex networks[EB/OL]. Available on http://www. win. tue. nl/rhofstad/NotesRGCN.2009.

[13] BELA B, ROBERT K, DEZSO M. Handbook of large-scale random networks. New York: Springer Science & Business Media, 2010.

[14] FRIHYES K. Chain-links[J]. Everything is the Other Way, 1929.

[15] DUNCAN J W, STEVEN H S. Collective dynamics of "small-world" networks[J]. nature, 1998, 393(6684): 440–442.

[16] MARC B, LUISS A. Small-world networks: Evidence for a crossover picture[J]. Physical Review Letters, 1999, 82(15): 3180.

[17] ALAIN B, MARTIN W. On the properties of small-world network models[J]. The European Physical Journal B-Condensed Matter and Complex Systems, 2000, 13(3): 547–560.

[18] JON M K. Navigation in a small world[J]. Nature, 2000, 406(6798): 845.

[19] PEER B, LARS J J, CHRISTIAN V M, et al. Protein interaction networks from yeast to human[J]. Current opinion in structural biology, 2004, 14(3): 292–299.

[20] VERA V N, BEREND S, MARTIJIN A H. The yeast coexpression network has a small-world, scale-free architecture and can be explained by a simple model[J]. EMBO Reports, 2004, 5(3): 280–284.

[21] STEFAN B, THIMO R. Topological evolution of dynamical networks: Global criticality from local dynamics[J]. Physical Review Letters, 2000.84(26): 6114.

[22] ROMUALDO P S, ALESSANDRO V. Epidemic dynamics and endemic states in complex networks[J]. Physical Review E, 2001, 63(6): 066117.

[23] THILO G, CARLOS J D, BERND B. Epidemic dynamics on an adaptive network[J]. Physical Review Letters, 2006, 96(20): 208701.

[24] BENIAMINO G, JESUS G G. Annealed and mean-field formulations of disease dynamics on static and adaptive networks[J]. Physical Review E, 2010, 82(3): 035101.

[25] PETTER H, MARK E N. Nonequilibrium phase transition in the coevolution of networks and opinions[J]. Physical Review E, 2006, 74(5): 056108.

[26] DAMIAN H Z, SANTIAGO G. Opinion spreading and agent segregation on evolving networks[J]. Physica D: Nonlinear Phenomena, 2006, 224(1): 156–165.

[27] BALAZS K, ALAIN B. Consensus formation on adaptive networks[J]. Physical Review E, 2008, 77(1): 016102.

[28] FENG F, LONG W. Coevolutionary dynamics of opinions and networks: From diversity to uniformity[J]. Physical Review E, 2008, 78(1): 016104.

[29] RICHARD D, JAMES P G, ALUN L L, et al. Graph fission in an evolving voter model[J]. Proceedings of the National Academy of Sciences, 2012, 109(10): 3682–3687.

[30] FEDERICO V, VICTOR M E, MAXI S M. Generic absorbing transition in coevolution dynamics[J]. Physical Review Letters, 2008, 100(10): 108702.

[31] DEMIREL G, VAZQUEZ F, BOHME G A, et al. Moment-closure approximations for discrete adaptive networks[J]. Physica D: Nonlinear Phenomena, 2014, 267: 68–80.

[32] PETER C, AIDAN S. A model for spatial conflict[J]. Biometrika, 1973, 60(3): 581–588.

[33] KATARZYNA S W, JOZEF S. Opinion evolution in closed community[J]. International Journal of Modern Physics C, 2000, 11(06): 1157–1165.

[34] GUILLAUME D, DAVID N, FREDERIC A, et al. Mixing beliefs among interacting agents[J]. Advances in Complex Systems, 2000, 3(01n04): 87–98.

[35] ROBERT A. The dissemination of culture: a model with local convergence and global polarization[J]. Journal of Conflict Resolution, 1997, 41(2): 203–226.

[36] 李翔. 复杂动态网络传播动力学 [J]. 力学进展, 2008, 38(6): 723–732.

[37] 李翔, 刘宗华, 汪秉宏. 网络传播动力学 [J]. 复杂系统与复杂性科学, 2010, 7(2): 33–37.

[38] 杨慧, 唐明, 许伯铭. 自适应网络中的流行病传播动力学研究综述 [J]. 复杂系统与复杂性科学, 2013, 9(4): 63–83.

[39] ZHEN J, GUIQUAN S, ZHU H. Epidemic models for complex networks with demographics[J]. Mathematical Biosciences and Engineering, 2014, 11(6): 1295–1317.

[40] JOEL C M, ANJI C S. Modeling disease spread in populations with birth, death, and concurrency[J]. BioRxiv, 2016: 087213.

[41] FEDERICO V. Opinion dynamics on coevolving networks. In Dynamics On and Of Complex Networks[M]. Berlin: Springer, 2013: 89–107.

[42] SMITH J M, PRICE G R. The logic of animal conflict[J]. Nature, 1973, 246: 15.

[43] JOSEF H, KARL S. Evolutionary games and population dynamics[M]. New York: Cambridge University Press, 1998.

[44] ARNE T, MARTIN A N, JORGE M P. Stochastic dynamics of invasion and fixation[J]. Physical Review E, 2006, 74(1): 011909.

[45] RONALD A F. The genetical theory of natural selection: a complete variorum edition[M]. New York: Oxford University Press, 1930.

[46] SEWALL W. Evolution in mendelian populations[J]. Genetics, 1934, 16(2): 97.

[47] PATRICK A, MORAN P, et al. The statistical processes of evolutionary theory. 1962.

[48] 王龙, 伏锋, 陈小杰, 等. 复杂网络上的演化博弈 [J]. 智能系统学报, 2007, 2(2): 1–10.

[49] 王元卓, 于建业, 邱雯, 等. 网络群体行为的演化博弈模型与分析方法 [J]. 计算机学报, 2015, 38(2): 282–300.

[50] MARTIN A N. Five rules for the evolution of cooperation[J]. Science, 2006, 314(5805): 1560–1563.

[51] JORGE M P, ARNE T, MARTIN A N. Coevolution of strategy and structure in complex networks with dynamical linking[J]. Physical Review Letters, 2006, 97(25): 258103.

[52] MATJAZ P, ATTILA S. Coevolutionary games–a mini review[J]. BioSystems, 2010, 99(2): 109–125.

[53] YANG G, HUANG J, ZHANG W. Older partner selection promotes the prevalence of cooperation in evolutionary games[J]. Journal of Theoretical Biology, 2014, 359: 171–183.

[54] YANG G, ZHANG W, Xiu B. Neighbourhood reaction in the evolution of cooperation[J]. Journal of Theoretical Biology, 2015, 372: 118–127.

[55] ARNE T, MARTIN A N. Evolution of cooperation by multilevel selection[J]. Proceedings of the National Academy of Sciences, 2006, 103(29): 10952–10955.

[56] MATTEO C, SEAN S, CORINA E T, et al. Prosperity is associated with instability in dynamical networks[J]. Journal of Theoretical Biology, 2012, 299: 126–138.

[57] MARTEN S, JORDI B, BROCK W A, et al. Early-warning signals for critical transitions[J]. Nature, 2009, 461(7260): 53–59.

[58] VASILIS D, STEPHEN R C, BROCK W A, et al. Methods for detecting early warnings of critical transitions in time series illustrated using simulated ecological data[J]. PloS one, 2012, 7(7): e41010.

[59] MATTEO C, YANG G, VINCENT D, et al. Detecting the collapse of cooperation in evolving networks[J]. Scientific Reports, 2016, 30845(6).

第 2 章

网络中的结构重构方法

现实中很多的复杂系统都可以抽象成网络，网络中的节点代表系统中的实体要素，网络中各节点间的边表示系统中各实体之间的相互作用关系。然而，人们一般对现实中的复杂系统知之甚少，不了解系统内部的相关结构，例如生态系统中各个物种之间的相互影响关系。随着系统的逐渐演化，与系统相关的演化数据会被保留下来，例如，在生态系统演化的过程中，不同演化时期存在的物种种类和物种数量可以被人们发掘出来。通过对系统演化过程中产生的相关数据进行分析和处理，可以对系统中隐藏的结构和动态过程进行挖掘，这类研究问题被称为网络重构 [1-6]。根据对已知网络结构了解程度的多少可以将网络重构分为：部分结构已知的网络重构和结构完全未知的网络重构。

2.1　部分结构已知条件下的重构方法

在网络结构部分已知的情况下，可以通过对相关边的预测来重构剩余未知的网络结构。网络中的链路预测是指如何通过已知的网络结构等信息预测网络中尚未产生连边的两个节点之间产生连接的可能性。预测那些已经存在但尚未被发现的连接实际上是一种数据挖掘的过程，而对于未来可能产生的连边的预测则与网络的演化相关。下面我们从基于节点相似性的链路预测、基于图神经网络的链路预测和基于概率图模型三个方面进行具体阐述。

2.1.1　基于节点相似性的链路预测模型

网络结构关联依赖于节点之间的相似性，如果网络中两个节点之间的相似性越大，则可以认为它们之间存在链接的可能性就越大。本节将从节点属性相似性和网络结构相似性两方面来判断两个节点之间的相似程度。

尽管节点属性（年龄、性别、家庭背景、文化程度等）的获取难度较高，但是依旧可以通过传统的统计方法在网络中勾勒节点的一些多维统计特性，依此分析节点个体行为的空间特性、时间特性和交互特性，进而将其列为节点属性。以欧氏距离或汉明距离衡量比对两个节点属性之间的相似性（距离越大，相似性越低），推断两者相互关联的可能性。

基于网络结构相似性推断节点关联的方法，其性能优劣取决于衡量结构相似性的指标是否能很好地抓住目标网络的结构特征。本节从基于共同邻居的相似性指标和基于链路的相似性指标衡量两个节点之间存在关联的可能性。

基于共同邻居的相似性指标是指通过节点对之间的共同邻居节点来计算两个节点之间的相似性。基本指标包括 CN 指标[7]、Salton 指标[8]、Jaccard 指标[9]、Sorenson 指标[10]、HPI 指标[11]、LHN-I 指标[12]、Katz 指标[13]、AA 指标[14] 和 RA 指标[15]。其中 CN（Common Neighbours）指标称为结构等价指标，即网络中两个节点如果有很多共同邻居节点，则认为这两个节点相似，那么这两点之间存在链接的可能性也就越大。根据 CN 指标的定义，网络中节点 v_i 和节点 v_j 之间的相似度 s_{ij} 可以定义为它们共同的邻居数，即：

$$s_{ij} = |\Gamma(i) \cap \Gamma(j)| \tag{2-1}$$

其中，$\Gamma(i)$ 表示节点 v_i 的邻居节点的集合，$\Gamma(j)$ 表示节点 v_j 的邻居节点的集合。

基于共同邻居的相似性指标的巨大优势在于其计算复杂度较低，但是由于仅考虑了两个节点之间的直接邻居，因此其对于网络结构的预测精度也比较有限。在共同邻居节点的基础上，基于局部路径的相似性指标（Local Path 指标），考虑两个节点之间存在的各种不同距离的路径数目。例如两点之间三阶路径以内的相似性为 $S = \boldsymbol{A}^2 + \alpha \cdot \boldsymbol{A}^3$，其中 $\alpha(\alpha > 0)$ 为可调参数，$\boldsymbol{A}$ 表示网络的邻接矩阵。当路径数 $n \to \infty$ 时，局部路径相似性指标等价于考虑网络全部路径的 Katz 指标。

2.1.2 基于 GCN 的链路预测模型

通过网络已知结构及网络表征技术等获取的节点表征向量，为发现网络中潜在关系提供数据来源。采用基于图卷积神经网络（Graph Convolutional Network，GCN）的网络表示学习方法度量链路特征预测链路是否存在，采用基于节点属性和网络结构相似性的链路预测技术推断网络中实际存在但尚未被观测到的关联。

通过基于异质节点随机游走的图表示学习方法，我们能够生成节点的表征向量作为链路预测过程的输入数据，通过图卷积神经网络 GCN 对节点特征进行邻域信息聚合生成网络节点的深层特征表示。对这种节点特征，利用 Average、Hadamard、weighted_L1、weighted_L2 四种链路特征计算方法生成网络中链路的特征表示向量，最后通过二值分类器模型训练，将链路特征转化为 0 或 1 的标签数据，其中 1 表示存在边，0 表示没有边。网络链路预测过程可表述为图 2-1 所示。

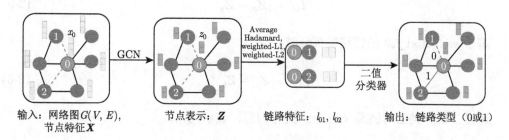

输入：网络图 $G(V, E)$，   节点表示：$\boldsymbol{Z}$ 链路特征：l_{01}, l_{02} 输出：链路类型（0或1）
节点特征 $\boldsymbol{X}$

图 2-1　链路预测过程

图卷积神经网络 GCN 是图神经网络领域的经典算法，其从谱域的角度实现了图数据的特征提取。GCN 的定义可描述为：对于一个图 $G = (V, E)$，输入节点特征向量 $\boldsymbol{X}$ 及图的邻接矩阵 $\boldsymbol{A}$，其中 $\boldsymbol{X}$ 是一个 $N \times D$ 的矩阵，表示每个节点的特征，为了得到一个 $N \times F$ 的特征矩阵 $\boldsymbol{Z}$，其中 F 是得到的表示的维度。

与卷积神经网络相似，GCN 也是一个神经网络层，它的层与层之间的传播方式可以表示为：

$$H^{l+1} = \sigma(\widetilde{D}^{-\frac{1}{2}} \widetilde{A} \widetilde{D}^{-\frac{1}{2}} H^l W^l) \tag{2-2}$$

上式中，$H^{(0)} = X$，$\widetilde{A} = A + I_N$，$\widetilde{D}_{ii} = \sum_j \widetilde{A}_{ij}$，$\sigma(\cdot)$ 表示激活函数。

基于 GCN 提取的节点特征，通常会伴随着节点分类或链路预测等下游任务来反向对 GCN 模型进行参数的学习训练。这里基于生成的节点特征，设计链路预测模型框架，用以推断网络中的潜在关系。

假设网络中节点 a 的特征为 Z_a，节点 b 的特征为 Z_b，链路 $<a,b>$ 的特征 l_{ab} 应用 Average、Hadamard、weighted_L1、weighted_L2 四种度量方式计算。公式如下：

基于 Average 的链路特征计算

$$l_{ab} = \text{ReLu}\left(\frac{Z_a + Z_b}{2}\right) \tag{2-3}$$

基于 Hadamarde 的链路特征计算

$$l_{ab} = \text{ReLu}(Z_a \circ Z_b) \tag{2-4}$$

基于 weighted_L1 的链路特征计算

$$l_{ab} = |Z_a - Z_b| \tag{2-5}$$

基于 weighted_L2 的链路特征计算

$$l_{ab} = (Z_a - Z_b)^2 \tag{2-6}$$

通过二值分类器对链路 $<a,b>$ 进行训练，表示为：

$$S_{ab} = \sigma(l_{ab} \cdot W) + b \tag{2-7}$$

其中，$S_{ab} = 1$ 表示节点 a 和节点 b 间有边，若 $S_{ab} = 0$ 表示节点 a 和节点 b 间无边。

2.1.3 基于微分图方程组的动态结构预测

尽管网络中的组织结构和节点状态不断变化，但对于给定的网络节点数量 N，网络所有可能呈现的形态数量是有限的，网络形态既包含每个节点的状态信息又包含节点与节点之间的结构信息。在一定的状态演化和结构调整规则驱动下，网络形态的变化服从马尔可夫特性，即未来的网络形态只与当前形态相关，不依赖它以往的演变。因此，我们可将网络动态演化过程视为连续时间的马尔可夫链（Continuous-Time Markov Chain，CTMC）。

假设网络起始形态记为 G_0，在连续时间马尔可夫链中，记 $p(t)(G_i)$ 为网络形态 G_i 在时刻 t 时的概率，因此 $p(t)$ 可视为有限维实数空间中的一组向量。从有限马尔可夫链的一般理论出发，网络形态变化的前向方程记为：

$$\frac{\mathrm{d}}{\mathrm{d}t}\boldsymbol{p}^{\mathrm{T}} = \boldsymbol{p}^{\mathrm{T}}\boldsymbol{Q} \tag{2-8}$$

其中 $\boldsymbol{p}^{\mathrm{T}}$ 是网络形态概率 p 的转置向量，$\boldsymbol{Q}$ 是 CTMC 的转移矩阵。当状态空间中的网络形态数量为有限个时，该常微分方程（Ordinary Differetial Equation，ODE）存在唯一的解。针对某一变量 g，其可以理解为网络形态空间的一个函数，比如某类子图的数量，基于 CTMC 前向方程，我们进而可以获得该变量均值的速率方程：

$$\frac{\mathrm{d}}{\mathrm{d}t}E_p(g) = \frac{\mathrm{d}}{\mathrm{d}t}\boldsymbol{p}^{\mathrm{T}}Q(g) = E_p(Q(g)) \tag{2-9}$$

其中 $Q(g)$ 是该变量在不同网络形态下转移的差量，换言之，某一网络形态下的变量的差量则可写为：

$$Q(g)(G_i) = \sum_{G_j} q(G_i, G_j)[g(G_j) - g(G_i)] \tag{2-10}$$

在给定规则 γ 下，可以通过以下方法构建某一变量模体 g 的微分图方程：（1）以该模体与规则左侧图的最小粘合表示变量减量 $\mathrm{mg}(g, L)$；（2）以该模体与规则右侧图的最小粘合为变量增量的未来形态 $\mathrm{mg}(g, R)$；（3）将该模体与规则右侧图的最小粘合进行逆操作获得变量增量 $\mathrm{mg}'(g, R)$；（4）所有规则下的变量差量即为该变量的微分形式。通过上述方法获得一般化的微分图方程：

$$\frac{\mathrm{d}}{\mathrm{d}t}[g] = \sum_{\gamma} k_{\gamma}\left(\sum_{r\in\mathrm{mg}'(g,R)}[r] - \sum_{l\in\mathrm{mg}(g,L)}[l]\right) \tag{2-11}$$

通过上述一般化微分图方程的构建，变量模体和规则两侧图进行粘合会产生一些较大规模的模体，需要进一步以这些模体作为变量构建方程使方程组可解，这样就不可避免地导致方程组规模不断增长。

2.2　基于动态时序数据的结构重构方法

大数据是一笔越来越重要且不断快速增长的财富，有效的分析手段是合理利用这一财富的关键。大数据中的一大类数据是由复杂网络代表的实际动力学系统产生的，其中网络各个单元的输出数据可以测量，但产生数据的网络结构却不为所知。而了解这些网络结构对我们理解、预测和控制实际系统功能极为重要。因此，从分析网络数据出发揭示网络结构的重构问题就成为数学、物理特别是统计物理，以及一系列交叉领域对网络研究的核心问题之一。网络重构的重要性还来源于解决实际网络重构中所面对的各种困难的理论要求。网络结构的复杂性、网络节点动力学的非线性、未知噪声对网络动力学演化数据的影响以及测量中有效数据的缺失等，都是在实际网络重构中要面对的常见且非常重要的问题。

2.2.1　时序数据网络重构概念

网络上各个节点之间的动态交互过程构成了网络的动态过程，也被称为网络的动力学过程。网络的主要研究领域分为网络的结构和功能，其中网络的功能一般与网络上的动态过程相关。一般用微分方程来描述网络中各个节点状态的变化情况，具体系统对应的表达方式不同，但基本形式如下所示：

$$\frac{\mathrm{d}x(t)}{\mathrm{d}t} = F(x(t)) + \varGamma(t) \tag{2-12}$$

上式中，$x(t) = (x_1(t), \cdots, x_N(t))$ 是指网络中 N 个节点的状态变量，$F(x(t)) = (F_1(x(t)), \cdots, F_N(x(t)))$ 描述节点自身和相互作用动力学，$\varGamma(t) = (\varGamma_1(t), \cdots, \varGamma_N(t))$ 是各个节点所受到的噪声影响，所谓网络重构问题就是在已知部分节点的输出数据 $x(t)^M = (xi_1(t), \cdots, xi_M(t))$（其中 $M \leqslant N$）的条件下，尽可能求解未知网络内部隐藏的结构信息。

根据时序数据之间的相关性可以对网络的结构进行重构，文献 [16] 较早地运用数据之间的相关性来建立网络的拓扑结构。该论文讨论了 3182 种从人类、果蝇、蠕虫和酵母菌中通过测序得到的基因表达数据所构建的相关性网络。其中，有 22 163 种这样的共表达关系是在进化中被保留的，这意味着这些基因对传递了一种选择的优势，它们是彼此功能相关的。在经济和金融领域，利用时序数据之间的相关性也是一种常用的方法，文献 [17] 利用股票时间序列构建了一个加权网络，然后再利用最小生成树的方法，获得股票之间的层级结构信息。除此之外，文献 [18] 利用平面图的方式来将关联矩阵转换成网络的方式来重构网络。

另外，当考虑到相互影响的延迟效应的时候，也可以考虑用两个时间序列的延迟相关性。比如，考虑雾霾从 A 地传播到 B 地，那么如果仅仅计算 $A(t)$ 和 $B(t)$ 这两个时间序列，它们的相关性也许并不大。但是，如果计算时间序列 $A(t-\tau)$ 与 $B(t)$，那么它们的相关性就会很高。这是因为雾霾的传播需要时间。文献 [19] 通过计算延迟相关性，利用暴力搜索所有可能的 τ 的取值，从而选择让两个时间最大的一种 τ，当相关性足够大时，就给出相应的连边。文献 [20] 给出了在快速变化噪声的情境下，如何根据时间延迟相关性来重构网络的方法。文献 [21] 利用一种时间对齐的方法来重构短时间序列之中的因果联系，进而重构网络。文献 [22] 利用离散数据，通过使用极大似然估计来重构网络的拓扑结构。

2.2.2　时序数据网络重构常用方法

在动力学重构的具体过程中，根据动力学重构过程是否针对具体模型可以分为两类 [23]：一类为不针对具体应用背景的无模型（Model Free）方法；另一类为结合具体应用背景的特定模型（Model Based）方法。

1. 无模型（Model Free）方法

根据网络上数据之间的相关性可以构建网络的结构，例如根据网络上的时间序列间的相关性可以对网络中节点间的关系进行推测，文献 [24] 较早地运用相关性思想构建了相关性网络。考虑到现实情况中彼此相互影响的个体之间往往存在一定的时间延迟，例如沙尘暴从一个地点扩散到另一个地点需要一定的时间，文献 [25-26] 将时间延迟相关性运用到对网络的重构过程中，文献 [21] 对短时间序列之间的相关性采用了时间对齐方法对网络进行重构。

由于现实中存在的大量系统中的动力学为非线性动力学，为了更加方便地对这些非线性动力学进行运用，可将一个非线性的动力学方程组转化为一个线性系统，从而对网络进行重构，文献 [27] 针对非线性网络重构问题给出了十分详细的阐述。文献 [28] 直接运用线性回归的方式来对方程组进行求解，从而解决网络的重构问题，文献 [29] 较为详细地介绍了通过线性方程组的思想来对网络进行重构。

另一种类似于将非线性动力学转化为线性系统的方法，也可以对网络进行重构，这种方法称作压缩感知（Compress Sensing）方法，是一种寻找欠定线性系统的稀疏解的技术。压缩感知被应用于电子工程尤其是信号处理中，用于获取和重构稀疏或可压缩的信号。这个方法利用讯号稀疏的特性，相较于奈奎斯特理论，得以从较少的测量值还原出原来整个欲得知的讯号。文献 [30-35] 通过应用压缩感知方法对网络进行了重构，文献 [36] 对压缩感知方法进行了很好的概括和总结。

随着人工智能和机器学习的迅速发展，研究者们不满足于传统的网络重构方法，开始尝试将机器学习用于网络的重构。作为机器学习领域中重要的算法之一，神经网络擅长于捕捉复杂的相互作用关系，并给出较高准确度的预测。然而，传统的机器学习算法，特别是神经网络，往往无法给出很好的解释，神经网络各个神经元之间的联系并不能反映各个变量之间的相互作用关系。图神经网络（Graph Neural Network，GNN）或简称图网络（Graph Network）是近些年来新提出的一种神经网络架构，可以用来学习一个图上的动力学，也可以学习图本身的结构，它相对于传统方法来说具有很高的预测准确度，文献 [37] 对图神经网络做了较为全面的综述。在已知网络结构的基础上可以通过图神经网络对网络上的动力学进行学习 [38-39]，并运用到了实际生活中 [40-41]。然而，现实情况中的很多网络结构未知或部分已知，需要一种新的学习框架对网络的结构和动力学过程进行学习，文献 [42-43] 对未知网络结构和网络动力学过程的网络进行了重构。

2. 特定模型（Model Based）方法

结合具体应用背景可以对相应的网络进行重构，这种方法具有较强的针对性，因此适用范围也存在局限性。文献 [44-45] 基于网络上的传播动力学分别对单层网络和多层网络进行网络重构，文献 [46] 通过 ISING 模型对符号网络进行重构，文献 [47] 利用贝叶斯方法研究了对生物网络的重构问题，文献 [48] 结合传播模型和贝叶斯方法研究了网络补全问题，文献 [49] 通过 SIR 模型产生随机数据来研究基于节点最终状态数据的网络重构，该方法与很多基于网络时间序列的方法不同，只需要获取网络中节点的最终状态。

2.3 应用：基于离散信息的网络拓扑还原方法

网络的结构和功能彼此相互影响，网络的功能往往体现为网络上的动力学过程，网络上的动力学过程会由网络中的相关数据体现。因此，使通过网络上可观测的数据对网络结构进行重构成为可能。本节将解决如何根据网络上的离散数据还原网络拓扑的问题，提出的网络重构算法通过重构网络局部拓扑并将由不同数据得到的局部拓扑进行叠加，最终重构出整个网络的拓扑。该算法具有方法简单、准确快速的优点，适合不同类型网络拓扑重构场景。

本节针对二值状态网络数据进行网络重构研究，二值状态是指网络中的节点只有两种状态，例如传染病网络中，节点所处状态为被感染或不被感染两种状态；在计算机网络中，将各个路由器看成网络中的节点，则路由器存在收到数据和没有收到数据两种状态。

2.3.1 网络重构算法

1. 数据表示

为了减少干扰数据对网络拓扑重构的影响，需要对不同数据进行"追踪"并记录数据经过的不同节点。将数据经过的节点标为"1"，未经过的节点标为"0"，则可以得到网络初始二值数据矩阵，如图 2-2 所示。其中每一行代表不同的数据，每一列表示网络中不同的节点。从该数据矩阵可以看出，不同数据之间相互独立，不存在时间上的相关性，即数据是离散的。我们通过仿真生成所需的数据。考虑了三种类型的网络拓扑：WS 网络 [3]、BA 网络 [26] 和 ER 网络 [21]。其过程如下：首先根据三类网络的特点，得到不同节点数的网络拓扑，然后在网络上运行类似于传播动力学过程的协议 [27]，生成所需的数据。

2. 相关定义

为了更方便地介绍我们提出的基于离散数据的网络重构算法，我们给出以下相关定义。

$$
\begin{array}{c} \\ 1 \\ 2 \\ 3 \\ 4 \\ 5 \\ 6 \\ \vdots \\ M \end{array}
\begin{array}{c}
\begin{array}{cccccccc} 1 & 2 & 3 & 4 & 5 & 6 & \cdots & N \end{array} \\
\begin{bmatrix}
0 & 0 & 1 & 0 & 1 & 0 & \cdots & 1 \\
1 & 1 & 1 & 0 & 1 & 0 & \cdots & 1 \\
0 & 0 & 1 & 1 & 0 & 0 & \cdots & 1 \\
1 & 0 & 1 & 1 & 0 & 0 & \cdots & 1 \\
1 & 0 & 1 & 0 & 0 & 1 & \cdots & 0 \\
0 & 0 & 1 & 1 & 0 & 1 & \cdots & 0 \\
\vdots & \vdots & \vdots & \vdots & \vdots & \vdots & & \vdots \\
0 & 0 & 1 & 1 & 0 & 1 & 1 & 1
\end{bmatrix}
\end{array}
$$

图 2-2　网络初始二值数据矩阵

定义 2.1　二值数据矩阵　给定一个图 $G=(V,E,S)$，V 表示图中的节点集合，E 表示图中节点间边的集合，S 表示图中各节点的状态集合，当节点 j 接收信号 i 时，$S_{ij}=1$，反之 $S_{ij}=0$。二值数据矩阵 $\boldsymbol{S}_{M\times N}=(S_{ij})_{M\times N}$，其中 M 表示网络中数据的数量，N 为网络节点数量。例如，一个拥有 16 条数据 8 个节点的网络的二值数据矩阵可表示如图 2-3 所示。

$$
\boldsymbol{s}_{16\times 8}=\begin{bmatrix}
0 & 0 & 1 & 0 & 1 & 0 & 1 & 1 \\
1 & 1 & 1 & 0 & 1 & 0 & 0 & 1 \\
0 & 0 & 1 & 1 & 0 & 1 & 1 & 1 \\
1 & 0 & 1 & 1 & 0 & 0 & 1 & 1 \\
1 & 0 & 1 & 0 & 0 & 1 & 0 & 0 \\
0 & 0 & 1 & 1 & 0 & 1 & 0 & 0 \\
1 & 0 & 0 & 1 & 1 & 0 & 0 & 1 \\
0 & 0 & 1 & 1 & 0 & 1 & 1 & 1 \\
0 & 0 & 1 & 0 & 0 & 1 & 0 & 1 \\
1 & 1 & 1 & 0 & 0 & 0 & 1 & 1 \\
1 & 1 & 1 & 0 & 0 & 1 & 0 & 1 \\
0 & 0 & 0 & 1 & 0 & 1 & 1 & 0 \\
1 & 0 & 0 & 1 & 0 & 0 & 1 & 0 \\
1 & 0 & 1 & 0 & 0 & 1 & 0 & 1 \\
1 & 0 & 0 & 1 & 0 & 1 & 0 & 0 \\
1 & 1 & 0 & 0 & 1 & 0 & 1 & 1
\end{bmatrix}
$$

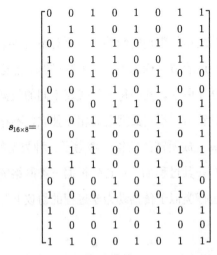

图 2-3　拥有 8 个节点 16 条数据的初始二值数据矩阵

定义 2.2 共同数据数量 给定一个图数据矩阵 $S_{M \times N}$，定义网络中任意两节点的共同数据数量为 $n_{kj} = \sum_{i=1}^{M} S_{ik}S_{ij}, k \neq j$（当 $k=j$ 时规定 $n_{kj}=0$），其中 S_{ik} 表示节点 k 接收数据 i，S_{ij} 表示节点 j 接收数据 i，M 表示数据数量。

例如，二值数据矩阵 $S_{16 \times 8}$ 中，节点 1 和节点 2 的共同数据数 $n_{12}=4$，如图 2-4 所示。

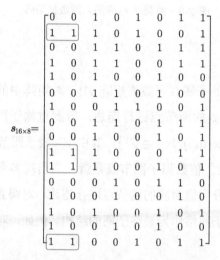

图 2-4 节点 1 和节点 2 的共同数据数

定义 2.3 共同数据矩阵 给定一个二值数据图 $G=(V,S)$ 和图数据矩阵 $S_{M \times N}$，称 $A^G = (n_{kj})_{N \times N}, k \neq j$（当 $k=j$ 时，规定 $n_{kj}=0$）为共同数据矩阵，n_{kj} 为节点 k 和节点 j 的共同数据数量，N 为二值数据图节点数量。如图 2-5 所示。

$$A^G = \begin{bmatrix} 0 & 4 & 5 & 4 & 3 & 4 & 4 & 7 \\ 4 & 0 & 3 & 0 & 2 & 1 & 2 & 4 \\ 5 & 3 & 0 & 4 & 2 & 7 & 5 & 9 \\ 4 & 0 & 4 & 0 & 1 & 5 & 5 & 4 \\ 3 & 2 & 2 & 1 & 0 & 2 & 2 & 4 \\ 4 & 1 & 7 & 5 & 0 & 0 & 3 & 5 \\ 4 & 2 & 5 & 5 & 2 & 3 & 0 & 6 \\ 7 & 4 & 9 & 4 & 4 & 5 & 6 & 0 \end{bmatrix}$$

图 2-5 网络的共同数据矩阵

定义 2.4 二值数据子图 给定一个二值数据图 $G=(V,S)$ 和图数据矩阵 $S_{M \times N}$，针对任意数据 i，称节点集合 $V^i = \{v_j | S_{ij}=1\}$ 中的节点构成的图为二值数据子图 G^i。

例如，由 $S_{16\times8}$ 可以得到数据 1 对应的子图共同数据矩阵 $\boldsymbol{A}'$，如图 2-6 所示。

$$\boldsymbol{A}^1 = \begin{bmatrix} 0 & 2 & 5 & 9 \\ 2 & 0 & 2 & 4 \\ 5 & 2 & 0 & 6 \\ 9 & 4 & 6 & 0 \end{bmatrix}$$

图 2-6 数据 1 对应的共同数据矩阵

2.3.2 子图重构

给定任意数据 i 对应的子图共同数据矩阵 $\boldsymbol{A}^i$，对矩阵中的每一行进行最大共同数据数搜索，对最大数据数处的两节点进行连边，得到重构子图 $G_i = (V^i, E^i)$，$E^i = E_{N_i \times N_i} = \{E_{p \to q} | n_{pq} = \max(n_{kj}), k, j \in V^i\}$，其中 V^i 为子图节点集合，E^i 为子图连边集合，N_i 为信号 i 对应的二值数据子图节点数量。当出现多个相同的最大共同数据数时，依次选取其中的每个最大值对应的两节点进行连边，对得到的不同子图进行度方差计算，并将度方差值小的子网络作为最终子网的结构。例如，对数据 1 对应的子图重构过程如图 2-7 所示。

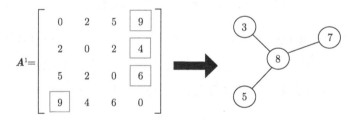

图 2-7 子图重构过程

2.3.3 子图叠加

对所有数据得到的重构子图 G_i 进行叠加，即对子图 G_i 中的相同节点进行重叠，最终得到图 G 的拓扑，即 $G = (V, E)$，$V = \bigcup\limits_{i=1}^{M} V^i$，$E = \bigcup\limits_{i=1}^{M} E^i$，其中 V 表示图 G 的节点集合，E 表示图 G 的连边集合，M 表示数据数量，E^i 为信号 i 对应重构子图的连边集合，V^i 为信号 i 对应重构子图的节点集合，子图叠加过程如图 2-8 所示。对所有数据得到的子图进行叠加得到网络全局拓扑，即得到网络的邻接矩阵 $\boldsymbol{A}$。

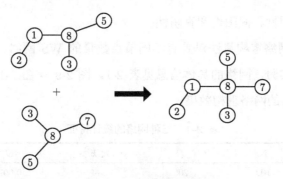

图 2-8　子图叠加过程

子图叠加数学计算过程如下：

$$G^{12} = ((V^1 \cup V^2), (E^1 \cup E^2))$$

$$= (3, 5, 7, 8 \cup 1, 2, 3, 5, 8, (1, 2), (1, 8), (3, 8), (5, 8) \cup (3, 8), (5, 8), (7, 8))$$

$$= (1, 2, 3, 5, 7, 8, (1, 2), (1, 8), (3, 8), (5, 8), (7, 8))$$

网络重构流程如下：

1）根据网络中各节点的状态获取二值数据矩阵 $\boldsymbol{S}_{M \times N} = (S_{ij})_{M \times N}$。

2）由二值数据矩阵 $\boldsymbol{S}_{M \times N}$ 得到网络中任意两节点的共同数据数 $n_{kj} = \sum\limits_{i=1}^{M} S_{ik} S_{ij}$，$k \neq j$（当 $k = j$ 时，规定 $n_{kj} = 0$）。

3）由网络共同数据数 n_{kj} 得到网络共同数据矩阵 $\boldsymbol{A}^G = (n_{kj})_{N \times N}, k \neq j$（当 $k = j$ 时，规定 $n_{kj} = 0$）。

4）根据任意数据 i 得到对应的二值数据子图 G^i，再根据共同数据矩阵 A^G 查找得到二值数据子图 G^i 的子图共同数据矩阵 $\boldsymbol{A}^i$。

5）对任意数据 i 对应的数据子图进行子图重构。

6）对所有数据的重构子图进行子图重叠操作，得到图 G 的拓扑。

2.3.4　网络重构实验分析

我们将分别用阳性率（True Positive Rate，TPR）和假阳性率（False Positive Rate，FPR）来衡量网络重构的准确性和误差。TPR 值越高，FPR 值越小，网络重构的精度越高。TPR = TP/(TP + FN)，FPR = FP/(FP + TN)，其中 TP、FN、FP 和 TN 分

别表示真阳性、假阴性、假阳性和真阴性。

我们用提出的网络重构算法对具有不同节点数量的 WS 网络、BA 网络和 ER 网络进行了网络重构实验，网络的具体信息见表 2-1。图 2-9 ~ 图 2-11 分别为 WS 网络，BA 网络和 ER 网络的网络重构效果。

表 2-1 三种网络的统计特征

WS 网络	N	E	$<k>$	C	$<l>$
WS100	100	200	4	0.099	3.61
WS200	200	400	4	0.078	4.17
WS300	300	600	4	0.057	4.51
WS400	400	800	4	0.052	4.74
WS500	500	1000	4	0.082	4.96
WS600	600	1200	4	0.062	5.12
WS700	700	1400	4	0.071	5.25
WS800	800	1600	4	0.079	5.43
WS900	900	1800	4	0.068	5.48
WS1000	1000	2000	4	0.068	5.58
BA 网络	N	E	$<k>$	C	$<l>$
BA100	100	196	3.92	0.155	3.11
BA200	200	396	3.96	0.075	3.41
BA300	300	596	3.97	0.073	3.53
BA400	400	796	3.98	0.068	3.62
BA500	500	996	3.98	0.037	3.81
BA600	600	1196	3.98	0.044	3.77
BA700	700	1396	3.98	0.034	3.95
BA800	800	1596	3.99	0.023	3.93
BA900	900	1796	3.99	0.02	4.06
BA1000	1000	1996	3.99	0.027	4.14
ER 网络	N	E	$<k>$	C	$<l>$
ER100	100	487	9.74	0.117	2.249
ER200	200	2056	20.56	0.103	2.004
ER300	300	4579	30.65	0.103	1.936
ER400	400	7936	39.68	0.099	1.917
ER500	500	12 284	49.14	0.098	1.909

注: N 和 E 分别为网络的节点和两边数量，$<k>$ 为网络的平均度，C 和 $<l>$ 分别为网络的集聚系数和平均路径长度。

从图 2-9 ～ 图 2-11 可以发现，随着数据量的增加网络重构的 TPR 逐渐提高并最终达到 1，网络重构的 FPR 基本维持在 0 附近。通过在三种不同结构网络中进行实验可以证明，我们提出的算法能够准确地重构出网络的拓扑结构。还可以发现随着网络节点数量的增加，使 TPR 指标达到 1 所需的数据量也随之增加，因为网络的边数随节点增加而增加。为了比较相同数据量下不同类型网络的重构情况，我们做了相应的实验对比，结果如图 2-12 所示。

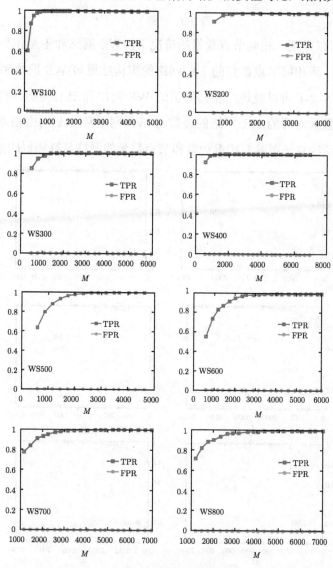

图 2-9　WS 网络重构效果

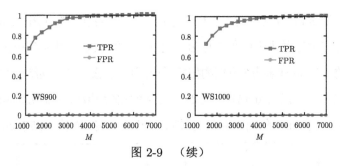

图 2-9   （续）

由图 2-12 可以发现，相同节点数量的情况下，WS 网络和 BA 网络的重构结果具有较高的相似性，而相同节点数量的 ER 网络的重构结果与 WS 网络和 BA 网络具有较大的差异。由表 2-1 可以发现，相同数量的 WS 网络和 BA 网络具有的边数也很相近，而相同节点数量对应的 ER 网络的边数与 WS 网络和 BA 网络相差很大。由此可以发现，本实验所用算法对具有相近边数和节点数量的网络具有相似的效果。

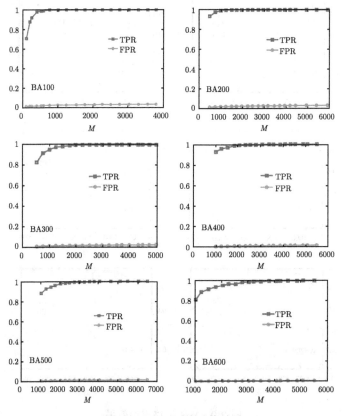

图 2-10   BA 网络重构效果

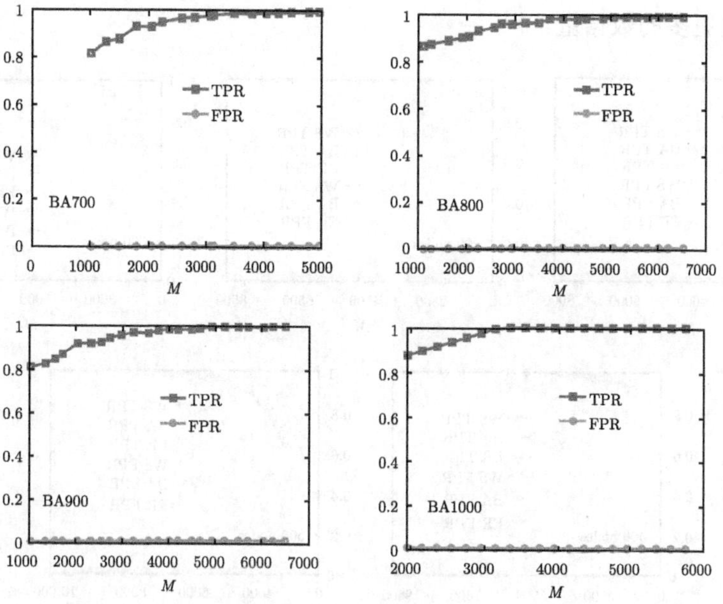

图 2-10 （续）

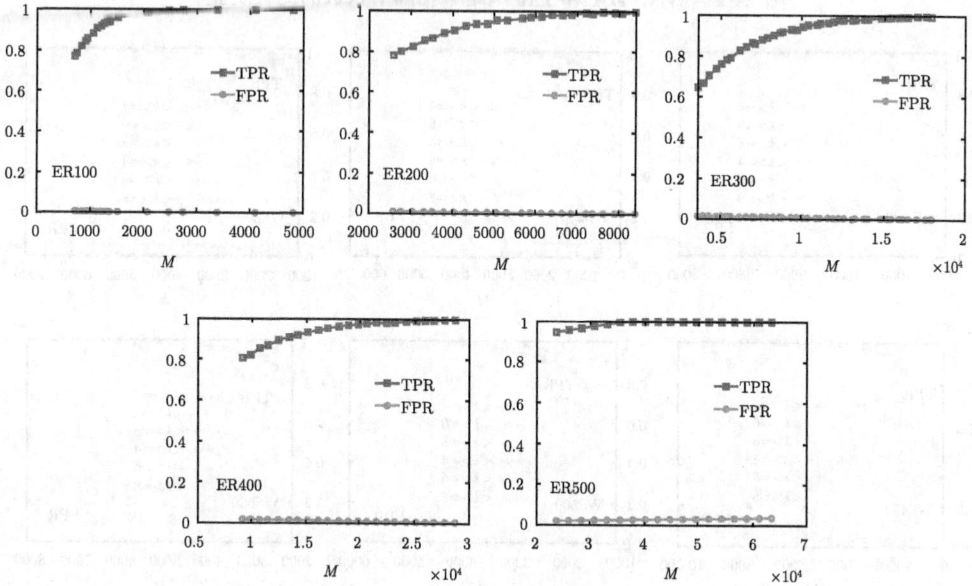

图 2-11 ER 网络重构效果

从图 2-13 可以看出，在 WS 网络中，当网络节点数量较小（100~400）时，$< k >= 4$ 和 $< k >= 6$ 的重构效果较为相似，随着网络平均度值的增加，为了达到相同的网络重构效果，需要更多的数据量。

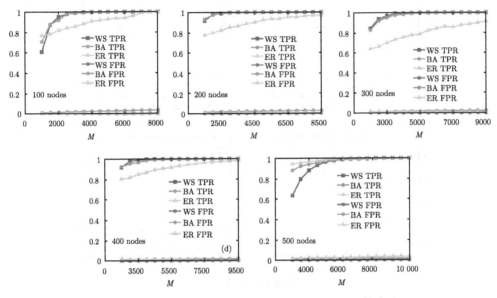

图 2-12　WS、BA 和 ER 网络中相同节点数的比较实验

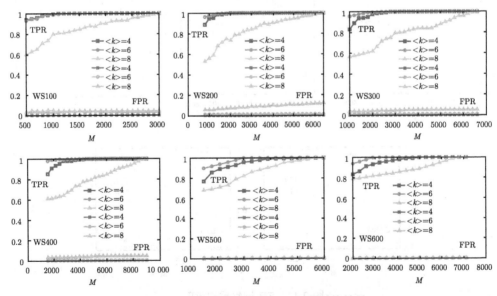

图 2-13　不同平均度值的 WS 网络重构效果

从图 2-14 可以看出，在 BA 网络中，在相同数据量的情况下，随着网络平均度值增加网络重构效果逐渐下降，且三种平均度值的重构效果相似性较小。

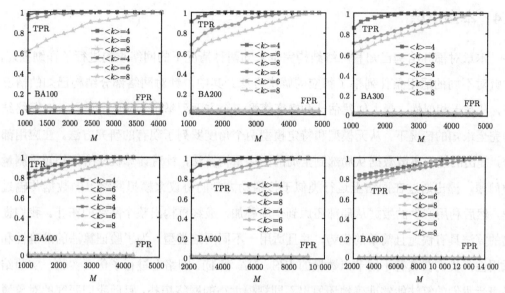

图 2-14　不同平均度值的 BA 网络重构效果

从图 2-15 可以看出，在不同节点规模的 ER 网络中，不同平均度值的网络重构效果差别很小。

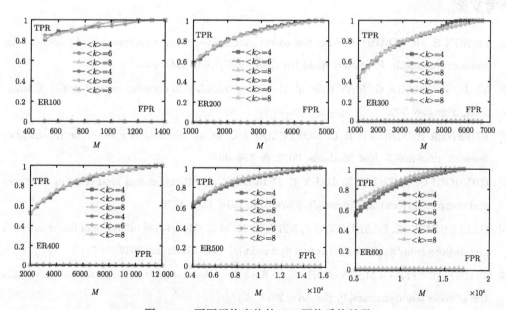

图 2-15　不同平均度值的 ER 网络重构效果

2.4 本章小结

本章对部分结构已知和网络结构完全未知两种情况下的网络重构进行了详细描述，并针对不同的适用条件列举了相应的解决方法。其中，针对网络部分结构已知的情况下，从基于相似性、最大似然估计和概率模型三个方面列举了相应的方法；针对网络结构完全未知的情况下，从无模型和特定模型两个角度罗列了现有的研究方法。在应用部分，提出的基于离散数据从局部到全局的网络重构算法，针对计算机网络拓扑较难测量的问题，提出通过在网络上运行类似于传播动力学的协议来模拟网络上的数据传输过程，然后利用产生的数据从局部还原到全局叠加，最终重构出整个网络的拓扑。我们提出的算法具有快速且简单的优势，并且适用于不同网络类型。为了验证算法的准确性和适用性，我们在具有不同节点数量的 WS、BA 和 ER 网络上进行了仿真实验，实验结果表示我们的算法能够准确地还原出不同规模大小的网络拓扑。目前我们研究的对象属于单层静态网络，以后的工作可能会考虑如何对动态和多层网络进行拓扑重构。

参考文献

[1] LIPSON H, BONGARD J. From the cover: Automated reverse engineering of nonlinear dynamical systems[J]. Proc Natl Acad Sci USA, 2007, 104: 9943–9948.

[2] YE H, SUGIHARA G, MAY R, et al. Detecting causality in complex ecosystems[J]. Science, 2012, 338: 496–500.

[3] KUFFNER R, MARBACH D, COSTELLO J C, et al. Wisdom of crowds for robust gene network inference[J]. Nat Methods, 2012, 9: 796–804.

[4] GREBOGI C, WANG W X, LAI Y C. Data based identification and prediction of nonlinear and complex dynamical systems[J]. Phys Rep, 2016, 664: 1–76.

[5] HALLERBERG S. CASADIEGO J, NITZAN M, et al. Model-free inference of direct network interactions from nonlinear collective dynamics[J]. Nat Commun, 2017, 8: 2192.

[6] TIMME M, NITZAN M, CASADIEGO J. Revealing physical interaction networks from statistics of collective dynamics[J]. Sci Adv, 2017, 3.

[7] 吕琳媛. 复杂网络链路预测. 电子科技大学学报 [J], 2010, 39(5): 651–661.

[8]　MCGILL M J. SALTON G. Introduction to modern information retrieval[M]. New York: McDraw-Hill Co., 1983.

[9]　JACCARD P. Etude comparative de la distribution florale dans une portion des alpes et desjura[J]. Bulletin de la Societ' eVaudoise des Science Naturelles, 1901, 37: 547–579.

[10]　SORENSEN T. A method of establishing groups of equal amplitude in plant sociology based on similarity of species content and its application to analyses of the vegetation on danish commons[J]. Biol Skr, 1948, 5(4): 1–34.

[11]　MONGRU D A, RAVASZ E, SOMERA A L, et al. Hierarchical organization of modularity in metabolic networks[J]. Science, 2002, 297(5586): 1553–1555.

[12]　NEWMAN M E J, LEICHT E A, HOLME P. Vertex similarity in networks[J]. Phys Rev E, 2006, 73.

[13]　KATZ L. A new status index derived from sociometric analysis[J]. Psychometrika, 1953, 18(1): 39–43.

[14]　ADAR E, ADAMIC L A. Friends and neighbors on the web[J]. Social Networks, 2003, 25(3): 211–230.

[15]　ZHANG Y C, ZHOU T, LU L. Predicting missing links via local information[J]. Eur Phys JB, 2009, 71(4): 623–630.

[16]　KOLLER D, STUART J M, SEGAL E, et al. A gene-coexpression network for global discovery of conserved genetic modules[J]. Science, 2003, 302(5643): 249–255.

[17]　MANTEGNA R N. Hierarchical structure in financial markets[J]. Computer Physics Communications, 1999, 121(1): 153–156.

[18]　MATTEO T D, TUMMINELLO M, ASTE T, et al. A tool for filtering information in complex systems[J]. Proceedings of the National Academy of Sciences of the United States of America, 2005, 102(30): 10421–10426.

[19]　KASKI K, KULLMANN L, KERTESZ J. Time dependent cross correlations between different stock returns: A directed network of influence[J]. Physical Review E, Statistical, nonlinear, and soft matter physics, 2002, 66(2): 026125.

[20]　Mi Y, Zhang Z, Chen Y, et al. Reconstruction of dynamic networks with time-delayed interactions in the presence of fast-varying noises[J]. Physical Review E, 2019, 99(4).

[21]　KURTHS J, HEMPEL S, KOSESKA A, et al. Inner composition alignment for inferring directed networks from short time series[J]. Physical Review Letters, 2011, 107(4): 3214–3219.

[22] LAI Y C, MA C, ZHANG H F. Reconstructing complex networks without time series[J]. Physical Review E, 2017, 96(2): 022320.

[23] 张江. 复杂网络动力学系统重构文献 [EB/OL]. https: //pattern.swarma.org/path?id=28.

[24] KOLLER D, STUART J M, SEGAL E, et al. A gene-coexpression network for global discovery of conserved genetic modules[J]. Science, 2003, 302(5643): 249–255.

[25] KULLMANN L, KERTESZ J, KASKI. K Time dependent cross correlations between different stock returns: A directed network of influence[J]. Papers, 2002, 66: 026125.

[26] MI Y, ZHANG Z, CHEN Y, et al. Reconstruction of dynamic networks with time-delayed interactions in the presence of fast-varying noises[J]. Physical Review E, 2019, 99(4).

[27] 张朝阳，陈阳，弭元元，等. 从数据到结构—动力学网络重构. 中国科学: 物理学力学天文学 [J], 2020, v.50(1): 6–22.

[28] CASADIEGO J, NITZAN M, HALLERBERG S, et al. Model-free inference of direct network interactions from nonlinear collective dynamics[J]. Nature Communications, 2017, 8.

[29] LEVNAHIC Z. Dynamical networks reconstructed from time series[J]. computer science, 2012.

[30] SHEN Z, WANG W X, FAN Y, DI Z, et al. Reconstructing propagation networks with natural diversity and identifying hidden sources[J]. Nature Communications, 2014, 5: 4323.

[31] Wang W X, YANG R, LAI Y C, et al. Predicting catastrophes in nonlinear dynamical systems by compressive sensing[J]. Physical Review Letters, 2011, 106(15): 154101.

[32] GREBOGI C, WANG W X, LAI Y C, et al. Network reconstruction based on evolutionary-game data via compressive sensing[J]. Physical Review X, 2011, 1021021.

[33] Li L, Xu D, Peng H, et al. Reconstruction of complex network based on the noise via qr decomposition and compressed sensing[J]. Scientific Reports, 2017, 7(1): 15036.

[34] YANG R, LAI Y C, GREBOGI C. Forecasting the future: Is it possible for adiabatically time-varying nonlinear dynamical systems[J]. Chaos, 2012, 22(3): 489.

[35] BRUNTON S L, PROCTOR J L, KUTZ J N. Discovering governing equations from data by sparse identification of nonlinear dynamical systems[J]. Proceedings of the National Academy of Sciences, 2016, 113(15): 3932–3937.

[36] PETER W B, JESSICA B H, BAPST V, et al. Relational inductive biases, deep learning, and graph networks[EB/OL].(2018).https://arxiv.org/pdf/1806.01261.

[37] ALVARO S G, HEESS N, SPRINGENBERG J T, et al. Graph networks as learnable physics engines for inference and control[C]. PLMR, 2018.

[38] S. Seo and L. Yan. Differentiable physics-informed graph networks. 2019.

[39] Wang C, ZHENG C, FAN X, et al. A graph multi-attention network for traffic prediction[J]. Proceedings of the AAAI Conference on Artificial Intelligence, 2020, 34(1): 1234–1241.

[40] GENG X, LI Y, WANG L, et al. Spatiotemporal multi-graph convolution network for ride-hailing demand forecasting[J]. Proceedings of the AAAI Conference on Artificial Intelligence, 2019, 33: 3656–3663.

[41] S. Wang, Y. Li, J. Zhang, Q. Meng, L. Meng, and F. Gao. Pm2.5-gnn: A domain knowledge enhanced graph neural network for pm2.5 forecasting[EB/OL]. (2020). http://arxiv.orz/abs/2002.12898.

[42] KIPF T, FETAYA E, WANG K C, et al. Neural relational inference for interacting systems[M].ICML, 2018.

[43] ZHANG Z, ZHAO Y, LIU J, et al. A general deep learning framework for network reconstruction and dynamics learning[J]. Applied Network Science, 2019, 4(1): 1–17.

[44] C. Ma, H. S. Chen, Y. C. Lai, and H. F. Zhang. A statistical inference approach to structural reconstruction of complex networks from binary time series[J]. Phys Rev E 2018, 97(2): 022301.

[45] MA C, CHEN H S, LI X, et al. Data based reconstruction of duplex networks[J]. SIAM Journal on Applied Dynamical Systems, 2020, 19(1): 124–150.

[46] XIANG B B, MA C, HAN S C, et al. Reconstructing signed networks via ising dynamics[J]. Chaos, 2018, 28(12).

[47] OATES C J, MUKHERJEE S. Network inference and biological dynamics[J]. Annals of Applied Statistics, 2012, 6(3): 1209.

[48] CRAWFORD F W. Hidden network reconstruction from information diffusion[C]. In 2015 18th International Conference on Information Fusion (Fusion), 2015.

[49] MA C, ZHANG H F, LAI Y C. Reconstructing complex networks without time series[J]. Phys Rev E, 2017, 96(2): 022320.

第 **3** 章

网络结构与属性的表示学习方法

网络结构类型的数据无处不在，现实生活中的网络往往具有规模大、维度高的特点，这对分析认识网络带来了一定的挑战。随着机器学习相关研究的不断发展，针对网络特征降维的节点特征表示成为了一项新兴的研究任务。网络表示学习算法将高维稀疏的网络结构信息和属性信息转化为低维稠密的向量表示，并作为已有的机器学习算法输入，用以解决如网络节点的分类、聚类、节点的重要性评估及网络的链路预测等问题。近年来，网络表示学习问题吸引了大量研究人员的注意，本章针对近年来有关网络表示学习的相关问题，从网络结构信息的表示学习方法、网络属性信息的表示学习方法以及异构网络的表示学习方法三个方面进行系统性的介绍，并以电影网络数据为例分析网络表示学习在实际问题中的应用。

3.1 网络表示学习问题

3.1.1 网络表示学习的定义

网络表示是将原始的网络数据应用于各类网络任务的重要环节。网络表示学习算法从原始的网络数据中学习节点的特征，用向量的形式来表示它们，并将其作为后续网络应用任务的输入，可用于节点分类、链接预测和可视化等任务。将网络记作 $G = (V, E)$，其中

V 是节点的集合，E 是边的集合。边 $e_{ij} = (v_i, v_j) \in E$ 表示了节点 v_i 到 v_j 的一条边。邻接矩阵可以用于表示网络中节点之间的连接关系，网络的邻接矩阵定义为 $\boldsymbol{A} \in \mathbb{R}^{|V| \times |V|}$，其中，若 $(v_i, v_j) \in E$，则 $A_{ij} = 1$，否则 $A_{ij} = 0$。从邻接矩阵中可以得知某个节点与其他节点之间是否存在连接关系，这反映了网络中的结构信息，可以看作是一种节点表示。

虽然这种表示方法方便且直接，但是由于邻接矩阵通常数据量较大，这导致了当节点数量较多时计算效率低。邻接矩阵 $\boldsymbol{A}$ 的空间大小为 $|V| \times |V|$，当 $|V|$ 增长到百万级时这种表示方法将不再适用。另一方面，邻接矩阵中的数据大部分是稀疏分布的，这种数据稀疏性使得节点表示向量应用于下游任务时的效果并不佳[1]。

因此，研究者们转而考虑使网络中的节点学习可获得更低维稠密的向量表示。网络表示学习的目标就是利用网络的结构信息和属性信息，将每个节点 $v(v \in V)$ 的特征以实数向量 $R_v(R_v \in \mathbb{R}^k)$ 的形式来表示，其中向量的维度远小于节点的总个数 $|V|$。网络表示学习的过程既可以是无监督学习，也可以是半监督学习。过程中通过优化算法不需要特征工程而自动得到节点的表示，该节点的表示可以进一步用于后续的网络应用任务，如节点分类等。这些低维的向量表示使得快速高效的算法设计成为可能，而不必再去考虑原本的网络结构。

3.1.2　网络表示学习的方法

网络表示学习能够用向量形式表征网络节点，并且在向量空间中，网络节点对应的向量具有表示能力和推理能力。此外，网络表示学习的输出可以作为后续数据挖掘任务的输入，进而将得到的向量表示运用到各类机器学习模型中，用于节点分类、链接预测以及推荐等。网络表示学习主要用于信息网络的表示，旨在用向量形式尽可能高效地还原网络中节点之间的关系。若网络中节点之间的关系越密切，其节点对应的向量表示在向量空间中的距离也越近。

近年来，表示学习方法在自然语言处理领域取得了较好的成果，其中最具代表性的是词嵌入方法[2]（Word Embedding），它基于神经网络进行文档中文本词语的特征学习[3]。Word2Vec 方法认为文档中的上下文词语之间具有语义关系，从而提出了 CBOW 模型与 Skip-gram 模型。在这两个模型中，文本词语的词向量从无监督学习中获取，该方法在很多任务的应用中均表现较好。受到 Word2Vec 方法的启发，研究人员开始将这个想法引入到信息网络中学习节点的特征。在信息网络中，节点在随机游走的过程中被访问到的次数和文档中单词出现的次数都服从幂率分布[1]。这一规律表明在自然语言处理中表现很好的 Skip-gram 模型同样适用于信息网络的嵌入。

Perozzi 基于此提出了 DeepWalk 模型[1]。该方法是使用随机游走的方式在网络中进行节点采样，从而形成一个个节点组成的序列，这些节点序列相当于词嵌入方法中文档里的句子。然后，将节点序列输入到 Skip-gram 模型中，经过训练最终可以获得网络节点的向量表示。DeepWalk 模型的运行效率较高，在进行网络表示学习时也取得了较好的效果，但是该模型的可解释性不够强。而且，DeepWalk 模型将网络中不同类型的节点都看作是同一类型，这使得该模型无法在语义方面很好地区分不同类型的节点。Grover 等人提出一种改进 DeepWalk 游走策略的 Node2Vec 模型[4]。该模型包含了两个重要参数，即返回参数 p 和进出参数 q。它们可用来表示在一次随机游走过程中返回到上一个节点的可能性，或者说随机游走的策略是在网络中深度遍历还是广度遍历。然而，这两个参数的确定需要额外的信息提供支撑，并且时间复杂度较高。与 DeepWalk 相同，Node2Vec 模型在进行网络表示学习时将所有节点看作同一类型，并未区分节点和链接的类型。Tang 等人提出了一种可规模化的方法 LINE[5]（Large-scale Information Network Embedding）。该模型将节点间的相似性分为一阶相似性和二阶相似性，使该模型具有较强的可解释性。其中，一阶相似性是指节点与其邻居节点之间的相似性，可以有效保持网络的局部特征，而二阶相似性是指拥有相同邻居的节点之间的相似性，可以保持网络的全局特征。然而，该模型的缺陷在于没有将一阶相似性和二阶相似性训练出的向量有机融合，只是简单地将这两个向量拼接在一起。Swami 等人提出了可区分节点类型的 Metapath2Vec 模型[6]，该模型以指定的元路径为约束，在异构信息网络中随机游走生成节点序列，然后输入到异构 Skip-gram 模型中进行节点表示学习。实验表明 Metapath2Vec 可用于异构信息网络的节点表示学习，进而完成网络中的各类数据挖掘任务。

近年来，越来越多的研究者利用图神经网络进行网络表示学习。Bronstein 等人[7]总结了非欧几里得领域的深度学习方法，然而综述不够全面，几种具有代表性的基于空间的图神经网络方法在综述中并未提及。Wu 等人[8]给出图神经网络领域的模型介绍，然而没有介绍传统方法以及基于随机游走的方法。涂存超等人[9] 的综述中仅简单提到谱域的图卷积模型，没有跟进最新研究进展中基于空间的图卷积网络以及图注意力网络。

3.2　网络结构信息的表示学习方法

3.2.1　基于随机游走的表示学习

分布式表示是最早由 Hinton 在 1986 年提出的一种词向量的表示方式，其核心思想是将词向量映射到 K 维的向量空间中，这样每个词都可以用向量来表示。那么将这种思想应用到网络中，即为网络的分布式表示，核心思想是将每个节点映射到一个 K 维的向量空间，同时使向量中包含一定的节点信息[10]。

通常情况下，对于不同的场景，往往需要在生成向量时对优化方向进行一定的限制，并以此来得到节点的表示向量，优化目标的设计，同时希望能够尽可能多地将网络信息通过向量表示出来，并在后续进行一定的计算。因此在优化过程中相当于将节点的属性、边信息、结构信息等嵌入到了向量中，因此也称为网络嵌入（Network Embedding）。

常用的基于随机游走的表示学习方法有 DeepWalk[1]、LINE[5]、Node2Vec[4] 等方法。DeepWalk 最早被提出，主要是受到自然语言处理领域中 Word2Vec 方法的启发。在自然语言建模算法中，Word2Vec 方法需要输入一个语料库和一个词汇 $\mathcal{V}$ 以获得词向量。DeepWalk 借鉴这种思想，将图上的一组随机游走序列视为自然语言处理中语料库，将图中的节点视为词汇表 $(\mathcal{V} = V)$，然后用 Word2Vec 来学习获得图中节点的表示向量，输入与输出如图 3-1 所示。

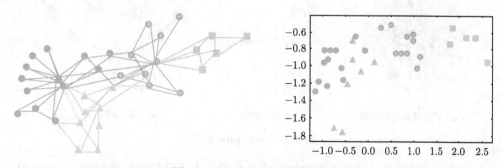

图 3-1　DeepWalk 输入与输出

具体来说，DeepWalk 方法由两个主要部分组成：第一个是随机行走生成器，第二个是更新过程。随机游走生成器在一个图 G 上均匀地抽取一个随机节点 v_i 作为随机游走 $\mathcal{W}_{v_i}$ 的起点，然后在该节点的邻域均匀采样，重复此过程直到达到最大长度 t。在每个节点多次进行随机游走，每次迭代都是对数据进行一次"传递"，并在这个过程中对每个节点进行一次遍历。在每个过程开始时，可以生成一个随机顺序来遍历顶点，这样可以加速随机梯度的收敛下降。对于每个顶点 v_i，生成一个随机游走 $|\mathcal{W}_{v_i}| = t$，然后使用它更新节点的表示。通常使用 Skip-gram 算法更新这些表示。Skip-gram 是一种语言模型，它最大化出现在一个句子的窗口 w 中的单词之间的协同出现概率。对于图模型中的每个节点，将节点 v_j 映射到其当前表示向量 $\Phi(v_j) \in \mathbb{R}^d$。给定节点 v_j，Skip-gram 希望最大化它的邻居在游走时的概率，可以使用多种分类器来学习这种后验分布。使用 logistic 回归对前面的问题进行建模将导致大量规模为 $|V|$ 的标签出现，这些标签可能以百万或数十亿计，因此需要大量的计算资源，这些资源可以跨越整个计算机集群。为了加快训练时间，可使用 Hierarchical Softmax 来近似概率分布。最后，根据下列公式中的目标函数更新节点表示。

$$\underset{\Phi}{\text{minimize}} - \log \Pr\left(\left(v_{i-w}, \cdots, v_{i-1}, v_{i+1}, \cdots, v_{i+w}\right) \mid \Phi(v_i)\right) \tag{3-1}$$

DeepWalk 通过随机游走的方式捕获网络中的局部结构信息，利用某个节点的上下游节点信息来学习当前节点的表示向量。当两个节点共同的一阶邻居或高阶邻居越多，这两个节点的相似性越高，表示向量之间的距离越短。具体如图 3-2 所示。

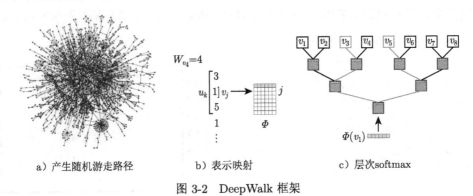

a）产生随机游走路径   b）表示映射   c）层次softmax

图 3-2 DeepWalk 框架

Node2Vec 同样是通过随机游走的方式来学习节点之间的高阶相似性，与 DeepWalk

不同的是 Node2Vec 在随机游走时加入了游走策略，比如采用广度优先（Breath First Search，BFS）或者是深度优先（Depth First Search，DFS）图搜索。通过在模型中引入两个参数 p 和 q，在生成节点序列时考虑到广度优先搜索和深度优先搜索。广度优先搜索注重邻近的节点并刻画了相对局部的一种网络表示，广度优先中的节点一般会出现很多次，从而降低刻画中心节点的邻居节点的方差；深度优先搜索反映了更高层面上的节点间的同质性[11]。Node2Vec 中提到了网络中的两种相似性，一种是内容相似性，另一种是结构相似性。内容相似性指的是相邻节点之间的相似性，而结构相似性指的是两个节点并不一定相邻，但这两个节点所处的周围的结构是类似的。通过广度优先搜索可以在发现内容相似性上有较好的效果，而深度优先搜索则可以挖掘节点之间的结构相似性。

如图 3-3 所示，利用 BFS 得到的结果是 s_1、s_2、s_3，这三个节点在内容相似性上与节点 u 相似性较大；而利用 DFS 得到的结果为 s_6，该节点和节点 u 在网络中所处的结构类似，同处于一个子网络的中心位置。

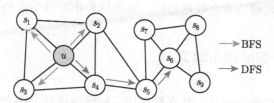

图 3-3　深度优先搜索和广度优先搜索的搜索策略

特别地，Node2Vec 中的参数 p 和 q 决定了随机游走序列的跳转概率，如图 3-4 所示，假设上一步游走的边为 (t,v)，那么对于节点 v 的不同邻居，p 确定跳转到序列中前一个节点的邻居的概率，q 确定跳转到序列中前一个节点的非邻居的概率，具体的未归一的跳转概率值 $\pi_{vx} = \alpha_{pq}(t,x)$ 如下所示：

$$\alpha_{pq}(t,x) = \begin{cases} \dfrac{1}{p}, & d_{tx} = 0 \\ 1, & d_{tx} = 1 \\ \dfrac{1}{q}, & d_{tx} = 2 \end{cases} \tag{3-2}$$

其中，d_{tx} 表示节点 t 和 x 之间的最短距离。为了获得最优的超参数 p 和 q 的取值，

Node2Vec 通过网格搜索最合适的参数学习节点表示。

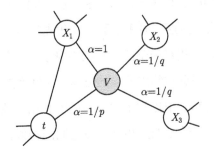

图 3-4   Node2Vec 中随机游走方式

可规模化的网络表示学习方法 LINE(Large-scale Information Network Embedding) 提出了图上的一阶相似性和二阶相似性，可解释性很强。一阶相似性是指网络中相邻节点之间的相似性，二阶相似性是指网络中拥有共同邻居的节点之间的相似性，前者可以保存局部结构，而后者可以获取全局结构。LINE 从网络结构的一阶和二阶近似关系入手，来研究其对应的网络节点之间相似性，进而推导出网络节点的表示向量。

3.2.2　基于矩阵分解的表示学习

基于矩阵的特征向量计算是一种在早期用于网络表示学习的方法。谱聚类算法计算关系矩阵的前 k 个特征向量或奇异向量，将这些特征向量或奇异向量作为 k 维的节点表示。其中，关系矩阵通常是指网络的邻接矩阵或拉普拉斯矩阵。这类方法对关系矩阵的依赖性较高，采用不同关系矩阵获取的结果差异较大。另一方面，由于特征向量和奇异向量的计算时间是非线性的，因此当网络规模较大时采用这种方法非常耗时。此外，关系矩阵需要整体存于内存之中，针对大规模的数据会占用较大的空间。以上提到的局限性限制了基于矩阵分解的表示学习在大规模数据上的应用。

基于矩阵分解的表示学习是指对关系矩阵进行矩阵分解来达到降维的效果，从而获取节点的网络表示。Yang 等 [12] 证明了 DeepWalk 算法在本质上等价于特定关系矩阵的矩阵分解。同样，Word2Vec 也被证明等价于分解 PMI 矩阵或者词共现矩阵。

Deepwalk 的矩阵分解示意如图 3-5 所示。

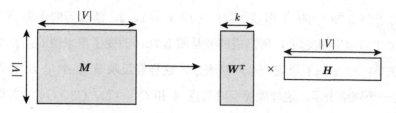

图 3-5　Deepwalk 矩阵分解示意

GraRep 算法 [13] 使用了一种特殊的关系矩阵，通过 SVD 分解对该关系矩阵进行降维，从而获取 k 步网络表示。形式化地，定义一阶转移概率矩阵 $\boldsymbol{A}$：

$$\boldsymbol{A} = \boldsymbol{D}^{-1}\boldsymbol{S} \tag{3-3}$$

上式中，$\boldsymbol{D}$ 表示度矩阵，是一个对角矩阵，$\boldsymbol{S}$ 表示网络的邻接矩阵，$\boldsymbol{A}$ 中每个元素 $\boldsymbol{A}_{ij}$ 就是顶点 i 在一步之内转移到 j 的概率。其中，$\boldsymbol{A}$ 可视为对邻接矩阵进行行归一化处理，成为一个被放缩的邻接矩阵。

所谓网络的全局特征，主要包括两方面：一个是即使两个节点相距很远，它们的关系也要被考虑到。另一个是不同步数的关系也应被考虑到，综合考虑节点的 1 阶关系到 k 阶关系。

图 3-6 中深色的节点都是相似的节点，深色加粗的边代表强连接，8 张图分别代表了 $k = 1$，2，3，4 的情况。为什么要分别考虑不同的 k 而不能综合起来考虑呢？下面来回答这个问题。

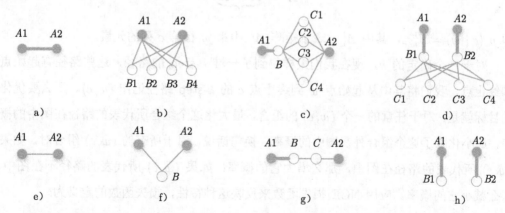

图 3-6　捕捉不同 k 步信息的重要性，图 a、e, $k = 1$; 图 b、f, $k = 2$; 图 c、g, $k = 3$;
　　　　图 d、h, $k = 4$

如果对于图 3-7a 中的 A 节点，同时考虑 $k = 1$，2，那么等同于将 A 同时与 B、$C1$、$C2$、$C3$、$C4$ 连接起来，所形成的就是图 3-7b，改变了原来图的拓扑结构。因此本文的方法是：对 $k = 1$ 学习一个网络表示，这样能反映节点 A 与 B 的关系；再对 $k = 2$ 学习一个网络表示，这样就能反映节点 A 和 $C1$、$C2$、$C3$、$C4$ 的关系，综合两者才能反映图 3-7a 的全局信息。

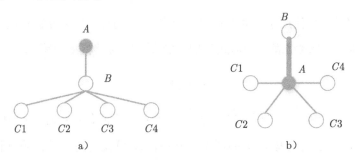

图 3-7   在图表示中保持不同 k 步信息的重要性

再回到节点的关系上来，在考虑两个节点的关系时，如何判断两个节点的关联程度？或者我们再将问题简化，如果存在一条从节点 w 到节点 c 的路径，那么这条路径的概率是多少？将这个概率表示为 $p_k(c \mid w)$，意思是从节点 w 走 k 步到达节点 c 的概率（k 步包括节点 w 和 c）。为每 (w, c) 节点对都计算这样的概率，得到了一个矩阵，称之为 k 阶转移概率矩阵。计算公式如下：

$$A^k = \underbrace{A \cdots A}_{k} \tag{3-4}$$

即 $p_k(c \mid w) = A^k_{w,c}$，其中 $A^k_{w,c}$ 表示矩阵 A^k 中第 w 行第 c 列的元素。

对于一个确定的 k，现在我们采样得到了一堆 k-step 的路径，这些路径有起始点和终止点，我们将其中从起始点 w 到终止点 c 的 k-step 路径记作 (w, c)。那么要优化的目标就是：对于任意的一个 (w, c) 的组合，最大化这个组合所代表的路径在图中的概率，最小化除了这个组合外在图中的概率。换句话说，对于所有的 (w, c) 组合对，如果 (w, c) 所代表的路径在图中，那么增大它的概率；如果 (w, c) 所代表的路径不在图中，那么减小它的概率。应用 NCE 损失函数来反映这种特性，损失函数的定义为：

$$L_k = \sum_{w \in V} L_k(w) \tag{3-5}$$

这里 $L_k(w)$ 表示对于 V 中的每个节点 w，都计算一次损失函数，表示为：

$$L_k(w) = \left(\sum_{c \in V} p_k(c \mid w) \log \sigma(\vec{w} \cdot \vec{c}) \right) + \lambda \mathbb{E}_{c' \sim p_k(V)} \left[\log \sigma(-\vec{w} \cdot \vec{c}') \right] \tag{3-6}$$

上式中，$\sigma(\cdot)$ 表示 sigmoid 函数，λ 是负采样的个数，$p_k(V)$ 表示图中节点的概率分布，c' 表示负采样下的节点样本，$\mathbb{E}_{c' \sim p_k(V)} [\cdot]$ 是指 c' 在分布 $p_k(V)$ 下的期望值。

$$\mathbb{E}_{c' \sim p_k(V)} \left[\log \sigma(-\vec{w} \cdot \vec{c}') \right]$$
$$= p_k(c) \cdot \log \sigma(-\vec{w} \cdot \vec{c}) + \sum_{c' \in V \setminus \{c\}} p_k(c') \cdot \log \sigma(-\vec{w} \cdot \vec{c}') \tag{3-7}$$

这就导致在特定 (w, c) 上定义的局部损失为：

$$L_k(w, c) = p_k(c \mid w) \cdot \log \sigma(\vec{w} \cdot \vec{c}) + \lambda \cdot p_k(c) \cdot \log \sigma(-\vec{w} \cdot \vec{c}) \tag{3-8}$$

要最大化损失函数，一种很常规的方法就是对损失函数求导，找出导数为 0 的点，推导得出：

$$\vec{w} \cdot \vec{c} = \log \left(\frac{A_{w,c}^k}{\sum_{w'} A_{w',c}^k} \right) - \log(\beta) \tag{3-9}$$

其中，$\beta = \lambda/N$。这就得出结论，我们本质上需要应用矩阵分解的方法将矩阵 $\boldsymbol{Y}$ 分成两个矩阵 $\boldsymbol{W}$ 和 $\boldsymbol{C}$，分解后形成的 $\boldsymbol{W}$、$\boldsymbol{C}$ 矩阵维数要远远小于 $\boldsymbol{Y}$ 的维度，而这个 $\boldsymbol{W}$ 矩阵就是网络节点的表示，$\boldsymbol{C}$ 矩阵就是上下文节点的表示。

$$\boldsymbol{Y}_{i,j}^k = \boldsymbol{W}_i^k \cdot \boldsymbol{C}_j^k = \log \left(\frac{A_{i,j}^k}{\sum_t A_{t,j}^k} \right) - \log(\beta) \tag{3-10}$$

GraRep 可以处理带权的网络，在学习网络表示的过程中不局限于网络的局部结构，而是整合网络的全局结构信息。该方法使用的关系矩阵表示节点间通过 k 步随机游走抵达的概率，通过对关系矩阵 $\boldsymbol{A}_k$ 进行分解，最终可以获取 k 步的网络表示。实验中设置了不同的 k 值获取多个表示向量，通过拼接的方式构建维度更高、表达能力也更强的节点表示。然而，分解 $\boldsymbol{A}_k$ 的计算过程时间复杂度较高，这限制了该方法在大规模数据上的应用。

Yang 等 [12] 将这类基于矩阵分解的表示学习方法总结为一个通用的算法框架，第一步构建节点间的关系矩阵，第二步对该矩阵进行矩阵分解操作得到网络表示，提出了一种简单的网络表示更新策略 NEU，如下式所示：

$$R_{new} = R + \lambda_1 A \cdot R + \lambda_2 A \cdot (A \cdot R) \qquad (3-11)$$

其中超参数 λ_1，λ_2 一般被设置为 0.5 和 0.25。这项研究证明了上述更新策略可以让网络表示近似等价于从更高阶的关系矩阵中分解而来，但是不会增加计算复杂度。实际上，当该算法作用于 DeepWalk 算法的输出结果时，只占用 DeepWalk 算法 1% 的时间，但是效果会显著提升。

3.2.3　基于深度学习的表示学习

神经网络的不断发展推动了模式识别和数据挖掘的研究，许多机器学习任务，例如目标检测、机器翻译和语音识别，曾经都严重依赖棘手的特征工程提取数据集的特征。而现在该问题已经因端到端的学习模式而彻底改变，也就是卷积神经网络（Convolutional Neural Networks，CNN），长短时记忆网络（Long Short-Term Memory，LSTM）和自编码（Auto Encoder，AE）。深度学习的兴起得益于快速发展的计算资源（GPU）和大量的训练数据，得益于深度学习从欧氏数据（如图像、文本和视频）中提取有效的表示。虽然深度学习在欧氏数据上取得了巨大的成功，但是越来越多的应用需要对非欧氏数据进行分析。例如，在电子商务中，一个基于图的推荐引擎能够有效挖掘用户与商品之间的交互行为从而向用户个性化推荐商品；在化学中，需要识别被建模为图结构的分子的生物活性以发现新的药物；在引文网络中，论文需要通过引用及被引用的关系建立连接，然后通过挖掘关系来分成不同的组。图数据不规则，每个图的无序节点大小是可变的，且每个节点有不同数量的邻居节点，因此一些重要的操作如卷积能够在图像数据上轻易计算，但是不适用于图数据，可见图数据的复杂性给现有的机器学习算法带来了巨大的挑战。此外，现有的机器学习算法通常假设数据之间是相互独立的，但是图数据中每个节点都通过一些复杂的连接与其他邻居相关，这些连接用于捕获数据之间的相互依赖关系，包括引用、关系和交互。

BRUNA 等 [14] 首次提出了在图网络领域中基于谱域的卷积方法，函数卷积的傅里叶变换等于函数傅里叶变换的乘积。然而该方法存在以下几点局限性：（1）每一次的卷积操作都需要矩阵相乘，这带来了 $O(N^3)$ 的计算复杂度，显然在大规模图中该方法并不适用；（2）每一次的卷积操作都要考虑图网络中的所有节点，忽略了局部结构信息。

这种方法通过高度非线性函数来计算网络表示。和之前使用浅层神经网络的方法不同，SDNE[15] 使用深层神经网络对节点表示间的非线性结构进行建模。SDNE 使用深度自动编码器来保持一阶和二阶网络邻近度。它通过联合优化这两个近似值来实现这一点。模型由两部分组成：无监督和监督。前者包括一个自动编码器，目的是寻找一个可以重构其邻域节点的嵌入；后者基于拉普拉斯特征映射，当相似顶点在嵌入空间中彼此映射距离很远时，该特征映射会受到惩罚。模型如图 3-8 所示。

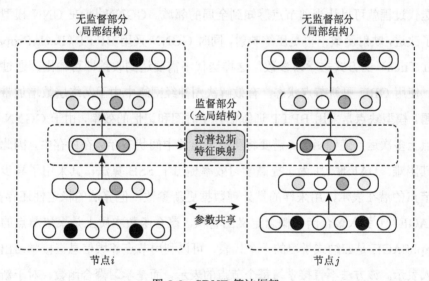

图 3-8　SDNE 算法框架

DNGR[15] 结合了随机游走和深度自动编码器。该模型由 3 部分组成：随机游走、正点互信息（PPMI）计算和叠加去噪自编码器。在输入图上使用随机游走模型生成概率共现矩阵，类似于 HOPE 中的相似矩阵。将该矩阵转化为 PPMI 矩阵，输入到叠加去噪自动编码器中得到嵌入，输入 PPMI 矩阵保证了自动编码器模型能够捕获更高阶的近似度。此外，使用叠加去噪自动编码器有助于增强模型在图中存在噪声时的鲁棒性，以及捕获任务（如链路预测和节点分类）所需的底层结构[11]。

上面讨论的基于深度神经网络的方法，即 SDNE 和 DNGR，以每个节点的全局邻域

（一行 DNGR 的 PPMI 和 SDNE 的邻接矩阵）作为输入。对于大型稀疏图来说，这可能是一种计算代价很高且不适用的方法。学者们提出了利用图上的卷积来获得半监督嵌入的方法，其在卷积滤波器的构造上各不相同，卷积滤波器可大致分为空间滤波器和谱滤波器。空间滤波器直接作用于原始图和邻接矩阵，而谱滤波器作用于拉普拉斯图的谱。

GNN [16] 统一了一些早期处理图数据的方法，但也存在缺点：为了保证公式有唯一解采取了压缩映射，这样会限制模型的能力。此外，由于梯度下降的过程涉及多次的迭代计算，因此计算开销较大。图卷积网络（Graph Convolutional Networks, GCN）[17] 在图上定义卷积算子，从而解决了 GNN 存在的局限性。该模型在每一次的迭代过程中都聚合了邻域信息，并将上一轮迭代后的表示向量作为当前迭代的输入。通过多次的迭代过程就可以让当前节点感知到全局的邻域。GGNN [18] 在 GNN 模型的基础上进行了改进，映射函数不再是压缩映射，同时 GGNN 采用 BPTT（Back-Propagation Through Time）的方式去学习参数，这样迭代不需要达到收敛即可输出，通过迭代固定步长，使用 GRU 更新节点状态，有效解决图神经网络中由于网络层数增加带来的过平滑问题。模型缺点是采用 BPTT 训练牺牲了时间和记忆的效率，由于 GGNN 需要在所有节点上多次运行递归函数，需要将所有节点的中间状态存储在内存中，因此处理大型图尤其困难。DAI 等 [19] 为了提高学习效率提出了 SSE 算法，其采用了异步方式随机更新节点的潜在表示，用采样的批处理数据更新参数，但算法的稳定性还存在问题。GraphSAGE [20] 引入聚合函数概念定义图卷积，聚合函数本质上是聚集节点的邻域信息。GraphSAGE 是归纳式学习的一个代表，可以利用节点邻域信息直接学习出新增节点的嵌入表示。该方法不直接学习每个节点的表示，而是学习聚合函数，对于新增的节点利用聚合函数生成它的嵌入表示 [21]。

3.3　网络属性信息的表示学习方法

3.3.1　结合文本信息的网络表示学习

在网络数据中，除去节点间的边信息以外，也会有很多依存于网络的文本信息。比如社交网络中，除去用户间的好友关系，也会有丰富的用户状态或者博客内容等文本信息。我们可以利用这些文本信息作为网络结构信息的补充，进一步增强网络节点表示的强度和效果。

TADW [22] 在矩阵分解的模式下，引入了节点的文本特征。给定一个网络 $G = (V, E)$，DeepWalk 被证明实际上是分解一个矩阵 $M \in \mathbb{R}^{|V| \times |V|}$，其中参数 M_{ij} 是节点 v_i 以固定步长随机走向节点 v_j 的平均概率的对数。图 3-9 展示了矩阵分解式的 DeepWalk，即分解矩阵 M 为两个低维矩阵 $W \in \mathbb{R}^{k \times |V|}$ 和 $H \in \mathbb{R}^{k \times |V|}$，其中 $k \ll |V|$，DeepWalk 将矩阵 W 作为节点表示。当 DeepWalk 被证明等价于矩阵分解后，文本信息被引入用于网络表示学习。将矩阵 M 分解为两个矩阵，分别为 $W \in \mathbb{R}^{k \times |V|}$，$H \in \mathbb{R}^{k \times f_t}$ 以及文本特征矩阵 $T \in \mathbb{R}^{f_t \times |V|}$，然后连接矩阵 W 和 HT 作为一个 $2k$ 维的节点表示。

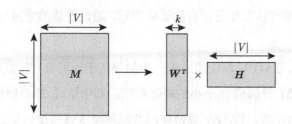

图 3-9 矩阵分解式的 DeepWalk

给定一个网络 $G = (V, E)$ 及其对应的文本特征矩阵 $T \in \mathbb{R}^{f_t \times |V|}$，文本关联 DeepWalk (TADW) 从网络结构 G 和文本特征 T 两方面学习每个顶点 $v \in V$ 的表示。DeepWalk 对矩阵 M 进行因式分解时

$$M_{ij} = \log \left(\left[e_i \left(A + A^2 + \cdots + A^t \right) \right]_j / t \right)$$

当 t 变大时，计算一个精确的 M 的复杂度为 $O(|V|^3)$。事实上，DeepWalk 使用基于随机游走的采样方法，避免显式计算精确矩阵 M。当 DeepWalk 采样更多的游走时算法性能会更好，但是效率会随之降低。TADW 在效率和精度之间找到了一个折中方案，即将矩阵 $M = (A + A^2)/2$ 进行因子分解。由于 $\log M$ 的非零项比 M 多，而带平方损失的矩阵分解的复杂度与矩阵 M 中非零元素的个数成正比。为了提高计算效

率，可以将 M 分解为 $\log M$。大多数现实世界的网络是稀疏的，即 $O(E) = O(V)$，因此计算矩阵 M 的时间复杂度为 $O(|V|^2)$。如果一个网络是稠密的，则可以直接因式分解矩阵 A。

TADW 的任务是求解矩阵 $W \in \mathbb{R}^{k \times |V|}$ 和 $H \in \mathbb{R}^{k \times f_t}$ 以最小化

$$\min_{W,H} \left\| M - W^{\mathrm{T}} H T \right\|_F^2 + \frac{\lambda}{2} \left(\|W\|_F^2 + \|H\|_F^2 \right)$$

由于目标函数是 W 或 H 的凸函数，TADW 采用交替最小化 W 和 H 以优化 W 和 H。虽然 TADW 可能会收敛到局部最小值而不是全局最小值，但该方法在实践中表现较好。与专注于完成矩阵 M 的低秩矩阵分解和归纳矩阵补全不同，TADW 的目标是合并文本特征以获得更好的网络表示。此外，归纳矩阵补全直接从原始数据中获得矩阵 M，而 TADW 通过矩阵分解式 DeepWalk 推导人工构建矩阵 M。由于从 TADW 得到的 W 和 HT 都可以看作是顶点的低维表示，通过连接两者可以获得一个 $2k$ 维的网络表示矩阵。

如图 3-10 所示，TADW 算法通过进一步加强基于矩阵分解形式的 DeepWalk 算法得到：将关系矩阵 M 分解成 3 个小的矩阵乘积，其中矩阵 T 是固定的文本特征向量，另外两个矩阵是参数矩阵。TADW 算法使用共轭梯度下降法迭代更新 W 矩阵和 H 矩阵求解参数。在真实世界中，网络中节点之间产生交互的过程中有时会表现出不同方面的特点。例如，一个研究者与不同合作者之间的交互通常是因为不同的研究主题；社交网络中的用户与其他用户产生联系通常是因为不同的交互原因。

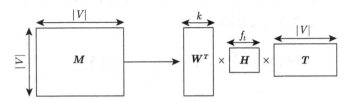

图 3-10　TADW 算法框架

然而，已有的网络表示学习方法会给每个网络节点学习一个固定的表示向量，不能展现出同一节点对于不同邻居节点角色的变化。而一个节点与不同邻居节点交互时，可能表现出不同的方面。例如，一个研究者通常在不同研究主题下，与不同的伙伴合作，一个社交媒体用户会分享独特的兴趣爱好给不同朋友，对不同目标一个网页链接了许多页面。然而，绝大多数现存的网络嵌入算法都仅对每个顶点排列一个向量，这就导致了两个可逆的问题：

1）这些算法不能灵活地处理一个节点与不同邻居交互时的方面过渡。

2）在这些模型中，一个顶点倾向于促进其邻居的嵌入彼此靠近，可能并非在所有时间都符合事实。

此外，这些方法不能对节点之间的关系进行有效的建模和解释。因此，CANE[23] 利用网络节点的文本信息来对节点之间的关系进行解释，来为网络节点根据不同的邻居学习上下文相关的网络表示。为充分利用网络结构与相关文本信息，CANE 对一个节点 v 提出两类嵌入，即基于结构的嵌入 v^s 和基于文本的嵌入 v^t。基于结构的嵌入能够获取网络结构中的信息，而基于文本的嵌入能够获取隐藏在相关文本信息中的文本含义。连接这两者并得到节点嵌入 $v = v^s + v^t$，其中 + 表示连接操作。基于文本的嵌入 v^t 可以是上下文无关或上下文感知的，当 v^t 是上下文感知型时，总的节点嵌入 v 也会是上下文感知的。

CANE 假设每个节点的表示向量由两部分组成，分别是文本表示向量和结构表示向量，其中文本表示向量的生成过程与边上的邻居相关，所以生成的节点表示也是上下文相关的。CANE 利用卷积神经网络对一条边上两个节点的文本信息进行编码。在文本表示生成的过程中，利用相互注意力机制，选取两个节点彼此最相关的卷积结果构成最后的文本表示向量。CANE 提出的算法框架示意图如图 3-11 所示。

3.3.2 半监督的网络表示学习

无监督的网络表示学习中，其后续任务很多是以节点表示作为特征的节点分类任务。之前的工作主要基于无监督的网络表示学习，在针对节点分类等机器学习任务时，缺少区分性。半监督的网络表示学习的想法就是把已经标注的节点类别或者标签利用起来，加入到网络表示学习的过程中，从而针对性地提升节点网络表示在后续分类任务中的效果。

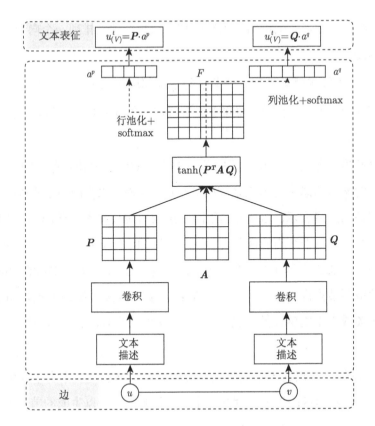

图 3-11 CANE 算法框架

为了解决这个问题，Tu 等 [24] 提出了一种半监督的网络表示学习方法 MMDW，来学习有区分性的网络表示。如图 3-12 所示，MMDW 同时学习矩阵分解形式的网络表示模型和最大间隔分类器。为了增大网络表示的区分性，MMDW 会计算分类边界上支持向量的偏置向量，通过学习使分类边界上的支持向量向正确的类别偏置，从而加强表示向量的区分能力。

受最大间隔的分类器影响，该模型学习得到的节点向量不仅包含网络结构的特征，也会拥有分类标签带来的区分性。在节点分类任务上的实验效果证明了 MMDW 模型使用半监督训练表示的优势。此外，在网络表示的可视化中，如图 3-13所示，也可观察到节点之间的区分性较无监督模型更加明显。DDRW [25] 也采用了类似的方式，同时训练DeepWalk 模型和最大间隔分类器，来提高网络节点分类的效果。

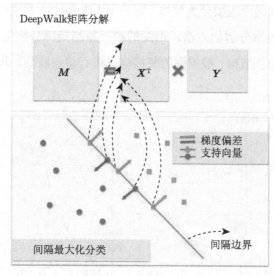

图 3-12　MMDW 算法

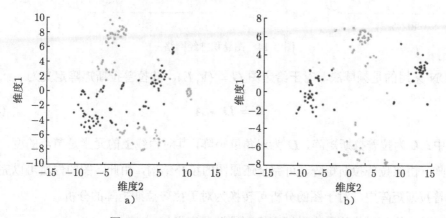

图 3-13　DeepWalk 和 MMDW 可视化结果

现实世界中的许多问题都可以通过非欧氏结构的图结构表述，如基因序列关系、蛋白质结构、知识图谱和社交网络等。图神经网络（Graph Neural Networks，GNN）[18]是处理图结构的代表性的方向之一。融入 CNN 的 GCN [17] 框架是最流行的 GNN 之一，但是图结构中邻居节点的个数不固定，无法计算核卷积，所以 CNN 不能被直接用于非欧氏空间的图结构上。对此有两种解决办法：一是固定邻居节点数，二是将非欧氏空间的图转换到欧氏空间。GCN 属于第二种思路，它设计了一种作用于网络结构上的卷积神经网络，并使用一种基于边的标签传播规则实现半监督的网络表示学习。

对于图结构的特征提取主要分为频域（Spectral Domain）和空域（Spatial Domain）两种方法。频域法使用谱分解的方法，用图的拉普拉斯矩阵分解进行节点的信息收集，空域法直接使用图的拓扑结构，根据图的邻接信息进行信息收集，其模型框架如图 3-15 所示。

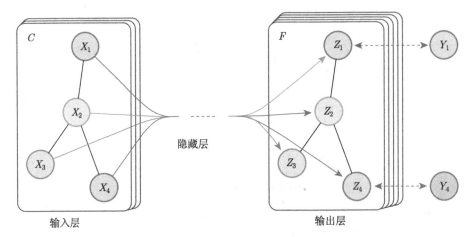

图 3-14   图卷积神经网络

GCN 采用的是频域法，对于给定图 $G = (V, E)$，其拉普拉斯矩阵定义为

$$L = D - A \tag{3-12}$$

其中：L 为拉普拉斯矩阵，D 为对角度矩阵，其对角线上的元素是节点的度，A 为邻接矩阵。由该拉普拉斯矩阵，可完全还原图的拓扑结构，由此，图的性质可以完全表示在拉普拉斯矩阵中，对于图的分析可转换为对于拉普拉斯矩阵的分析。

傅里叶变换可以将信号由时域变换到频域，定义如下：

$$F^{-1}[F(\omega)] = \frac{1}{2\pi} \int F(\omega) e^{i\omega t} d\omega \tag{3-13}$$

$$f * g = \mathcal{F}^{-1}\{\mathcal{F}\{f\}\mathcal{F}\{g\}\} \tag{3-14}$$

傅里叶变换具有一个重要性质，时域卷积相当于频域乘积。由此，图域卷积相当于傅里叶域相乘，计算时对图和卷积核做傅里叶变换后相乘，再傅里叶反变换，便得到图域卷积。按照图傅里叶变换的性质，可以得到如下图卷积的定义：

$$(\boldsymbol{f} * \boldsymbol{h})_{\mathcal{G}} = \Phi \operatorname{diag}\left[\hat{h}(\lambda_1), \cdots, \hat{h}(\lambda_n)\right] \Phi^{\mathrm{T}} \boldsymbol{f} \tag{3-15}$$

其中，$\text{diag}\left[\hat{h}\left(\lambda_k\right)\right] \in \boldsymbol{R}^{N \times N}$ 是将 $\boldsymbol{h}$ 组织成对角矩阵。

由该拉普拉斯矩阵可完全还原图的拓扑结构，由此，图的性质可以完全表示在拉普拉斯矩阵中，对于图的分析可转换为对于拉普拉斯矩阵的分析。

其他的半监督网络表示学习方法还包括 Planetoid [26] 联合地预测一个节点的邻居节点和类别标签，类别标签同时取决于节点表示和已知节点标签。

3.3.3　结合边上标签信息的网络表示学习

除了节点本身附加的文本、标签等信息外，节点与节点之间也存在着丰富的交互信息。例如，社交媒体上用户之间会存在交谈、转发等文本信息；论文合作网络中，研究者之间存在合作的论文的具体信息。然而，已有的网络表示学习模型更侧重于节点本身的信息，而把边简单地看作 0、1 值或者连续的实值，而忽略边上丰富的语义信息。同时，已有的网络表示学习一般应用于节点分类、链接预测等任务。分析任务来衡量网络表示学习的质量，而忽略了对节点之间具体关系的建模和预测能力。

由于现在的网络表示学习评测任务，诸如分类、聚类和链接预测，都是用于评测点特征的好坏程度的，因此对于衡量边特征的好坏程度，Tu 等 [27] 提出了一个新的评测任务，称为社交关系提取（Social Relation Extraction，SRE）。SRE 是知识图谱中关系提取任务的一种延伸，即通过已知关系类标的边，来预测没有关系类标的边的类标。不同点在于，在知识图谱中，关系的种类已经提前设置好了，因此可以直接通过词袋模型来描述一条边。而在社交网络中，社交关系并没有这样的提前设置，为了解决这个问题，选择人为地提取类标集。社交网络中的一部分边会有其对应的交互内容，而内容中的关键词能够很好地表示一个交互关系的语义信息，因此在 SRE 中，一条边的特征是通过这样两个步骤得到的：

1）将所有边的交互内容中的关键词都提取出来，然后将这种关键词合成一个关键词集。

2）利用关键词集，通过词袋模型构建每一条边的向量。

在构建好有交互内容的边的词袋向量之后，SRE 的目的是预测没有关系类标（即一开始没有交互内容）的边的类标。现在已知某些边的向量可以通过词袋模型描述，但是如何利用这些词袋向量训练一个模型，使其具有预测未知关系的边的类标向量的能力呢？Tu 等巧妙地利用了点和边之间固有的关系，设计了一个转换模型，整体模型如图 3-15 所示的 TransNet 模型，该模型的主要思路是将节点与边映射到同一个隐式空间，然后去构建它们之间的联系，利用平移机制来解决社会关系抽取问题。

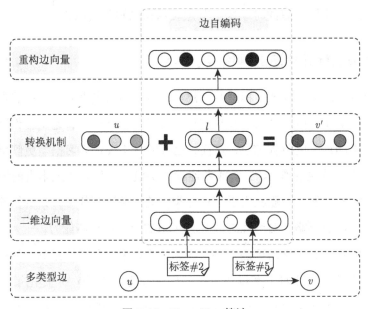

图 3-15　TransNet 算法

如图 3-16 所示，TransNet 由两个关键部分组成，即转换部分和边缘表示部分。

1. 转换机制

受词表示 [2] 和知识表示 [28] 两个方面的影响，假设社交网络中的节点也可以通过表征空间来描述。对网络中的边 $e = (u, v)$，对应的标签集为 l，节点 v 的表示应接近等于节点 u 自身的表示加上边 e 的表示，初始化边 e 的两个端点 $u, v \in R^k$，将 e 类标签向量作为深度自编码器的输入，通过 encode 过程得到特征向量 l，利用点和边之间的固有关系，得到转化关系为：

$$u + l \approx v' \tag{3-16}$$

根据上式定义，应用距离函数 $d(u + l, v')$ 来评估 (u, v, l) 的度，对每一个 (u, v, l)

和它对应的负样本 $(\hat{u}, \hat{l}, \hat{v})$，TransNet 的转换部分目的是最小化 hinge-loss：

$$\mathcal{L}_{\text{trans}} = \max\left(\gamma + d\left(u + l, v'\right) - d\left(\hat{u} + \hat{l}, \hat{v}'\right), 0\right) \tag{3-17}$$

这里 $\gamma > 0$ 是一个超参数，$(\hat{u}, \hat{l}, \hat{v})$ 是来自负样本集 N_e 的负样本。

$$N_e = \{(\hat{u}, v, l) \mid (\hat{u}, v) \notin E\} \cup \{(u, \hat{v}, l) \mid (u, \hat{v}) \notin E\}$$
$$\cup \{(u, v, \hat{l}) \mid \hat{l} \cap l = \varnothing\} \tag{3-18}$$

上式中，头部顶点或尾部顶点被另一个断开的顶点随机替换，标签集将通过不重叠的标签集被替换。

2. 边缘表示

如图 3-16 所示，我们使用深度自动编码器来构造边缘表示。编码器部分通过对多个非线性变换层进行变换标签集到低维表示空间中。此外，解码器部分的重构过程使得表示将保留所有标签信息。下面，我们将详细介绍如何实现。

首先将标签集映射到自动编码器的输入向量，如对边 e 的标签集 $l = t_1, t_2, \cdots$，我们得到一个二进制向量 $s = \{s_i\}_{i=1}^{|T|}$，若 $t_i \in l$，则 $s_i = 1$，否则，$s_i = 0$。

以向量 s 为输入，自动编码器的编解码部分由多个非线性变换层组成，具体如下：

$$h^{(1)} = f\left(W^{(1)}s + b^{(1)}\right)$$
$$h^{(i)} = f\left(W^{(1)}h^{(i-1)} + b^{(i)}\right), i = 2, \cdots, K \tag{3-19}$$

上式中，K 表示转换层的层数，f 表示激活函数，$h^{(i)}$、$W^{(1)}$、$b^{(i)}$ 分别表示第 i 层的隐藏向量、变换矩阵和偏置向量。具体来说，我们使用 tanh 激活函数得到边表示 $l = h^{(K/2)}$ 作为顶点的表示向量，而 sigmoid 激活函数针对当输入向量 s 为二进制时，得到重构输出 $\hat{s}$。

自动编码器旨在最小化输入与重构输出之间的距离。这个重构损失如下：

$$\mathcal{L}_{\text{rec}} = \|s - \hat{s}\| \tag{3-20}$$

这里采用了 L_1 正则化度量重构距离。然而，由于输入向量的稀疏性，s 中零元素的数目比非零元素的大得多。这意味着自动编码器将倾向于重建零元素而不是非零元素，这与我们的目的不符。因此，这里设置了不同的权重并重新定义了方程中的损耗函数：

$$\mathcal{L}_{ae} = \|(s - \hat{s}) \odot x\| \tag{3-21}$$

上式中，$\odot$ 表示哈达玛积，$x = \{x_i\}_{i=1}^{|T|}$ 是一个加权向量。这里，若 $s_i \in l$，则 $x_i = 1$，否则，$x_i = \beta > 1$。

利用深度自动编码器，边缘表示不仅保留了对应标签的关键信息，而且具有预测两个顶点之间的关系（标签）的能力。

3. 总体框架

为了既能保持节点和边的转换机制，也能包含边表示的重建能力，提出了统一的节点表示学习模型 TransNet。TransNet 联合优化目标如下：

$$\mathcal{L} = \mathcal{L}_{trans} + \alpha \left[\mathcal{L}_{ae}(l) + \mathcal{L}_{ae}(\hat{l}) \right] + \eta \mathcal{L}_{reg} \tag{3-22}$$

这里引入了两个超参数 α 和 η 来平衡两个不同的部分。此外，$\mathcal{L}_{reg}$ 采用了 $\mathcal{L}_2$ 正则化来防止过拟合，定义如下。

$$\mathcal{L}_{reg} = \sum_{i=1}^{K} \left(\left\| W^{(i)} \right\|_2^2 + \left\| b^{(i)} \right\|_2^2 \right) \tag{3-23}$$

为了防止过度拟合，还使用 dropout [29] 来生成边缘表示。在最后，采用 Adam 算法 [30] 来最小化公式 3-22 中的目标。通过关键词抽取、命名实体识别等方式，对交互文本抽取出标签集合来表示关系，通过深层自动编码器对标签集合进行压缩，来得到关系的表示向量。该模型能够有效地预测未标注边上的标签集合，在社会关系抽取任务上取得了不错的效果。

3.4 异构网络的表示学习方法

3.4.1 基于元路径的异构网络表示学习

Meta-graph 由一个计算图和其相关的元数据构成，可反映网络结构的基础单元。本节首先在构建的多层异构网络拓扑结构中提取网络的元模式，然后令网络中的节点在所提取的元路径上进行随机游走生成子图序列，最后基于 Skip-gram 算法对子图序列进行网络嵌入学习，挖掘网络结构特征。

1. 元路径的选择

元路径是依据网络模式在异构信息网络中连接两个节点的一条路径，异构信息网络中的两个节点可以通过包含着不同语义的路径连接起来。可以将元路径形式化定义为 $A_1 \xrightarrow{R_1} A_2 \xrightarrow{R_2} \cdots \xrightarrow{R_l} A_{l+1}$, 而 $R = R_1 \circ R_2 \circ \cdots \circ R_l$ 表示节点之间的一种复合关系。其中 $\circ$ 表示关系之间的复合算子，A 代表的是节点类型，R 代表的是关系类型。异构信息网络中的两个节点可以通过包含着不同语义的路径连接起来。以用户、服务、路由三种类型节点构建的异质多层网络为例，图 3-16 分别展示了用户–路由–服务元路径（URS）和用户–路由–用户元路径（URU）。其中，前者是非对称元路径，表示用户向某个服务发送请求；后者是对称元路径，表示用户向另一用户发送信息。

基于元路径的方法已经被提出表征异构信息网络中的关系，但是它们捕获节点之间的丰富上下文和语义并用于嵌入学习方面的效果一般。由于异构信息网络中不同的元路径具有不同的语义信息，因此基于单条元路径可能并不能完整地描述整个网络的结构。而通过多条元路径构成的子图不仅具有描述节点之间复杂关系的优势，而且可以捕获远程节点之间更丰富的结构上下文和语义，并且在异构信息网络中生成随机游走时更灵活的匹配。

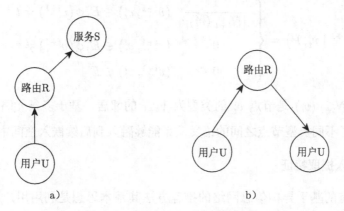

图 3-16　URS、URU 两种元路径

在异构信息网络中可以构建多条元路径，而不同的元路径蕴含的语义信息也不相同，以上述异质多层网络为例，如表 3-1 所示。

表 3-1　不同元路径及其语义信息

表示	元路径	语义信息
URS	用户–路由–服务	用户向某个服务器发送请求
URU	用户–路由–用户	用户向另一用户发送信息
URRU	用户–路由–路由–用户	用户经过两个路由向另一用户发送信息
URSRU	用户–路由–服务–路由–用户	用户经过路由向服务器发送请求，服务器将信息经路由反馈给用户

2. 随机游走生成子图

随机游走基本思想是在信息网络中的任意一个节点以概率 α 随机跳跃到图中的其他节点，跳转发生概率即为 α，在每次随机游走后可以得出一个概率分布，该概率分布表明了图中每一个节点被随机访问到的概率，可以用这个概率分布作为下一次游走的输入并反复迭代这一过程。当满足一定前提条件时，这个被随机访问到的概率分布会趋于收敛，即得到一个稳定的概率分布。然而，异构信息网络中的随机游走需要考虑节点的类型，决定当前节点下一步游走的条件概率并不能在该节点的所有邻居节点上进行标准化，因为这样忽略了节点的类型。在异构信息网络中，决定下一步游走的跳转发生概率是在给定元路径的下一个节点类型的邻居上做标准化。给定异构信息网络 $G=(V,E,T)$ 和元路径，则节点 v_t^i 跳转发生概率公式如下所示：

$$p\left(v^{i+1} \mid v_t^i, \mathcal{P}\right) = \begin{cases} \dfrac{1}{|N_{t+1}(v_t^i)|} & (v^{i+1}, v_t^i) \in E, \phi(v^{i+1}) = t \\ 0 & (v^{i+1}, v_t^i) \in E, \phi(v^{i+1}) \neq t \\ 0 & (v^{i+1}, v_t^i) \notin E \end{cases} \tag{3-24}$$

其中 $v_t^i \in V_t$，$N_{t+1}(v_t)$ 是节点 v_t^i 的类型为 V_{t+1} 的邻居。基于多条元路径融合的随机游走策略保证了不同类型节点之间的语义关系能够融入到后续嵌入空间中。

3. 网络嵌入提取特征

大多数现有的基于异构信息网络的推荐方法其基本思想是利用用户和项目之间基于路径的语义相关性，例如基于元路径的相似性来进行推荐。虽然基于异构信息网络的方法在一定程度上实现了性能的提高，但是这些方法使用基于元路径的相似性存在一个主要问题，即基于元路径的相似性依赖于显式路径可达性，这可能无法充分挖掘异构信息网络上用户和项目的潜在特征以供推荐。网络嵌入在结构特征提取方面展现优势，并已成功应用于许多数据挖掘任务，如分类、聚类和推荐。

在网络嵌入学习中，利用 Skip-gram 模型提取节点特征向量前，首先要设定训练模型的参数。其中，size $<int>$ 表示学习节点表示的维度，即特征向量的维度；window $<int>$ 是指上下文窗口的大小，限定窗口的大小可以方便收集节点的上下文对；prefixes $<string>$ 是指用于指定节点类型的节点 ID 的前缀，例如 U 是指用户，R 是指路由，这样有利于在不同的场景下运用该方法进行网络嵌入；alpha $<float>$ 是指训练模型时设定的初始学习率，通常情况下默认值为 0.025；samples $<int>$ 是指将随机梯度下降的迭代次数设置为 $<int>$ 的值，单位为百万次。上述参数的设定对实验结果会产生影响，因此在实验过程中需要进行参数灵敏度分析。

复杂网络的节点与文本处理中的词语在统计学上具有很强的相似性。因此，在文本特征提取问题中表现优异的 Word2Vec 算法上进行拓展，将网络中的每个节点视为语料库中的一个词，将节点序列视为语料库中的一句话，将节点从原先所属的空间嵌入到一个新的多维空间中，使得在网络中近似的节点在新的嵌入空间内的距离也很近。

首先，设定好模型参数然后建立模型，将随机游走得到的节点序列作为 Skip-gram 模型的输入，整个建模过程实际上是基于训练数据构建一个神经网络，最大化输入节点的上下文节点出现的概率，然后通过模型获取每个网络节点的表示向量。当这个模型训练好以后，并不会用这个训练好的模型处理新的任务，我们真正需要的是这个模型通过训练数据所学得的参数，即隐藏层的权重矩阵。隐藏层的权重即为网络节点在嵌入空间中的特征向量。利用 Skip-gram 模型生成节点表示向量的过程如图 3-17 所示。

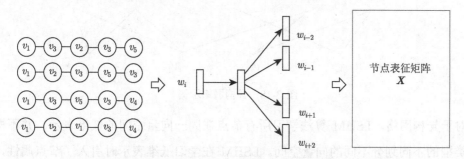

图 3-17　Skip-gram 模型生成节点表示向量

3.4.2　基于最优化的异构网络表示学习

基于最优化的网络表示学习算法是指设置一个明确的优化目标函数，将节点在低维空间的表示向量作为参数，通过求解优化目标函数的最大值或者最小值，从而求出节点的低维表示的一类算法。下面介绍两个代表性的工作。

网络表示学习的一个典型应用是节点标签预测[13]。通常情况下，网络中的每个节点都对应着一个标签，但只有一部分节点的标签是已知的，其余节点的标签是未知的，针对这个任务，参考文献 [14] 中提出了 LSHM（Latent Space Heterogeneous Model）算法。LSHM 算法不仅学习节点的向量表示，同时还会学习标签的线性分类函数。这种算法的优化目标函数包括两部分：考虑网络上的平滑性，即邻居节点的标签尽可能相似；同时考虑线性分类函数对已知标签的预测效果。因此该算法是一种半监督的网络表示学习算法。如果仅考虑网络上的平滑性，忽略线性分类函数对已知标签的预测效果，那么该算法的输入可以是相似度矩阵。

LSHM 算法可以处理异构网络，如图 3-18 所示，这个异构网络包括作者、论文和期刊 3 种类型的节点，每个作者节点的标签为研究领域，每篇论文的标签为所属会议。

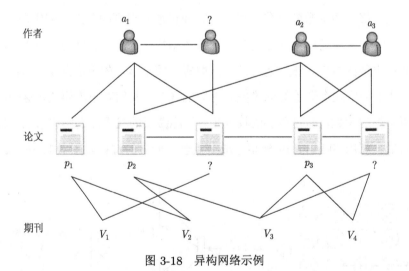

图 3-18　异构网络示例

对于异构网络，LSHM 算法学习所有节点在同一向量空间的低维表示，并不根据节点类型的不同划分不同的向量空间。LSHM 在学习低维表示时引入了节点属性，对于每个节点都区分出节点属性和节点标签。比如引文网络中，论文的文本内容属于节点属性，论文所属的会议属于节点标签。LSHM 算法针对节点属性的扩展方式是把属性作为一种没有标签的节点，比如文本内容属性中的每一个词语都对应一个新的节点，图 3-19 中的关键词节点即论文节点的属性，论文节点与词语节点的权重可以定义为词频等指标，LSHM 算法可以处理这种扩展后的网络。

在网络信息传播预测任务中，传统的方法是从用户的行为模式中挖掘出传播的隐式结构[15]，本质上是建立一个网络从而模拟信息扩散的过程。参考文献 [16] 学习用户节点在连续隐空间上的低维表示，将网络上的信息扩散问题转化为在隐空间上的扩散问题。如图 3-19 所示，每个用户都对应隐空间中的一个点[31]。

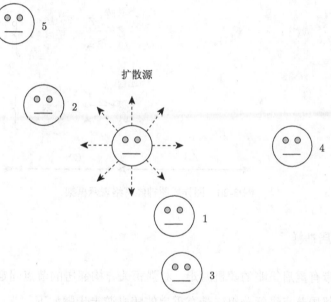

图 3-19　隐空间上的信息扩散

3.4.3　属性多重异构网络表示学习

多重异构网络表示学习的目的是进一步探索深层含义的每个节点的向量表示，为下游的链路预测、个性化推荐、节点分类等应用提供数据支撑。同时，多重异构网络的表示学习面临巨大的挑战，不仅多种类型的节点和边构成的异质结构包含丰富的异质结构信息，节点本身也包含有丰富的异质属性。

异质网络可以表示为 $G = (V, E, O_V, R_E)$，其中，V 表示节点集合，E 表示边集，

O_V 表示节点类型集，R_E 表示边的类型集。

图神经网络的关键思想是从节点的一阶邻居中聚合特征信息，如 GraphSAGE 算法和 GAT 模型，这些方法在处理不同类型的邻居、异质节点的属性信息及不同类型的邻居节点包含不同属性的表征向量等问题上无法给出很好的解决方法。针对以上问题，提出异质邻居抽样、异质内容编码、异质邻居聚合的解决框架，如图 3-20 所示。

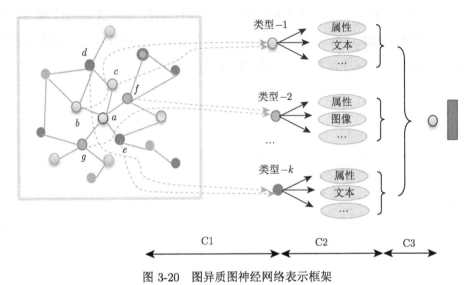

图 3-20　图异质图神经网络表示框架

1. 异质邻居抽样

引入一个带有重启策略的随机游走，对强相关异构邻居的节点固定节点规模，并根据节点类型对邻居节点进行分组。带有重启的随机游走步骤如下：

1）固定长度的抽样。从任意的节点 v 开始一个随机行走，经过当前节点或返回起始节点以概率 p 反复行走得到节点集 RWR（v），RWR（v）所包含的节点类型与整体节点类型一致。

2）生成不同类型的邻居。在 t 种类型的节点中，对每一类节点类型，依据概率 p，从集 RWR（v）选择 top kt 的节点，作为节点 v 的 t-类型相关的邻居集。

带有重启的随机游走抽样可以收集每个节点的所有邻居，固定抽样规模，能够选择最大概率的邻居节点。

2. 异质内容编码

为了解决异质邻居节点的属性差异，我们引入节点 v 的异质内容信息，并通过神经网络以固定规模来编码这些异质节点。对于不同类型的邻接节点，我们提前训练它们的嵌入表达形式，而不是连接不同类型的特征直接转换为统一的向量，我们通过一个双向 LSTM（Bi-LSTM）模型来捕捉更深层的特征信息，获得更富有表现力的节点。Bi-LSTM 表达式如下：

$$f_1(v) = \frac{\sum_{i \in C_v} \left[\overline{\mathrm{LSTM}}\{FC_{\theta_x}(x_i)\} \oplus \overline{\mathrm{LSTM}}\{FC_{\theta_x}(x_i)\} \right]}{|C_v|} \tag{3-25}$$

这里的 $f_1(v) \in \boldsymbol{R}^{d \times 1}$，$d$ 是节点信息表达维数，FC_{θ_x} 表示异质特征转换，θ_x 表示全连接神经网络参数，$\oplus$ 是一个连接算子。LSTM 公式化表示如下：

$$z_i = \sigma\left(U_z FC_{\theta_x}(x_i) + W_z h_{i-1} + b_z\right)$$
$$f_i = \sigma\left(U_f FC_{\theta_x}(x_i) + W_f h_{i-1} + b_f\right)$$
$$o_i = \sigma\left(U_o FC_{\theta_x}(x_i) + W_o h_{i-1} + b_o\right)$$
$$\hat{c}_i = \tanh\left(U_c FC_{\theta_x}(x_i) + W_c h_{i-1} + b_c\right)$$
$$c_i = f_i \circ c_{i-1} + z_i \circ \hat{c}_i$$
$$h_i = \tanh(c_i) \circ o_i \tag{3-26}$$

使用双向的 LSTM 机制编码异质节点能够具有低维简洁的结构，使得模型实现更加简单，能够融合异质节点信息，节点具有更强的表达能力，可以灵活添加额外的节点特征。

3. 异质邻居聚合

为了聚合每个节点的异质邻居表达向量，我们基于节点类型建立两种聚合方案。对于同类型的节点聚合，公式如下所示：

$$f_2^t(v) = \frac{\mathrm{AG}_{v' \in N_t(v)}^t \{f_1(v')\}}{|C_v|} \tag{3-27}$$

上式中，$\mathrm{AG}_{v' \in N_t(v)}^t$ 是类型 t 的邻居聚合，它可以是全连接的神经网络、卷积神经网络或者循环神经网络。本节中，我们使用 Bi-LSTM，因此上式的形式可以表示为下式：

$$f_2^t(v) = \frac{\sum\limits_{v' \in N_t(v)} \left[\overline{\mathrm{LSTM}} \{f_1(v')\} \oplus \overline{\mathrm{LSTM}} \{f_1(v')\} \right]}{|N_t(v)|} \tag{3-28}$$

Bi-LSTM 是对无序邻居节点的操作，我们应用不同的 Bi-LSTM 来实现对不同类型邻居节点的聚合。

由于不同类型的节点对节点 v 的最终表示具有不同的贡献，为了聚合节点 v 的不同类型节点信息，我们应用注意力机制，不同类型节点聚合公式如下所示：

$$\varepsilon_v = \alpha^{v,v} f_1(v) + \alpha^{v,v} \sum_{t \in O_V} \alpha^{v,t} f_2^t(v) \tag{3-29}$$

这里的 $\varepsilon_v \in \mathbf{R}^{d \times 1}$，$\alpha^{v,*}$ 表示不同邻居嵌入表达的重要性，节点嵌入表达集为 $F(v) = \{f_1(v) \cup f_2^t(v), t \in O_V\}$，节点 v 的输出形式如下：

$$\varepsilon_v = \sum_{f_i \in F(v)} \alpha^{v,i} f_i \tag{3-30}$$

$$\alpha^{v,i} = \frac{\exp\left\{ \mathrm{LeakyReLU} \left(u^T [f_i \oplus f_1(v)] \right) \right\}}{\sum\limits_{f_i \in F(v)} \exp\left\{ \mathrm{LeakyReLU} \left(u^T [f_j \oplus f_1(v)] \right) \right\}} \tag{3-31}$$

这里的 LeakyReLU 是常用的激活函数，$u \in \mathbf{R}^{2d \times 1}$ 是注意力机制参数，为了使得嵌入维数一致且模型更加简单，我们在上述聚合节点的嵌入表达和节点表达输出时，使用相同的维数 d。

3.5　应用：电影网络中的表示学习

3.5.1　数据集情况

电影网络中常用的数据集 tmdb5000[32] 是 Kaggle 平台上的 TMDB（The Movie Database）项目，共计 4803 部电影，主要为美国一百年间（1916～2017）的电影作品。

数据集包括 tmdb5000movies.csv 和 tmdb5000credits.csv 两个数据文件，数据信息如表 3-2 和表 3-3 所示。

表 3-2　movies 表

名称	描述
Budget	预算
Genres	风格列表
Homepage	电影主页
Id	电影 id
Keywords	电影相关关键词
Original language	原始语言
Overview	剧情概述
Popularity	流行度
Production company	制作公司
Production countries	制作国家
Release date	发行日期
Revenue	票房
Runtime	电影时长
Spoken languages	语言
Status	电影制作状态
Tagline	电影宣传语
Title	电影名
Vote count	评分次数

表 3-3　Credits 表

名称	描述
Movie id	电影 id
Title	电影名称
Cast	演职员列表，包括演员列表、性别等信息
Crew	工作人员列表

3.5.2　数据预处理及构建电影网络

一名导演会拍摄多部电影作品，演员也会参演多部电影。依据这种电影数据集现象，我们构建电影网络，采用 Python 编码读取数据集，实现自动提取 Credits 表中电影 id

及 Crew 工作人员列表中的导演 id 和 Cast 演职员列表中排名前二的主演 id，构建包含电影、导演、演员三种类型的电影网络，如图 3-21 所示。

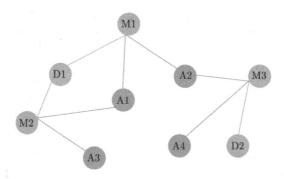

图 3-21   电影网络的图异质图神经网络表示框架

3.5.3   基于 Node2Vec 的节点表示学习

Node2Vec 算法是一种基于随机游走的表示学习方法，主要包含内容相似性和结构相似性两种相似性，内容相似性是指相邻节点之间的一种相似性，而结构相似性是指网络中两个节点并不一定相邻，但这两个节点所处周围的结构是相似的。由于广度优先搜索（BFS）可以较好地发现内容相似性，而深度优先搜索（DFS）可以挖掘节点之间的结构相似性，Node2Vec 是综合考虑广度优先搜索和深度优先搜索这两种方法的一种算法。基于上述构建的电影网络，我们通过 Node2Vec 算法挖掘网络节点结构深层特征，生成 128 维的电影网络节点特征表示向量。以 Revenue 票房值为电影节点的实际真值，通过生成的电影节点特征向量与票房构建训练器，使得训练好的训练器能够较好地预测电影票房，以便于对新发行的电影进行票房预测。我们以 tmdb5000 数据集为例，对网络进行基于支持向量机 SVM 的回归预测，训练数据集比例设置为 10%、30%、50%，剩余节点作为测试集，预测准确率如表 3-4 所示。

表 3-4   预测结果

训练比例	Macro-F1	Micro-F1
10%	0.862	0.865
30%	0.874	0.878
50%	0.885	0.889

3.5.4　基于结构与属性的节点表示学习

由于 Node2Vec 算法将网络视为同质网络，对于电影网络中具有明显差异的异质属性节点，不足以充分表达节点性质。为此，我们加入节点语义信息来区分节点的异质性。我们采用属性多重异构网络表示学习方法，对网络中的电影节点提取属性信息，我们同样以 tmdb5000 数据集为例，以 Revenue 票房值为电影节点的实际真值，通过生成的电影节点特征向量与票房构建训练器，对网络进行基于支持向量机 SVM 的回归预测，训练数据集比例设置为 10%、30%、50%，剩余节点作为测试集，预测准确率如表 3-5 所示，与表 3-4 比较可知，基于结构与属性的节点表征具有更显著的预测效果。

表 3-5　预测结果

训练比例	Macro-F1	Micro-F1
10%	0.876	0.883
30%	0.889	0.905
50%	0.913	0.936

3.6　本章小结

本章以网络表示学习问题为出发点，从基于网络结构的表示学习和基于属性的表示学习两个方面分别描述了这两种情况下现有的表示学习方法。其中，基于网络结构的表示学习主要从随机游走方面和网络的邻接矩阵出发来研究节点的表示学习，此外，基于深度学习的表示学习从网络结构的谱域和深度自动编码器出发解决网络节点表示问题；基于属性的网络表示学习主要从结合文本信息和半监督的方法加入节点属性信息，及结合边上的标签信息研究融入节点属性信息的网络表示学习问题。在异构网络表示学习问题中，我们从元路径出发，通过元模式及随机游走策略提取子图，网络嵌入提取异构网络节点表示。另一方面，针对属性多重的异构网络，从异质邻居抽样、异质内容编码、异质邻居聚合三个步骤聚合节点的结构和属性信息，生成网络的节点表示。为了说明网络表示学习方法的应用性，我们以电影网络数据集为实验案例，分别从 Node2Vec 算法和结构与属性结合的两方面生成网络节点表示向量预测电影票房，从预测结果可知加入属性信息的节点表示向量有更好的预测效果。

参考文献

[1]   BRYAN P, RAMI A R, STEVEN S. Proceedings of the ACM SIGKDD International Conference on Knowledge Discovery and Data Mining[C]. New York: Association for Computing Machinery, 2014.

[2]   TOMAS M, CHEN K, GREG C, et al. Efficient estimation of word representations in vector space[J]. Computer Science, 2013.

[3]   熊友. 基于异质信息网络表示学习的协同过滤技术研究 [D/OL]. 重庆：重庆大学，2018. http://kns.cnki.net/KCMS/detail/detail.aspx?dbname=CMFD201901&filename=1018854576.nh.

[4]   GROVER A, LESKOVEC J. The 22nd ACM SIGKDD International Conference on Knowledge Discovery and Data Mining[C]. New York: Association for Computing Machinery, 2016.

[5]   TANG J, QU M, WANG M Z, et al. Line: Largescale information network embedding. Proceedings of the 24th International Conference on World Wide Web[C]. Switzerland: International World Wide Web Conferences Steering Committee, 2015.

[6]   DONG Y, CHAWLA N V, SWAMI A. Proceedings of The 23rd ACM SIGKDD International Conference on Knowledge Discovery and Data Mining [C]. New York: Association for Computing Machinery, 2017.

[7]   MICHAEL M., Bronstein, Joan, et al. Geometric deep learning: Going beyond euclidean data[J]. IEEE Signal Processing Magazine, 2017, 34(4): 18–42.

[8]   WU Z, PAN S, CHEN F, et al. A comprehensive survey on graph neural networks[J]. IEEE Transactions on Neural Networks and Learning Systems, 2019, 32(1): 4-24.

[9]   涂存超,杨成,刘知远,等. 网络表示学习综述 [J]. 中国科学 : 信息科学, 2017, 047(008): 980–996.

[10] 韩云炙. 网络空间关键资产识别方法研究 [D/OL]. 长沙：国防科技大学，2018.https://kns.cnki.net/KCMS/detail/detail.aspx?dbname=CMFD202101&filename=1020387128.nh.

[11] 余传明，李浩男，王曼怡，等. 基于深度学习的知识表示研究: 网络视角 [J]. 现代图书情报技术, 2020, 004(001): 63–75.

[12] YANG C, SUN M, LIU Z, et al. Fast network embedding enhancement via high order proximity approximation[C]. In Proceedings of International Joint Conference on Artificial Intelligence, 2017: 3894–3900.

[13] XU Q, CAO S, LU W. Grarep: learning graph representations with global structural information[C]. In Proceedings of the 24th ACM International on Conference on Information and Knowledge Management, 2015, 891–900.

[14] BRUNA J, ZAREMBA W, SZLAM A, et al. Spectral networks and locally connected networks on graphs[C].In International Conference on Learning Representations, 2013.

[15] CAO S. Deep neural network for learning graph representations[C]. AAAI, 2016.

[16] WANG D, CUI P, ZHU W. Structural deep network embedding[C]. In the 22nd ACM SIGKDD International Conference, 2016: 1225–1234.

[17] T. N, Kip F, WELLING F. Semi-supervised classification with graph convolutional networks[C]. In Proceedings of the 5th International Conference on Learning Representations, 2017.

[18] FRANCO S, MARCO G, TSOI A, et al.The graph neural network model[J]. IEEE transactions on neural networks, 2009, 20(1): 61–80.

[19] LI Y, TARLOW D, MARC B, et al. Gated graph sequence neural networks[EB/OL].(2015-11).https://arxiv.org/abs/1511.05493.

[20] DAI B, SMOLA A, DAI H, et al. Learning steady-states of iterative algorithms over graphs[C]. In ICML, 2018: 1114–1122.

[21] 鲁军豪，许云峰. 信息网络表示学习方法综述 [J]. 河北科技大学学报, 2020, 41(2): 133–147.

[22] Yang C, Liu Z, Zhao D, et al. Network representation learning with rich text information[C]. In Proceedings of the 24th International Conference on Artificial Intelligence, 2015: 2111–2117.

[23] TU C C, LIU H, LIU Z Y, et al. Cane: context-aware network embedding for relation modeling[C]. In Proceedings of the 55th Annual Meeting of the Association for Computational Linguistics,2017: 1722–1731.

[24] TU C C, ZHANG W C, LIU Z Y, et al. Max-margin deepwalk: discriminative learning of network representation[C]. In Proceedings of International Joint Conference on Artificial Intelligence, 2016.

[25] LI J Z, ZHU J, ZHANG B. Discriminative deep random walk for network classification[C]. In Proceedings of the 54th Annual Meeting of the Association for Computational Linguistics, 2016: 1004–1013.

[26] YANG Z, COHEN W, SALAKHUTDINOV R. Revisiting semi-supervised learning with graph embeddings[C]. In Proceedings of the 33rd International Conference on International Conference on Machine Learning, 2016.

[27] TU C C, ZHANG Z Y, LIU Z Y, et al. Transnet: translation-based network representation learning for social relation extraction[C]. In Proceedings of International Joint Conference on Artificial Intelligence, 2017.

[28] ALBERTO G, JASON W, ANTOINE B, et al. Translating embeddings for modeling multire-lational data[C]. In Proceedings of NIPS, 2013, 2787–2795.

[29] NITISH S, GEOFFREY H, ALEX K, et al. Dropout: A simple way to prevent neural networks from overfitting[J]. Journal of Machine Learning Research, 2014, 15(6): 1929–1958.

[30] DIEDERIK K, JIMMY B. Adam: A method for stochastic optimization[C]. International Conference on Learning Representations, 2014.

[31] 陈维政，张岩，李晓明. 网络表示学习 [J]. 大数据, 2015, (3): 8–22.

[32] IBTESAM A. 5000 movie dataset[EB/OL].https://www.kaggle.com/tmdb/tmdb-movie-metadata, 2017.

第 **4** 章

网络结构的脆弱性分析

网络科学发展迅速，一直以来网络都面临高风险的问题，使得网络安全问题尤为突出。网络拓扑结构自身的脆弱性分析是网络安全系统工程中重要的一环。网络的结构脆弱性可以理解为当网络中的节点或边发生自然失效或遭受故意攻击时，网络拓扑结构被破坏的程度。网络结构被破坏的程度越大则网络越脆弱，反之网络越鲁棒[1-2]。除了静态网络被破坏之外，网络上还存在一些动态过程会导致网络的结构发生改变，例如级联失效[3-9]等。衡量网络脆弱性的指标十分丰富，例如网络的连通度[10]、坚韧度[11]、完整度[12]、粘连度[13]、离散数[14]、膨胀系数[15]和代数连通度[16]等，这些指标从不同角度刻画了网络中节点失效后网络的拓扑结构受到的变化程度。本章中，我们将从网络结构的脆弱性出发，研究识别网络中关键节点的方法，此外还将从级联失效、渗流、马尔可夫三个方面详细介绍相互依存网络中的级联失效性问题。

4.1 网络结构脆弱性问题

网络的脆弱性一般会与网络的鲁棒性一起进行研究，网络越脆弱则网络的鲁棒性越差，反之同理。随着互联网的逐渐普及，我们越来越离不开网络，网络上每天都会发生大量的黑客攻击事件，但我们依然能够正常访问互联网并完成学习和工作，这说明网络对黑客们的攻击具有很强的鲁棒性。判断网络的鲁棒性一般会通过移除网络中的某些节点后计算网络的连通度，若网络的连通度对移除的节点比较敏感，即移除一小部分节点就会导致网络的连通度发生巨大的变化，则说明网络的鲁棒性较低，反之同理。

4.1.1 基于网络结构特征的脆弱节点识别

网络中的重要节点是指对网络结构和功能有重大影响的节点[1]。在以往的研究中，有许多中心性指标可以对网络中的节点进行排序，如度中心性[17]、离心中心性[18]、紧密中心性[19]、介数中心性[20-22]、特征向量中心性[23] 和 PageRank[24] 等。寻找网络中有影响的节点不仅具有理论意义，而且具有实际应用价值。例如，识别交通网络中的重要交叉点可以防止交通拥挤导致的交通网络瘫痪。在病毒传播网络中锁定关键源可以显著降低病毒传播的速度和范围等，这些都与识别网络中的关键节点有关，Gino 等人应用最优逾渗理论预测存储在网络中的影响节点[25]。考虑到局部度量具有较低的计算复杂度而全局度量具有较高的计算精度，在最近的工作中，已经提出了许多考虑局部和全局度量的重要节点识别方法。Chen 等人提出了一种半局部度量，该方法同时考虑了精度和效率[26]，另一种邻域中心性方法提出考虑节点及其邻域的重要性[27]。于会等人[28] 提出了一种改进的结构洞（Improved Structural Holes，ISH）识别复杂网络中关键节点的方法，该方法不同于偏心率和中间中心度，适用于大规模和不连通网络。Zhang 等人[29] 提出了一种有效的 VoteRank 方法来识别一组具有最佳分散能力的分散剂。通过考虑传播概率，Ma 等人[30] 提出了一种改进的混合度中心度（HC）算法本地度量并将其与度中心性结合，Lü 等人[31] 对近年来的关键节点识别方法进行了全面综述。

除上述观点外，许多其他相关文献都是基于网络动力学来研究节点在网络中的重要性。Lü 等人[32] 设计了一种自适应的无参数算法 LeaderRank 来测量用户对社交网络的影响，实验结果表明，该算法比 PageRank 算法更有效，对噪声数据也更鲁棒。Min[33] 提出了一种利用消息传递方法识别网络中最有影响力的传播者的方法，该方法可以方便地应用于未加权和加权的网络。Liu 等人[34] 结合网络的拓扑和动态特性，提出了动态敏感（DS）中心度的概念。Zhang 等人[35] 设计了多尺度节点重要度方法，根据网络的不同尺度来度量网络动态过程中节点的重要度。许多相关文献仅对某类网络的关键节点进行识别，如论文 [36-38] 仅研究加权网络的节点识别，Chen 等人 [37] 提出的识别方法只适用于有向网络。文献 [39] 挖掘有向加权复杂网络中的关键节点，Wright 等 [40] 利用 Kuramoto 和 Ising 动力学研究了外围节点在有向网络中的中心作用，他们认为一个大的关键组件并不像无向网络那样唯一地确保集体现象的出现。

为了识别不同类型（无权无向、无权有向、加权无向和加权有向）网络中的关键节点，我们提出了一种考虑网络连边权值和方向的邻接信息熵方法来识别不同网络中的关键节点。对于加权网络，使用节点强度代替节点度。对于有向网络，为了细化出度和入度对节点重要性的影响，我们设置了入度值的影响系数 θ。通过调整 θ 的大小，我们可以控制出度和入度对网络节点的不同影响。

4.1.2 基于邻接信息熵的关键点识别算法

本节研究了四种不同类型网络中的关键节点识别问题，即无权无向网络、无权有向网络、加权无向网络和加权有向网络。显然，不同网络的表示和网络中相关度量的计算是不同的。

1. 四种不同类型的网络

通常，无权网络可以表示为 $G = (V, E)$，其中 $V = \{v_1, v_2, \cdots, v_n\}$，$|V|$ 表示网络节点的总数。$E = \{e_1, e_2, \cdots, e_m\}$，且 $|E|$ 表示网络中所有连边的数量。邻接矩阵用来表示网络中节点之间的连接关系，利用邻接矩阵可以得到网络的拓扑结构。在图 4-1a 中，左图是未加权的无向网络，右图是其对应的邻接矩阵。显然，无向网络的邻接矩阵是对称矩阵。

无权无向网络中的节点度值可以通过 $k_i = \sum_{j=1}^{m} a_{ij}$ 计算得到，其中节点 j 为节点 i 的邻居节点，m 是节点 i 的邻居数量，当节点 i 和节点 j 之间存在连边时，$a_{ij} = 1$，反之 $a_{ij} = 0$。

与无权无向网络不同，无权有向网络中节点之间的边具有方向性。邻接矩阵的不对称性可以反映网络中连边的方向。从图 4-1b 中的矩阵可以看出，它不同于图 4-1a 中的矩阵。有向网络中节点的度值有两种，即入度和出度。一般情况下，有向网络中度的计算是将入度与出度相加。这里，我们认为节点的入度和出度对节点有不同的影响[41]，则有向网络中节点的度可以用下式计算，其中 θ 是节点的入度影响系数，本文取 $\theta = 0.75$。

$$k_i = \theta \sum_{j=1}^{m} a_{ji} + (1-\theta) \sum_{j=1}^{m} a_{ij} \tag{4-1}$$

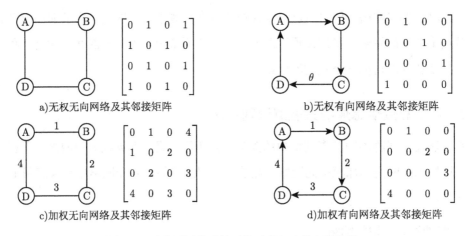

图 4-1   四种不同类型的网络及其相应的邻接矩阵

加权网络可以表示为 $G = (V, E, \boldsymbol{W})$，其中，$\boldsymbol{W}$ 表示网络的加权邻接矩阵，加权网络中连接边的权值不仅为 0 或 1，而且边的权值可以反映节点间关系的强度。图 4-1c 示出了加权无向网络和相应的邻接矩阵，加权无向网络中的度值可以由公式 $k_i = \sum_{j=1}^{m} w_{ij}$ 得到，w_{ij} 表示节点 i 和节点 j 之间连边的权重。

加权有向网络是四种网络中最复杂的一种，图 4-1d 给出了一种简单的加权有向网络及其邻接加权矩阵。根据上述加权网络和有向网络的度计算方法，自然地，加权有向网络中节点的度可以由下式得到。图 4-2 示出了四种不同类型网络之间的关系。

$$k_i = \theta \sum_{j=1}^{m} w_{ji} + (1-\theta) \sum_{j=1}^{m} w_{ij} \tag{4-2}$$

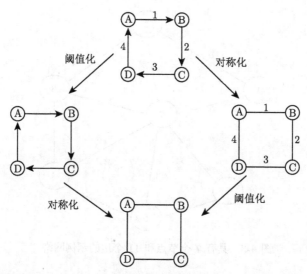

图 4-2 四种不同类型网络之间的关系。有向网络通过对称化得到相应的无向网络，加权网络通过阈值化得到相应的无权网络

2. 相关定义

为了识别不同类型网络中的关键节点，我们提出了以下三种定义：

定义 4.1 邻接度 A_i 我们考虑无向网络节点的邻居节点，将无向网络中的邻接度定义为 $A_i = \sum_{j \in \Gamma_i} k_j$，节点 j 为节点 i 的邻居节点，Γ_i 为节点 i 的邻居节点集合，k_j 表示节点 j 的度值。例如，在图 4-3 中，$A_1 = k_2 + k_7 = 3 + 6 = 9$。在有向网络中，节点的邻接度定义如下：

$$A_i = \theta \sum_{j \in \Gamma_i} k_{ji} + (1 - \theta) \sum_{j \in \Gamma_i} k_{ij} \tag{4-3}$$

定义 4.2 选择概率 P_{i_j} 我们通过考虑节点 i 对其邻居 j 选择的概率来定义网络中节点 i 的选择概率，如下所示：

$$P_{i_j} = k_i / A_j, (j \in \Gamma_i) \tag{4-4}$$

在图 4-3 中，$P_{12} = k_1 / A_2 = k_1 / (k_1 + k_3 + k_7) = 2 / (2 + 3 + 6) \approx 0.18$，同样地，$P_{1_7} = k_1 / A_7 = 0.125$。

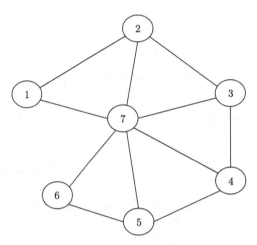

图 4-3   具有 7 个节点和 11 个边的示例网络

定义 4.3   邻接信息熵 E_i 当网络具有方向时，将有向网络中节点的邻接信息熵定义为：

$$E_i = - \sum_{j \in \varGamma_i} (P_{i_j} \log_2 P_{i_j}) \tag{4-5}$$

$$E_i = \sum_{j \in \varGamma_i} |(-P_{i_j} \log_2 P_{i_j})| \tag{4-6}$$

3. 关键节点识别算法

根据四种不同类型网络的特点，本节提出的算法可以应用于不同的网络。在应用这些算法之前，我们需要得到网络的邻接矩阵 $\boldsymbol{A}$ 或邻接加权矩阵 $\boldsymbol{W}$。通过上述定义，我们可以根据节点的邻接信息熵（E_i）值对网络中的节点进行排序，具体算法步骤如图 4-4 和图 4-5 所示。

算法1 对无权网络计算 E_i

输入：网络的邻接矩阵 $\boldsymbol{A}$
输出：网络各节点的邻接信息熵 E_i

1: **for** $i \leftarrow 1$ to N **do**
2:　**if** $A_{ij} = A_{ji}$ **then**
3:　　$k_i \leftarrow \sum\limits_{j=1}^{m} a_{ij}$
4:　　$A_i \leftarrow \sum\limits_{j \in \varGamma_i} k_j$
5:　　$P_{ij} \leftarrow k_i / A_j$
6:　　$E_i \leftarrow - \sum\limits_{j \in \varGamma_i} (P_{ij} \log_2 P_{ij})$

7:　**else**
8:　　$k_i \leftarrow \theta \sum\limits_{j=1}^{m} a_{ji} + (1-\theta) \sum\limits_{j=1}^{m} a_{ij}$
9:　　$A_i \leftarrow \theta \sum\limits_{j \in \varGamma_{j_{\mathrm{in}}}} k_j + (1-\theta) \sum\limits_{j \in \varGamma_i} k_{i_{\mathrm{out}}}$
10:　　$P_{ij} \leftarrow k_i / A_j$
11:　　$E_i \leftarrow \sum\limits_{j \in \varGamma_i} |(-P_{ij} \log_2 P_{ij})|$
12:　**end if**
13: **end for**
14: **return** E_i

图 4-4   无权网络计算邻接信息熵算法流程图

算法2　对加权网络计算 E_i	
输入：网络的加权矩阵 $\boldsymbol{W}$ 输出：网络各节点的邻接信息熵 E_i 1: **for** $i \leftarrow 1$ to N **do** 2:　　**if** $W_{ij} = W_{ji}$ **then** 3:　　　$k_i \leftarrow \sum\limits_{j=1}^{m} w_{ij}$ 4:　　　$A_i \leftarrow \sum\limits_{j \in \Gamma_i} k_j$ 5:　　　$P_{ij} \leftarrow k_i / A_j$ 6:　　　$E_i \leftarrow -\sum\limits_{j \in \Gamma_i}(P_{ij} \log_2 P_{ij})$	7:　　**else** 8:　　　$k_i \leftarrow \theta \sum\limits_{j=1}^{m} w_{ji} + (1-\theta) \sum\limits_{j=1}^{m} w_{ij}$ 9:　　　$A_i \leftarrow \theta \sum\limits_{j \in \Gamma_{i_{\text{in}}}} k_{j_{\text{in}}} + (1-\theta) \sum\limits_{j \in \Gamma_i} k_{j_{\text{out}}}$ 10:　　　$P_{ij} \leftarrow k_i / A_j$ 11:　　　$E_i \leftarrow \sum\limits_{j \in \Gamma_i} |(-P_{ij} \log_2 P_{ij})|$ 12:　　**end if** 13:　**end for** 14:　**return** E_i

图 4-5　加权网络计算邻接信息熵算法流程图

4.1.3　基于误差重构的节点价值分析模型

基于网络表示的关键节点识别问题，即由网络表示方法生成的网络节点表示向量来评估节点的重要性。对于如何针对该表示向量计算出网络节点的重要性排名，本节构建了一种基于误差重构的节点价值分析模型，通过计算预先选定的不重要节点与网络中所有节点的稠密误差与稀疏误差，反向表达网络中的关键节点[42]。

基于背景的重构误差在对图片可视化显著性检测中已有应用，通过对图片进行超像素分割，考虑到位于图片四周边缘的点几乎不包含图片的信息，把图片四周的点作为背景，在此基础上对图片上的所有点进行误差重构。在通过重构误差对节点进行显著性分析时，首先要对每个节点进行多维度的特征表示。通过 Node2Vec 算法对只有节点和其连边构成的无向网络生成每个节点的多维特征表示。对于背景模块的选取，在考虑网络单一尺度时，本节采用 k-shell 分解法计算网络节点核数，选择网络中位于 1 壳内的节点作为背景节点；对网络进行多尺度考虑时，本文通过对网络进行不同尺度的聚类，将每个聚类块视作新网络结构的节点，将社团之间的联系视作新网络结构的边，以此形成新的网络，对新网络计算其核数，选取 1 壳内的节点即聚类块为背景节点。

对于网络中的全体节点，$\boldsymbol{X} = [x_1, x_2, \cdots, x_N] \in \boldsymbol{R}^{D \times N}$ 为节点的特征矩阵，可以通过网络表示学习的方式学习得到。其中 $\boldsymbol{x}_i = [x_{i1}, x_{i2}, \cdots, x_{iD}]$，其中 D 为特征维度，N 为网络中的节点数，$\boldsymbol{B} = [b_1, b_2, \cdots, b_M] \in \boldsymbol{R}^{D \times M}$ 为选取的背景节点集，可通过一些判断指标生成，如度中心性、介数中心性等。基于本文方法的思路，我们给出重构误差的定义，如下所述：

定义 4.4　**重构误差**　设以背景节点集 B 为一组基底向量，将 X 中的节点重构为 $\hat{X}$，记真值与重构值差值的 L_2 范数为重构误差，即

$$E =\parallel X - \hat{X} \parallel_2^2 \tag{4-7}$$

其中，$E = [\varepsilon_1, \varepsilon_2, \cdots, \varepsilon_N] \in R^{1 \times N}$，对任意节点 x_i，其重构误差可表示为

$$\varepsilon_i =\parallel x_i - \hat{x}_i \parallel_2^2 \tag{4-8}$$

由于重构方法不同，其重构误差结果也有一定的差异，本文根据采取的重构方法将重构误差分为两部分。一部分是指先对背景特征向量进行主成分分析（PCA），按照所需保留的能量比率和最大特征值个数来提取背景特征的特征值和对应的特征向量，将特征向量作为 PCA 基底，再通过这组基底构造数据的重构系数，进而得到重构值 $\hat{X}$。另一部分是直接对全部特征向量进行多元线性回归，为解决过拟合问题和构造解的稀疏性，主要通过 Lars 算法来解决 Lasso 问题，将求得的回归系数作为稀疏重构系数，进而得到重构值 $\hat{X}$。具体稠密与稀疏重构误差按照以下几个步骤生成。

定义 4.5　**稠密重构误差模型**　稠密重构误差即是使用主成分分析（PCA）对选取的背景节点集 B 提取其主成分 U_B，再通过节点特征与均值的残差构造重构系数，表示为：

$$\beta_i = U_B(x_i - \bar{x}) \tag{4-9}$$

其中，$x_i = [x_{i1}, x_{i2}, \cdots, x_{iD}]$ 是节点 i 的特征表示，$\bar{x}$ 是所有节点的均值特征，$U_B = [u_1, u_2, \cdots, u_{D'}]$，$\beta_i$ 是节点 i 的重构系数。

网络中节点 i 的稠密重构误差为：

$$\varepsilon_i^d =\parallel x_i - (U_B^{-1}\beta_i + \bar{x}) \parallel_2^2 \tag{4-10}$$

稠密重构模型在特征空间中具有多重高斯分布，难以捕捉到多重分散模式。

定义 4.6　**稀疏重构误差模型**　将背景节点作为一组基向量，对网络中的节点做多元线性回归，为减少过拟合现象并快速计算回归系数，采用目前常用的 Lasso 回归，即对高维数据进行线性回归时加入 L_1 正则化，即 $\lambda \parallel \alpha_i \parallel_1$，并利用 Lars 算法计算其回

归系数，将其作为重构系数，表示为：

$$\alpha_i^* = \arg\min_{\alpha_i} \parallel \boldsymbol{x}_i - \boldsymbol{B}\alpha_i \parallel_2^2 + \lambda \parallel \alpha_i \parallel_1 \tag{4-11}$$

其中，$x_i = [x_{i1}, x_{i2}, \cdots, x_{iD}]$ 是节点 i 的特征表示，$\boldsymbol{B}$ 是背景节点构成的特征矩阵，α_i 是节点 i 的稀疏重构系数，λ 是 L_1 正则化系数，数值实验中设置为 0.01。

稀疏重构误差为：

$$\varepsilon_i^s = \parallel \boldsymbol{x}_i - \boldsymbol{B}\alpha_i^* \parallel_2^2 \tag{4-12}$$

因为所有的背景模块都被视为基函数，和稠密重构误差相比，对于相对杂乱的区域，稀疏重构误差能够更好地抑制背景的影响。当然，稀疏重构误差在显著性检测时有一定缺陷，如果前景节点被选为背景节点，由于较低的重构误差使得显著性检测值接近于 0，从而无法准确度量节点的重要性。

定义 4.7 传播重构误差模型 由于稠密和稀疏重构模型构建的重构误差在度量节点的重要性时，仅考虑节点自身的特征，并未考虑网络中其余节点对其产生的影响。为此，我们提出基于全体节点的传播误差方法，对上述稠密和稀疏重构误差进行修正。

首先，通过应用 K-均值聚类算法对 N 个节点进行聚类，其次对节点 i 的误差修正通过其所属类中与其余节点的相似性构建相似性系数，最后对节点的重构误差进行加权估计。

节点 i 的相似性权重定义为：

$$\omega_{ik_j} = \frac{\exp\left(-\dfrac{\parallel x_i - x_{k_j} \parallel^2}{2\sigma_x^2}\right)[1 - \delta(k_j - i)]}{\sum\limits_{j=1}^{N_c} \exp\left(-\dfrac{\parallel x_i - x_{k_j} \parallel^2}{2\sigma_x^2}\right)} \tag{4-13}$$

其中，$k_1, k_2, \cdots, k_{N_c}$ 表示在聚类块 k 中的 N_c 个节点标签，ω_{ik_j} 是指聚类块 k 中标签 j 的节点与节点 i 的相似性标准化权重，σ_x^2 是 $\boldsymbol{X}$ 的每个特征维数的方差和，$\delta(\cdot)$ 是指示函数。

修正误差为：

$$\widetilde{\varepsilon}_i = \tau \sum_{j=1}^{N_c} [\omega_{ik_j} + (1 - \tau)\varepsilon_i] \tag{4-14}$$

其中，τ 是权重参数。即对于节点 i，通过考虑属于同一聚类中的其他节点的误差传播，使重构误差能够被更好地估计。

定义 4.8　**多尺度重构误差模型**　为了解决节点数较大的复杂网络节点重要性评估问题，我们考虑通过网络的节点特征对网络节点进行多尺度聚类，使其构成不同规模的子网络，子网络中多个节点的特征均值作为该子网络模块的特征表示。我们考虑所有度为 1 的节点所属的子网络，并剔除这些子网络中含有较大度的子网络作为背景模块。不同尺度的稠密和稀疏重构误差可由式 (4-15)、式 (4-16) 计算得出。在对全网络中的节点进行误差重构时，由其所属子网络的重构误差和合适的权重共同决定，表示为：

$$E(z) = \frac{\sum\limits_{s=1}^{N_s} \omega_{z_n(s)}\, \widetilde{\varepsilon_n}(s)}{\sum\limits_{s=1}^{N_s} \omega_{z_n(s)}} \tag{4-15}$$

其中，z 表示网络中节点，N_s 表示多尺度分析的尺度个数，$\varepsilon_n(s)$ 表示尺度为 s 下包含节点 z 的模块的稠密或稀疏重构误差，$\omega_{z_n(s)}$ 表示节点 z 和其所在模块的特征相似度，作为当前尺度下的权重，表达式为：

$$\omega_{z_n(s)} = \exp\left(-\frac{\parallel \boldsymbol{f}_z - \overline{\boldsymbol{x}_n(s)} \parallel^2}{2\sigma_x^2}\right) \tag{4-16}$$

其中，$\boldsymbol{f}_z$ 表示节点 z 对应的节点特征，$\overline{\boldsymbol{x}_n(s)}$ 表示节点 z 所属模块中节点特征的均值。

这里重新构造与模块的相似性权重函数，利用高斯核函数来构造权重，距离越近，相似性越大，权重越接近于 1；距离越远，相似性越小，权重越接近于 0。

定义 4.9　**基于贝叶斯融合的重构误差模型**　在度量复杂混乱的网络节点的重要性时，稀疏重构误差具有鲁棒性，稠密重构误差敏感性更强，它们在解决显著性检测时能够互补。对不同模型解决同一数据的常用方法是通过加和平均或条件随机场的方法。本节基于贝叶斯模型的显著性检测方法对两种重构误差进行融合，通过把其中一种显著性结果 $S_i(i=1,2)$（其中 $i=1$ 表示稠密重构误差显著性，$i=2$ 表示稀疏重构误差显著性）作为先验概率，而另一种显著性结果 $S_j(j \neq i, j=1,2)$ 作为观测似然概率来计算后验概率，再把两种后验概率结合得到融合的显著性结果。

贝叶斯计算公式为：

$$p(F_i \mid S_j(z)) = \frac{S_i(z)p(S_j(z) \mid F_i)}{S_i(z)p(S_j(z) \mid F_i) + (1 - S_i(z))p(S_j(z) \mid B_i)} \tag{4-17}$$

其中，$S_i(z)$ 是节点 z 的其中一种显著性结果作为先验概率，为避免误差传递，通过 S_i 的均值二值化分割获得前景区域和背景区域。统计 S_j 在前景和背景下的分布特性，表示为 $p(S_j(z) \mid F_i)$，$p(S_j(z) \mid B_i)$，计算公式为：

$$p(S_j(z) \mid F_i) = \frac{N_{bF_i}(S_j(z))}{N_{F_i}}, \qquad p(S_j(z) \mid B_i) = \frac{N_{bB_i}(S_j(z))}{N_{B_i}} \tag{4-18}$$

其中，N_{F_i} 和 N_{B_i} 分别表示前景和背景区域中的节点个数，$N_{bF_i}(S_j(z))$ 和 $N_{bB_i}(S_j(z))$ 分别表示前景和背景中包含 $S_j(z)$ 的节点个数。

贝叶斯融合公式：

$$S_B(S_1(z), S_2(z)) = p(F_1 \mid S_2(z)) + p(F_2 \mid S_1(z)) \tag{4-19}$$

其中，$S_B(S_1(z), S_2(z))$ 表示为最终的节点显著性结果，由两种重构误差经贝叶斯融合得到。

由以上理论，总结算法流程如下：

算法 1 节点的重要性评估

输入: 网络 $G(V, E)$

输出: 节点重构误差显著性值 $Saliency(i), (i = 1, 2, \cdots, n)$

1: Node2Vec 算法计算节点相似性特征矩阵 $\boldsymbol{D}$(n*128);

2: 构造多尺度网络 (floor(0.95n、0.9n、0.85n、0.8n));

3: For $i = 1$ to 4

4: 单一尺度下对 $\boldsymbol{D}$ 聚类，得到聚类后的网络特征矩阵 $\boldsymbol{feat}$，提取新网络结构中 1 壳内模块的特征为背景 $\boldsymbol{B}$，由式 (4-10)、式 (4-12)、式 (4-14) 计算稠密重构误差、稀疏重构误差和传播重构误差。

5: End

6: 由式 (4-16)，计算多尺度网络下的稀疏重构误差及稠密重构误差

7: 由式 (4-17)、式 (4-18)、式 (4-19)，基于贝叶斯推断，计算融合后的重构误差显著性值 $Saliency(i), i = 1, 2, \cdots, n$

4.2　相互依存网络中的级联失效性分析

随着科学技术的发展和工程实践的进步，现代化网络的类型和数量都在急剧增加，网络规模越来越庞大，结构越来越复杂，机制越来越灵活，功能也越来越强大，但关联性和对相关保障的需求也越来越高。网络的容错抗毁性也越来越受关注，大量研究表明网络抗毁性主要受拓扑结构和打击方式的影响，不同的拓扑结构，其打击方式不同，抗毁性也不同。打击方式主要包括随机打击和选择打击两种方式，其中无标度网络在随机打击下具有更强的容错性，随机网络在选择打击下则稍显鲁棒。在相依网络选择性打击中，为了达到摧毁网络的目的，网络攻击一般依据相依网络级联失效的特点，选择网络中的关键节点进行攻击。最新的对系统失效过程与机理分析的研究主要是利用仿真的思路进行的，尤其集中于运用复杂网络技术进行仿真分析。主要包括以下几个角度：

1. 基于三种攻击策略的打击压力测试仿真

针对网络进行三种打击策略：一是随机失效，在这种打击中，他们随机地移除网络中的节点，这与网络中的随机故障相对应；二是选择性攻击，按照节点连接度从大到小的顺序移除节点，即仅拿掉网络中的活动中心；三是基于介数的攻击策略。

2. 基于能流熵描述网络的异质负载分布仿真

通过分析网络的均匀性来对网络的级联失效性质建模分析，一般认为网络分布越均匀其级联失效越容易发生，反之发生的概率较小，但一旦发生，其后果一般比前者惨重。

3. 网络流量动态重分配

通过对现有网络的分析，针对不同情况施加不同的流量压力，以此测试现有网络可能发生级联失效的关键节点和关键边。如 Paolo Crucitti 等 [43] 从仿真的角度研究了随机网络和 BA 网络构成的相依结构下网络的级联反应。

4. 级联失效过程的简单模型分析级联传播

2002 年，Watts 给出了一个级联失效过程的简单模型分析级联传播，能转换到一类渗流模型之上，从而可以利用类似于针对简单定点删除过程的生成函数方法来解。

5. 马尔可夫链等建立概率级联失效模型

将失效过程视为树，将每一个事件视为子节点，由此利用推理相关技术进行级联失效分析。

除以上从仿真建模的角度分析相依网络的级联失效外，级联失效的动态模型有负荷–容量模型、二值影响模型、沙堆模型、CASCADE 模型和 OPA 模型等。

4.2.1　相互依存网络中的级联失效问题

1. 相关定义

随着科技的发展，现代的各种复杂系统的规模越来越大，且各个网络系统之间彼此作用和相互依存。网络系统间的相互依存虽然提高了网络整体的效率，但也给整个相互依存网络系统带来了更大的脆弱性。相互依存网络是指两个或两个以上的网络间相互作用，形成的复杂网络系统。两重或多重网络间相互依存，彼此影响，以两层网络构成的相互依存网络为例，示意图如图 4-6 所示。

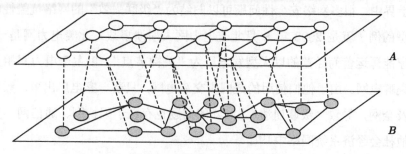

图 4-6　相互依存网络示意图

图 4-6 所示的相互依存网络中，A、B 表示两个不同的网络，网络内部节点间连接关系用实线表示，网络间节点的依存关系用虚线表示。相互依存网络在现实生活中也普遍存在，如电网–计算机网，电网为计算机网络提供电力支持，计算机网络协调控制电力网络的电力配送。

在相互依存网络中，当某个网络中的相依节点或相依边失效，随即导致与之依存的网络节点和边失效，继而发生连续网络间的相继故障，直至网络中所有与之相连的节点和边失效，这就是级联失效的过程，如图 4-7 所示。近年来，相互依存网络的级联失效问题也已成为学者们研究的热门方向之一。

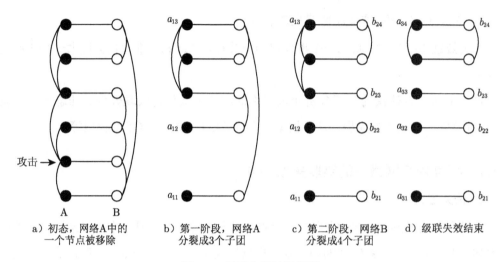

a) 初态，网络A中的　　　b) 第一阶段，网络A　　　c) 第二阶段，网络B　　　d) 级联失效结束
　一个节点被移除　　　　　分裂成3个子团　　　　　分裂成4个子团

图 4-7　级联失效过程模型

2. 级联失效过程及特点

现实世界中，很多网络安全性问题可以归结为"级联失效"的网络抗毁性问题，一个比较典型的例子就是 2003 年 8 月北美电力网大崩溃事故。北美电力网是一个由美、加两国多家能源运营商经营的以大型发电厂为"关键节点"，以主干电力网相互连接起来的高度集群电网。由于他们使用的是同步交流电网，只要一家电厂出事，频率异动就会瞬间波及全网，导致"级联崩溃"。同样的问题也存在于因特网、通信网、交通物流网以及其他社会经济系统网络中 [44]。

级联失效现象本质原因主要有以下三点 [45]：一是负载重新分配。网络中的节点承担的负载会依据一定规则动态地向周围其他节点分发传递，当某个节点无法正常工作时，本该由其承担的负载将迅速被重新分配到网络中的其他节点；二是网络不均匀性。网络中的节点由于组织地位、性能要求的不同，其承担的负载也各不相同，少数节点具有很高的工作负载，而大多数节点具有较低的工作负载，具体表现在信息接收、处理和发送的性能容量和处理效率上存在显著差异，而这种差异使得节点承受能力设计不同，直接导致面对负载重新分配的反应不同；三是高负载节点失效。如果一个高负载节点失效，那么原来由它承担的负载将会转发给其他节点，这些额外增加的工作量将会使那些容量低的节点所承担的工作负载超过额定负载，进而无法正常工作。随着过量负载传递给更多的节点引发级联效应，最终导致的结果将是全网失效。

在网络中，信息分流、组织差异和潜在危险构成了级联失效发生的三大条件，其级联失效过程主要可以分为以下三个阶段[45]：（1）稳定工作。每个网络节点依据实际要求部署完成后，在其工作负载范围内正常运行；（2）负载传播。当网络中的某个节点遭到硬摧毁或出现软故障时，通往该节点的信息流就会自动分流，这势必给其他节点造成压力，当信息量超出节点的处理能力时，就会出现节点工作效率急剧下降，甚至工作失效的现象，进而导致新一轮的负载分配；（3）失效终结。节点相继失效导致网络遭到严重破坏，失去工作能力，或者节点失效影响范围有限，整个网络又回到一种自组织平衡状态，都代表着级联失效过程的结束。对网络的级联失效过程和机理进行建模，体现失效的传播和放大过程，适用于复杂大系统背景下的网络失效过程分析与预测。

构建好整个网络后，只需针对关键节点对网络进行失效过程分析就可以分析整个网络的失效过程。当有事件发生时，首先确定事件发生的节点位置，由该位置出发，对系统内部的关联失效过程进行分析，如果涉及到关键节点，再进行级联失效分析，对其他系统中可能的失效节点进行预测。图 4-8 是失效过程分析示意图。

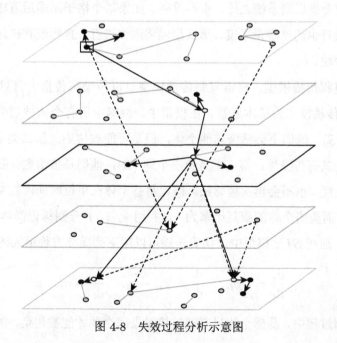

图 4-8　失效过程分析示意图

对网络中的失效过程分析完成之后，还需要针对每一个可能的失效节点进行进一步的触发效应分析，分析其下一步的影响，这一分析过程可视具体情况决定分析的层数。

3. 级联失效过程的典型模型

由于复杂网络级联失效过程具有特定的内在规律性，既可以主动促成级联失效的大范围传播，又可以根据需要对级联失效传播进行预测和主动防御，因此研究级联失效传播，就必须针对其规律和作用进行，主要有两类级联失效模型：沙堆过载分摊模型和疾病复制传播模型。

（1）**沙堆过载分摊模型**。沙堆过载分摊模型被认为是研究由网络中个别节点失效引起连锁崩溃的理论模板。在沙堆过载分摊模型中，真实沙堆用一个开边界的规则网格模拟，每个格子里都可以装沙，装沙的过程就是对节点加载负荷的仿真模拟。格子装沙的容量是有限的，一旦某个格子里沙粒的数目超过了这个容量限度，该格子里的沙就会崩塌到相邻的格子中去。在最初的沙堆过载分摊模型中，这个容量限度被统一设置为 $Z = 4$。如果用 F_x 表示格子 x 中沙粒的数目，那么一旦 $F_x \geqslant 4$，则下一时刻 $F_x = F_x - 4$，且对所有与 x 相邻的格子 y 有 $F_y = F_y + 1$。位于网络边缘的节点崩塌时，有一些沙粒会崩塌到系统之外，永不返回。如果某个格子崩塌后造成相邻一个或多个格子中沙粒数目也超过容量限度，那么崩塌将继续进行，直到没有任何格子上装有达到容量限度的沙粒。

（2）**病毒复制传播模型**。病毒复制传播模型是以传染病传播为背景，以"复制 + 传播 + 自愈"传播模型为基本思想。在模型中，网络中所有个体被划分为三类：第一类是易感个体 (S)，他们不会感染其他个体，但是可能被传染；第二类是染病个体 (I)，他们已经患病，具有传染性；第三类是免疫个体 (R)，他们是被治愈并获得免疫能力的个体，不具传染性，也不会再次被感染。假设易感个体在单位时间内被某个染病个体传染的比率是 β，而染病个体的康复比率为 γ，并用 s，i，r 分别标记群体中 S，R，I 类个体所占比例，则在 SIR 模型中，疾病传播可以用下列微分方程组描述：

$$\frac{\mathrm{d}_s}{\mathrm{d}_t} = -\beta_{is}, \quad \frac{\mathrm{d}_i}{\mathrm{d}_t} = \beta_{is} - \gamma_i, \quad \frac{\mathrm{d}_r}{\mathrm{d}_t} = \gamma_i. \tag{4-20}$$

在实际传播过程中，易感个体只有通过接触染病个体才能被传染，如果把每个个体用网络中的一个节点代表，若两个个体可能接触就在相应的节点之间连一条边，那么可以自然地将上述连续的传播模型推广到复杂网络传播过程中，而该连续方程可以看作传播网络是完全正则图的一种特殊情况（即所有节点之间都存在一条相互作用的边）。

4.2.2　基于相继故障渗流模型的网络脆弱性分析

网络的故障过程可以看成是典型的相变过程，相变的临界点标志着网络的整体失效。分析网络故障的临界点，对于预测级联失效的发生和指导网络系统的可靠性设计等问题有积极意义。网络故障的临界性分析一般基于渗流理论[46]，通过建立网络节点之间的故障依赖显性关系，分析整个网络功能对各类风险的容忍能力。研究通常假设各类故障依赖关系的拓扑结构和数量，并量化这些因素对网络弹性的影响能力。对于单个网络，网络的渗流临界值取决于网络中故障依赖边的分布和比例[47-48]；而对于耦合网络，在网络间的耦合拓扑关系确定的情况下，渗流临界值取决于耦合网络的数量[49-50]。

移除单一节点对网络完整性的影响是有限的，如图 4-9a。然而，如果移除网络中的多个节点，就可以把网络拆分成多个独立的连通分支，我们就更有可能破坏网络。那么，要移除多少个节点，我们才能把一个网络分解成一些相互独立的连通分支呢？在互联网中，要破坏多少路由器，我们才能把互联网分解成相互不能沟通的计算机集群（簇）呢？若想回答这个问题，我们必须先熟悉研究网络鲁棒性的数学基础——渗流理论。

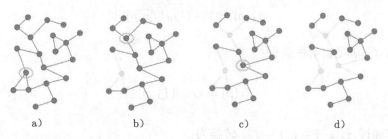

　　a)　　　　　　　b)　　　　　　　c)　　　　　　　d)

图 4-9　节点移除的影响，图 a、b、c、d 表示逐次移除一个节点后网络的剩余结构

渗流理论是统计物理学和数学领域衍生出来的一个成熟的分支领域，近年来被广泛应用在研究网络脆弱性领域，已成为网络故障分析方面的一种代表性研究方法[47-50]。为了解决故障渗流的过程问题，故障渗流模型的 A、B 网络度分布的生成函数分

别为：

$$G_{A0}(x) = \sum_k P_A(k)x^k$$

$$G_{B0}(x) = \sum_k P_B(k)x^k$$

(4-21)

其相应的生成函数的分支进程表示为：

$$G_{A1}(x) = G'_{A0}(x)/G'_{A0}(1)$$

$$G_{B1}(x) = G'_{B0}(x)/G'_{B0}(1)$$

(4-22)

移除 $1-p$ 比例的节点后，其相应的生成函数和分支进程为：

$$G_{A0}(x,p) = G_{A0}(1-p(1-x))$$

$$G_{B0}(x,p) = G_{B0}(1-p(1-x))$$

$$G_{A1}(x,p) = G_{A1}(1-p(1-x))$$

$$G_{B1}(x,p) = G_{B1}(1-p(1-x))$$

(4-23)

相依网络中，为了研究网络依存边在随机失效情况下的渗流问题，随机删除 $1-p$ 的网络依存边，则对于 A、B 网络，分别删除了 $1-p$ 比例的节点，即 $A_0 = B_0 \subset A = B$。网络中节点总数为 N，则 $A_0 = B_0$ 中节点数为 $A_0 = pN$。剩余的节点比例 p 中属于极大簇节点的比例为：

$$p_A(p) = 1 - G_{A0}(f_A, p)$$

(4-24)

这里的 f_A 满足自洽性条件：

$$f_A(p) = G_{A1}(f_A, p)$$

(4-25)

上式可通过 $z_A = 1 - p(1 - f_A)$ 转换为：

$$1 - 1/p + z_A/p = G_{A1}(f_A, p)$$

(4-26)

公式 (4-24) 可表示为：

$$p_A(p) = 1 - G_{A0}(z_A)$$

(4-27)

由于网络间的相互依存问题，一个网络故障的发生往往是由与之依存的另一个网络节点或边故障所引发的。对单独的 A 或 B 网络而言，那些不再属于网络中极大簇节点的节点失效，则整个网络系统满足：

$$\begin{cases} x = p_A(y)p \\ y = p_B(x)p \end{cases} \tag{4-28}$$

当整个网络系统的故障不再发生，即稳定下来有：

$$x = p_A(p_B(x)p)p \tag{4-29}$$

这种临界点也称相变阈值点。

综上所述，随机节点的移除对网络造成的破坏并不是一个渐进的过程。相反，仅通过移除一小部分的节点基本不会破坏网络的完整性。但一旦被移除节点的比例达到一个临界阈值，网络就会迅速地分解为不相连的连通分支。换言之，随机的节点移除引发了网络从连通到碎片的相变。在规则网络和随机网络中，我们都可以使用渗流理论的工具来刻画这种相变。然而，对无标度网络来说，上述现象的核心部分发生了变化。

4.2.3　基于马尔可夫模型的网络脆弱性分析

异质网络的异质性主要来源于其节点自身属性的多元性以及其关系连边在结构、功能上的多样性和动态性。真实世界的网络在其节点属性以及连边权重方面展现了很强的异质性。在这些节点与连边异质性的基础上，通过拓扑结构有效地粘合这些异质要素，使之成为拥有完整现实能力的异质网络。

拥有完整能力的异质网络在节点或者连边出现故障时会通过网络中的信息流动对其他节点或者连边的能力产生影响。例如在北美航空网络中，当纽约机场因出现故障而不能运转时，计划从纽约机场登机去芝加哥的乘客不得不选择临近的华盛顿机场登机，继而增加了华盛顿机场的运输压力。当华盛顿机场乘客超过一定限度时，就有可能对其运行状况产生影响而导致被迫关闭，整个人群继而向其他机场转移，形成一系列的连锁反应，最终可能造成整个航空网络的瘫痪。

基于马尔可夫过程的异质网络级联失效模型，首先给出了异质网络的定义，然后对异质网络级联失效过程中异质节点、连边的状态以及节点、连边之间的状态转移过程进行了详细的建模。异质网络级联失效模型体现了网络中节点与连边的异质特性,蕴含了网络信息流在网络中有效流动的机理,详细描述并用马尔可夫过程模拟了级联失效过程中异质网络各节点以及连边的状态变化,为帮助理解异质网络级联失效过程的内在机理提供了一种相当直观、可行的方法。下面基于马尔可夫过程,分别对级联失效过程中的网络节点、连边初始状态、故障累积状态、失效状态、状态转移概率过程和失效后信息流转移过程进行建模。

1. 异质网络分析

异质网络,又称异质负载网络,其遍布于真实世界的各个领域。典型的异质负载网络如交通网络、电力网络、互联网等基础设施。就典型的交通网络而言,其异质性来源于交通网中各条道路的承载能力,由道路的宽度以及长度决定道路所承载的车辆负载以及极限负载。整个网络在交通规则的约束下进行有效运转,具备完整的交通运输功能。航空网络也是如此,假设节点代表机场,连边代表航线。在一个地区的航空网络中拥有多个不同的机场,每个机场都拥有不同的飞机或航班数目,表示每个机场都拥有不同的搭载乘客的能力,机场的飞机或航班数目越多,说明该机场能够搭载乘客的数目越多,能力越强;反之越弱。机场与机场之间通过航线相连,能够相互连通,表现为物理上的双向性,这里作无向边处理。由于各条航线相关机场之间的距离以及机场航班的数量,影响航线上所能承载的飞机数量不同,航线能够承载的飞机数量越多,其能力越大;反之越弱。如图 4-10 所示的北美航空网络,网络中涵盖了 235 个节点、1297 条连边以及相关的地理信息。各个节点拥有不同承载乘客的能力,节点的大小代表能力的强弱;各个连边拥有不同的承载航班的能力,连边的粗细代表着能力的强弱。图中所示的航空网络通过拓扑结构整合网络中各个机场与航线,形成了贯穿美国全境的航空运输能力。

同样地,复杂电网也是一种典型的异质负载网络,电网中拥有不同性质的节点:发电厂、变压器、负荷节点,这些不同的节点在电网中扮演了不同的角色,如发电厂提供电,变压器转换电压,负荷消耗电,这几种不同性质的节点通过电网公司有效的调度形成了功能完备的供电-用电网络。上述的异质网络都有一个共同的特点,即网络中节点或者连边具有一种或者多种功能,节点之间能力有强弱,通过一种或者多种方式组织,节点之间能够相互影响，涌现出一种或者多种单独节点所不具备的功能。

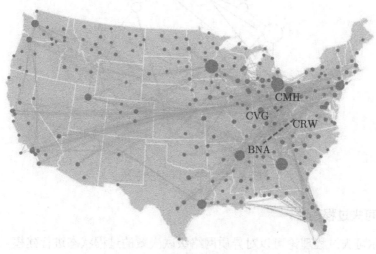

图 4-10　北美航空网络实例

定义 4.10　异质网络　异质网络或异质负载网络，即具有独立完成一种或多种功能的节点，通过一种或多种连接方式组织起来，各个节点相互影响、相互作用，能够涌现出一种或多种单独节点所不具备的功能。

由上述定义可知，异质负载网络主要在于其节点和连边的异质性，即节点具有不同类型的能力或者类型相同分布权重不同，连边也是如此，通过对这些异质元素的有效粘合，形成完整的异质网络。对异质网络进行分析就是对其节点与连边的异质特性以及拓扑结构的分析。通过拓扑结构有效融合网络中的异质节点与连边的异质特性，从而涌现完整异质网络的整体能力。这里通过交通网络对异质网络的特性进行说明，如图 4-11 所示。图中给出了一个真实的由 14 个公交站组成的公交系统，此系统承载着在这条线路上输送旅客的任务。这里假定节点为公交站，边为线路，每个公交站每天输送旅客的数量假设为 $F_i, 1 \leqslant i \leqslant 14$，其能够容纳的最大旅客数为 $C_i, 1 \leqslant i \leqslant 14$。同时连边也有同样的异质性质，节点 4、6、11 拥有较多的容量容纳乘客，连边（4，9）、（9，14）拥有更大的乘客流量。初始时刻，整个公交系统运转正常，当公交站由于突发原因而出现人员拥挤导致的人流量转移时，人流量按照一定规则转移至其他站台，旅客流也同样具有异质特性，并不是转移人数均相等。

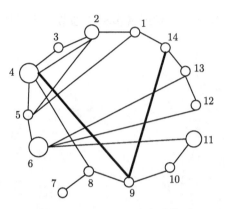

图 4-11   IEEE14 公交系统

2. 马尔可夫过程理论

运用马尔可夫过程理论可以对异质网络级联失效的过程状态进行建模，通过状态转移概率函数模拟节点或连边在初始状态、故障积累状态、失效状态之间的状态按一定概率转移的过程，从而对整个异质网络级联失效过程进行形式化描述。

1）马尔可夫过程   假设离散的状态空间为 $E = \{0, 1, 2, \cdots, N\}$ 或 $E = \{0, 1, 2, \cdots\}$，或者无限个状态的离散状态空间也可以取 $E = \{1, 2, \cdots\}$ 或 $E = \{\cdots, -2, -1, 0, 1, 2, \cdots\}$，有限个状态的离散状态空间也可取 $E = \{1, 2, \cdots, N\}$。

定义 4.11   马尔可夫过程   假设时间连续状态离散的随机过程 $\{X(t), t \in [0, \infty)\}$ 的状态空间为 E，若对于任意整数 $m(m > 2)$，任意 m 个时刻 $t_1, t_2, \cdots, t_m (0 < t_1 < t_2 < \cdots < t_m)$，任意正数 s 以及任意 $i_1, i_2, \cdots, i_m, j \in E$，满足：

$$P\{X(t_m + s) = j | X(t_1) = i_1, X(t_2) = i_2, \cdots, X(t_m) = i_m\}$$

$$= P\{X(t_m + s) = j | X(t_m) = i_m\} \tag{4-30}$$

则称 $\{X(t), t \in [0, \infty)\}$ 为马尔可夫过程。

公式 (4-30) 表明 $t_m + s$ 时刻的状态，仅仅依赖时刻 t_m 所处的状态，而与过去时刻 $t_1, t_2, \cdots, t_{m-1}$ 的状态无关。

2）转移概率函数   由上式可知，$P\{X(t + s) = j | X(t) = i, t \geqslant 0, s > 0\}$ 称之为马尔可夫过程的概率转移函数，记为 $p_{ij}(t, t + s)$。即可用下式来表示整个马尔可夫过程状态的转移概率函数：

$$p_{ij}(s) = p_{ij}(t, t+s) = P\{X(t+s) = j | X(t) = i\}, t \geqslant 0, s > 0 \tag{4-31}$$

由上述概率公式可知：

1）$0 \leqslant p_{ij}(s) \leqslant 1, i, j = 1, 2, \cdots$（有限或者无限多个）。

2）$\sum\limits_j p_{ij}(s) = 1, i = 1, 2, \cdots$（有限或者无限多个）。

通常规定 0 时刻的转移概率如下式 (4-32) 所示：

$$p_{ij}(0) = \delta_{ij} = \begin{cases} 1, & i = j \\ 0, & i \neq j \end{cases} \tag{4-32}$$

显然，对任意的 $t > 0, s > 0$ 来说，均有：

$$p_{ij}(s+t) = p_{ij}(t, t+s) = \sum\limits_r p_{ir}(s)p_{rj}(t), i, j = 0, 1, 2, \cdots \tag{4-33}$$

各个状态在 0 时刻所处的概率分布为：

$$p_i^0 = P\{X(0) = i\}, i = 0, 1, 2, \cdots \tag{4-34}$$

称为初始概率分布，显然有：

$$p_i^0 \geqslant 0 (i = 0, 1, 2, \cdots), \sum\limits_i p_i^0 = 1 \tag{4-35}$$

特别地，当马尔可夫过程在 0 时刻由固定的状态 i_0 出发，此时 $p_{i_0}^0 = 1, p_j^0 = 0 (j \neq i_0)$，马尔可夫过程在 t 时刻取各状态的概率分布为：

$$p_i(t) = P\{X(t) = i\}, i = 0, 1, 2, \cdots \tag{4-36}$$

上述马尔可夫过程能够非常好地描述异质网络级联失效过程中的各个状态以及状态转移的过程。

3. 级联失效过程状态

异质网络 $G(V, E)$ 中包含了节点集合 V 和连边集合 E，其中 $V = \{v_1, v_2, \cdots, v_{|V|}\}$，$E = \{e_1, e_2, \cdots, e_{|E|}\}$，$|V|$ 为节点集合中节点的数目，$|E|$ 为连边集合中连边的数目。假

设整个异质网络的运行过程包括 3 个状态：初始状态 G_0，故障积累状态 $G_n(0 < n < N)$ 失效状态 G_N，其中故障积累状态具有若干子状态（表示网络中元素负载的积累量，负载越大，说明故障积累状态越容易转换为失效状态）。网络的状态由网络中的大部分的节点以及连边的状态决定。下面对网络节点以及连边的状态进行详细建模。以上文给出的 IEEE14 公交系统为参考对异质网络进行分析，这里着重对节点进行表示，连边的分析与节点类似。如图 4-12 中所示，该公交网含有 14 个节点，通过 20 条边相连，构成一个具有一定旅客运输能力的公交系统。

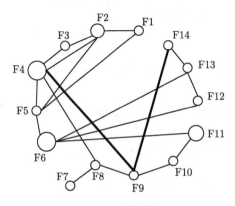

图 4-12 初始状态

（1）初始状态

网络初始状态 G_0，其节点与连边运行状态正常，即网络运行的起始时刻。网络的状态由组成网络的节点与连边决定。节点初始状态：假设节点 v_i 的属性包括了节点的性能 F_i，节点能够容忍的极限容量 C_i，则可用二元组 $v_i^0 = \{F_i^0, C_i\}$ 来表示节点 i 的初始状态。连边初始状态：假设连边的 e_{ij} 属性包括连边的性能 F_{ij}，连边的容忍极限容量 C_{ij}，则可用二元组 $e_{ij}^0 = \{F_{ij}^0, C_{ij}\}$ 来表示连边的初始状态。网络的初始状态为网络中节点或连边运行状态最佳的时刻。图 4-12 所示，14 个节点处于正常工作的初始状态，具有初始的负载，即初始时刻在站台等待服务的旅客数量。

（2）故障积累状态

网络故障积累状态 $G_n(0 < n < N)$ 其节点与连边运行状态处于故障积累状态，即网络的运行还未到全面崩溃，大部分节点或连边仍然能够正常工作，只是其相应的裕度降低（裕度为相应节点或连边的容量与其现有性能或负载的差值，裕度越大，说明其越

不容易发生故障），仅有少量节点或连边出现故障。

节点故障积累状态：假设节点 v_i 经历过 n 次由于网络中其他节点故障引起的负载积累实现稳定后，其余节点或连边由于故障将其自身的性能或负载转移至节点 v_i 之后，节点 v_i 仍然未达到极限容量的状态或者已经达到了极限容量状态，但以小概率事件还未出现故障，可用二元组 $v_i^n = \{F_i^n, C_i\}, 0 < n < N$ 来表示节点 i 的第 n 次故障积累状态。

连边故障积累状态：假设连边 e_{ij} 经历过 n 次故障的积累实现稳定后，其余节点或连边故障将其自身的性能或负载转移至连边 e_{ij} 之后，连边 e_{ij} 仍然未达到极限容量的状态或者已经达到了极限容量状态，但是以小概率事件方式还未出现故障，则可用二元组 $e_{ij}^n = \{F_{ij}^n, C_{ij}\}, 0 < n < N$ 来表示连边的故障积累状态。

网络的故障积累状态为网络中节点或连边运行过程中的常态，需要经过长时间的积累才可能相当长时间都不会出现失效状态。以图 4-13 中所示为例，节点 6 发生故障，其负载即旅客流向网络中的相邻节点 5、11、12、13 扩散，图中标红的边显示扩散路径，节点 5、11、12、13 均获得了节点 6 转移过来的负载，其中只有节点 12 超出了其极限负载，节点 5、11、13 负载均小于其极限负载，随后节点 12 由于过载失效将其上负载转移给节点 13，但节点 13 并未出现故障，此时刻整个系统实现稳定。这里定义节点 5、11、13 节点所处的状态为故障积累状态，即随着负载的升高，其发生故障的概率在不断提升，故障概率在积累，如图 4-14 所示。

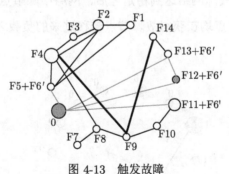

图 4-13 触发故障

（3）失效状态

网络失效状态 G_N，其节点与连边运行状态大部分处于故障状态，即网络的运行已经全面崩溃，大部分节点或连边均不能正常工作，仅有少量节点或连边完好。

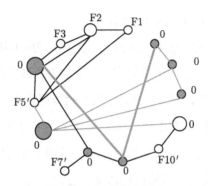

图 4-14　故障积累状态

节点失效状态：假设节点 v_i 经历过 N 次故障的积累，其余节点或连边故障将其自身的性能或负载转移至节点 v_i 之后，节点 v_i 已经达到极限容量并且在此时出现了故障，并将自身的性能或者负载以网络信息流的方式向其余节点或连边扩散，从而导致全局的级联故障的状态，可用二元组 $v_i^N = \{F_i^N, C_i\}$ 来表示节点 i 的失效状态。

连边失效状态：假设连边 e_{ij} 经历过 n 次故障的积累，其余节点或连边故障将其自身的性能或负载转移至连边 e_{ij} 之后，连边 e_{ij} 已经达到极限容量并且在此时已经出现故障并将自身的性能或者负载以网络信息流的方式向网络中其余节点或连边扩散，继而导致全局故障的状态，可用二元组 $e_{ij}^N = \{F_{ij}^N, C_{ij}\}$ 来表示连边的失效状态。如图 4-15 所示，经过级联故障网络达到稳定之后，网络中除节点 7、11 在负载重分配之后未发生故障外，其余节点均在获得故障节点转移过来的负载之后发生故障，整体网络状态变成了失效状态。

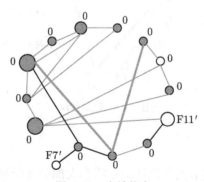

图 4-15　失效状态

4. 状态转移过程

异质网络的状态转移过程往往伴随着网络信息流的转移，这是异质网络出现大面积瘫痪的根本原因。异质网络中各个节点与连边在经过一定的故障积累后，各个节点或连边的容纳转移负载的能力降低，此时网络中某个节点或连边因故障失效而退出运行会触发整个网络的集群式级联失效，继而导致异质网络发生不可控制的故障蔓延阶段。通过马尔可夫过程对整个级联失效过程中的状态转移建模，描述状态转移过程中的复杂关联关系，并体现其不确定性，同时能够模拟整个级联失效过程中的信息流动，展现其动态性。下面对整个状态转移过程进行建模，状态转移由触发故障引起，通过故障元素的负载信息流重分配蔓延至整个网络。本节分别对触发故障、信息流重分配、状态转移三个方面进行说明。

（1）触发故障

触发故障主要是由于恶劣天气或者不明原因引起的节点或者连边故障，它存在于级联失效过程中的各个阶段，这里用一元变量 H 来表示。它能引起故障节点的性能或者负载以信息流的方式向与之相关的节点或者连边上转移，从而降低这些节点或连边的安全裕度或者导致其发生故障，进一步导致这些关联节点或者连边的状态转移。这里用公式 (4-37) 表示触发故障：

$$H = \{H_1, H_2, \cdots, H_n\} \tag{4-37}$$

（2）信息流分配

节点或者连边由于初始触发故障或者因过载而导致故障时，其自身的负载会通过一定的重分配机制向网络中其他节点或连边扩散，从而导致其他节点或者连边的状态转移。节点负载的信息流重分配量用 ΔF_{ij} 来表示，表示节点 j 接收来自失效节点 i 转移的信息流量。连边的信息流重分配量用 ΔF_{im} 来表示，表示失效连边 F_{ij} 转移到连边 F_{im} 的流量。这里用公式 (4-38) 表示节点负载重分配，$\delta(j,i)$ 表示节点 j 接收来自失效节点 i 的转移系数。

$$\Delta F_{ij} = F_i * \delta(j, i) \tag{4-38}$$

（3）状态转移

网络中节点或者连边由于触发故障或者由于信息流重分配引起的自身负载变化会使自身所处的状态发生转移，根据异质网络状态转移的特性，节点或连边均满足下述三条状态转移的规则：（1）节点出现触发故障，则节点状态包括初始状态或故障积累状态转移至失效状态，可用 $G_0 \Rightarrow G_N$、$G_n \Rightarrow G_N$ 来表示，转移概率为 1；（2）节点负载小于极限负载，节点以大概率停留在故障积累状态，可用 $G_0 \Rightarrow G_n$、$G_n \Rightarrow G_{n+1}$ 来表示，节点负载与容量间的剩余度越大，即节点负载与其极限容量之差越大，停留概率越大；（3）节点负载大于极限负载，节点以大概率转移至失效状态，可用 $G_0 \Rightarrow G_N$、$G_n \Rightarrow G_N$ 来表示，概率依据超过极限负载的量而定，超过越多，转移概率越大。

图 4-16 中展示了一个交通网络中各节点状态转移的实例。从图中可以得出，图 4-16 a 是该交通网络的初始状态，所有节点处于初始状态即所有节点均正常运行；图 4-16 b 中节点 6 出现了触发故障，其负载转移至与之相邻的节点 5、11、12、13，从而导致节点 12 的状态转移至失效状态，而节点 5、11、13 由于未达到其极限负载处于安全状态，但是其负载水平上升，发生故障的概率在提升，处于故障积累状态。稳定后整个网络由于上述节点 5、11、13 负载的积累而使整个网络发生积累故障的风险增加；图 4-16 c 中随着网络负载重分配的持续进行，网络中越来越多的节点处于高故障风险的状态；图 4-16 d 中整个级联失效过程结束，网络中大部分节点失效，网络处于失效状态。

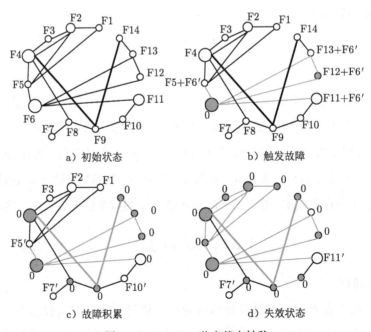

a）初始状态　　　　　　　b）触发故障

c）故障积累　　　　　　　d）失效状态

图 4-16　IEEE14 节点状态转移

表 4-1 中对异质网络级联失效模型进行了形式化建模，包括了级联失效过程中的三种状态，初始状态 G_0、故障积累状态 $G_n(0 < n < N)$、失效状态 G_N，以及这三种状态中与状态密切相关的节点与连边的属性 $v_i^0 = \{F_i^0, C_i\}$，$e_{ij}^0 = \{F_{ij}^0, C_{ij}\}$，$v_i^n = \{F_i^n, C_i\}(0 < n < N)$，$e_{ij}^n = \{F_{ij}^n, C_{ij}\}(0 < n < N)$，$v_i^N = \{F_i^N, C_i\}$，$e_{ij}^N = \{F_{ij}^N, C_{ij}\}$，同时给出了状态转移的相关过程 $G_0 \Rightarrow G_n$，$G_0 \Rightarrow G_N$，$G_n \Rightarrow G_{n+1}$，并以马尔可夫过程的转移概率为状态转移的属性，其中转移概率与信息流重新分配给节点或连边的量成正相关，直观清晰地表达了级联失效过程。

表 4-1 异质网络级联失效模型

元素		模型	属性
状态	初始状态	G_0	$v_i^0 = \{F_i^0, C_i\}$
			$e_{ij}^0 = \{F_{ij}^0, C_{ij}\}$
	故障积累状态	$G_n, 0 < n < N$	$v_i^n = \{F_i^n, C_i\}, 0 < n < N$
			$e_{ij}^n = \{F_{ij}^n, C_{ij}\}, 0 < n < N$
	失效状态	G_N	$v_i^N = \{F_i^N, C_i\}$
			$e_{ij}^N = \{F_{ij}^N, C_{ij}\}$
状态转移	初始状态–故障积累状态	$G_0 \Rightarrow G_n$	$P_j \propto \Delta F_{ij}, P_j \propto \Delta F_{im}$
	初始状态–失效状态	$G_0 \Rightarrow G_N$	$P_j = 1 \Leftarrow H_i$
			$P_j \propto \Delta F_{ij}, P_j \propto \Delta F_{im}$
	故障积累状态–故障积累状态	$G_n \Rightarrow G_{n+1}$	$P_j \propto \Delta F_{ij}, P_j \propto \Delta F_{im}$
	故障积累状态–失效状态	$G_n \Rightarrow G_N$	$P_j = 1 \Leftarrow H_i$
			$P_j \propto \Delta F_{ij}, P_j \propto \Delta F_{im}$

整个级联故障过程可以用图 4-17所示的示意图进行说明：图中给出了网络中的元素从初始状态、故障累积状态、失效状态的状态转移过程，同时给出转移的条件，能够用马尔可夫过程很好地进行建模。

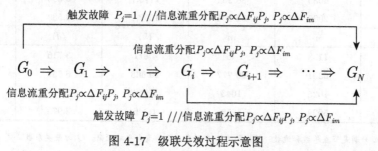

图 4-17 级联失效过程示意图

4.3　应用：公用网络中的关键节点识别

4.3.1　基于邻接信息熵的关键点识别

为了验证上文中我们提出的基于邻接信息熵的关键点识别算法的准确性和适用性，我们使用了四种不同的网络，包括无权无向网络（UUN）、无权有向网络（UDN）、加权无向网络（WUN）和加权有向网络（WDN）。

表 4-2 列出了所研究网络的统计特性。在无向网络中，Astro 网络是天体物理学科学家的协作网络[51]，CA 网络是高能物理理论 arXiv 协作网络[52] 的一个巨大连通图，Facebook 网络是一个有 4039 个用户的匿名社交圈，Hamster 网是一个网站用户之间的友谊和家庭关系网[53]。在有向网络中，电子邮件网络有 1133 个 URV 大学的用户[54]，

表 4-2　四种复杂网络的统计性质

UUN	n	m	$\langle k \rangle$	$\langle d \rangle$	C
Astro	14 845	239 304	16.12	4.798	0.715
CA	8638	49 612	5.743	5.945	0.580
Facebook	4039	88 234	43.69	3.693	0.617
Hamster	2000	32 194	16.09	3.589	0.573
UDN	n	m	$\langle k \rangle$	$\langle d \rangle$	C
Email	1133	5451	4.811	3.715	0.110
PGP	10 680	24 340	2.279	4.050	0.133
Router	5022	6258	1.246	3.973	0.006
Wiki-Vote	7115	103 689	14.57	3.341	0.081
WUN	n	m	$\langle k \rangle$	$\langle d \rangle$	C
Astro	14 845	239 304	1256.6	4.798	0.715
CA	8638	49 612	448.78	5.945	0.580
Facebook	4039	88 234	1113.7	3.693	0.617
Hamster	2000	32 194	1257.2	3.589	0.573
WDN	n	m	$\langle k \rangle$	$\langle d \rangle$	C
Email	1133	5451	4.811	3.715	0.110
P2P	6301	20 777	29.663	6.632	0.005
PHD	1025	1043	8.956	3.429	0.002
Router	5022	6258	1.246	3.973	0.006

注：n 和 m 分别是节点总数和边数，$\langle k \rangle$ 和 $\langle d \rangle$ 分别表示平均度和平均距离，C 为聚类系数。

PGP 是一个通信网络 [55]，Router 网是一个互联网拓扑网络 [56]，Wiki 投票是一个在 Wikipedia 上的投票网络，数据可在 http://snap.stanford.edu/data/下载。

　　通过删除不同比例的节点后，计算网络中独立子图的数量变化，进而验证算法的有效性。显然，在删除同样数量的节点情况下，网络中独立子图的数量越多，网络被破坏得越严重，该方法的关键节点识别精度就越高。对于无向网络，我们选择了其他五个中心度作为基准指标，即介数中心性（BC）、离心中心性（EC）、接近中心度（CC）、结构洞（SH）和度中心性（DC）。为了简单起见，分别将我们的算法称为无权无向网络中的 URank 和加权无向网络中的 WRank。x 轴是去除节点的不同比例，y 轴是相应网络的独立子图的比例。图 4-18 显示了在四个不同的无权无向网络中去除不同比例的排序节点后不同中心度的结果。从图 4-18 可以看出，我们的算法更为有效。

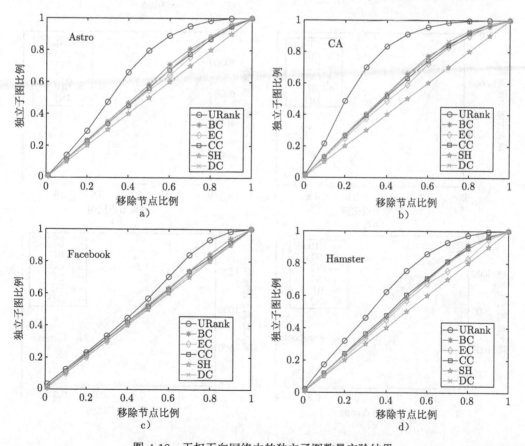

图 4-18　无权无向网络中的独立子图数量实验结果

对于有向网络，我们还选择了另外五个中心度作为基准指标，即 PageRank 中心性（PR）、特征向量中心性（VC）、离心中心性（C）、接近中心性（CC）和度中心性（DC）。同样，为了简单起见，我们分将无权有向网络和加权有向网络中的算法称为 DRank 和 WDRank。

为了进一步证明所提算法的有效性和适用性，我们在四种不同类型的网络中进行了最大子图实验。当根据节点的重要性删除网络中的一些节点时，就会形成不同大小的子连通图。如果子连通图的大小越小，则移除的节点对原始网络的破坏性越大。最大子图实验可以从另一个角度说明关键节点识别算法的准确性。x 轴是去除节点的不同比例。当对应的比例节点被移除时，y 轴是不同网络最大连通子图的规模。图 4-19 显示了无权无向网络的实验结果。从图 4-19 可以看出，URank 算法在大多数网络中都表现良好。

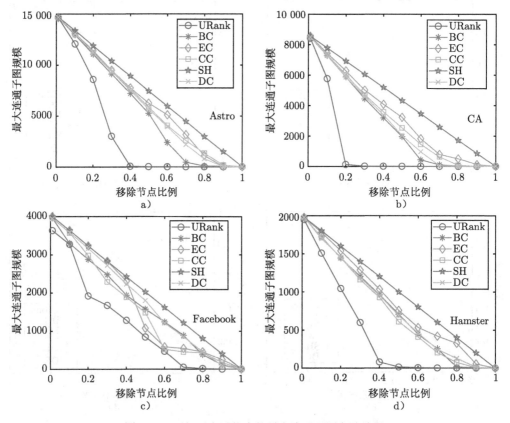

图 4-19　无权无向网络中的最大连通子图实验结果

为了研究我们的算法与不同网络中其他中心性指标之间的关系，我们做了相关分析实验。我们用肯德尔系数来描述不同中心性之间的关系，相关定义如下：假设两个随机变量分别为 X 和 Y（也可以看作两个集合），它们的元素个数均为 N，X_i 和 Y_i 分别为两个随机变量的第 i 个元素值。X 与 Y 中的对应元素组成一个元素对集合 XY，其包含的元素为 $(X_i, Y_i)(1 \leqslant i \leqslant N)$。当 $X_i > X_j$ 且 $Y_i > Y_j$ 或者 $X_i < X_j$ 且 $Y_i < Y_j$ 时，这两个元素就被认为是一致的；当 $X_i > X_j$ 且 $Y_i < Y_j$ 或者 $X_i < X_j$ 且 $Y_i > Y_j$ 时，这两个元素就被认为是不一致的；当 $X_i = X_j$ 或者 $Y_i = Y_j$ 时，这两个元素既不是一致的也不是不一致的。肯德尔相关系数定义如下 [65]：

$$\tau = \frac{N_c - N_d}{N(N-1)/2} \tag{4-39}$$

N_c 和 N_d 分别表示元素对集合 XY 中拥有一致性的元素对数量和不一致性的元素对数量，N 为网络节点总数。

在无向网络中，从图 4-20 和图 4-21 可以看出，我们的中心性指标与 EC 和 SII 呈负相关，因为 EC 考虑的是与节点距离最大的节点，而 SH 考虑的是节点的约束系数，约束系数越小，节点就越重要，这与本文提出的中心度指标相反。在无权无向网络中，我们从图 4-20 中可以看出，我们的中心性指标与其他中心性之间没有明显的相关性，但是在 Facebook 网络中，我们的中心度指数与 BC、CC 和 DC 之间有很高的正相关性。这可能是由于 Facebook 是一个社交网络，节点间的传播与本文提出的邻接熵算法相似。在加权无向网络（图 4-21）和有向网络中，我们可以清楚地发现我们的中心度指数和 DC 之间的高相关性，这可能是因为我们的中心度指标和 DC 是根据节点的局部性质设计的。同样我们可以发现，在四种不同类型的网络中，我们的中心度指数与 BC、CC 和 EC 的相关性很低，因为 BC、CC 和 EC 是全局度量。通过比较我们的中心性指数与有向网络中 PR、VC 和其他中心度之间的相关性，可以发现本文的中心性指数与 PR 和 VC 之间的相关性大于其他中心性（DC 除外），因为 PR 和 VC 都是为有向网络设计的中心度，而其他中心性适用于有向网络和无向网络。

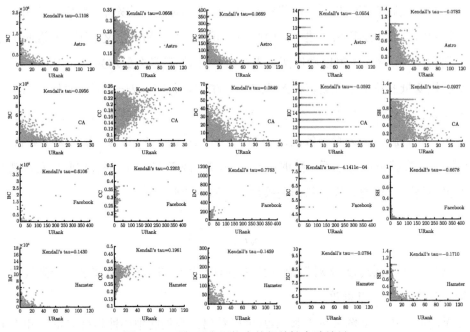

图 4-20   无权无向网络中的相关性实验结果

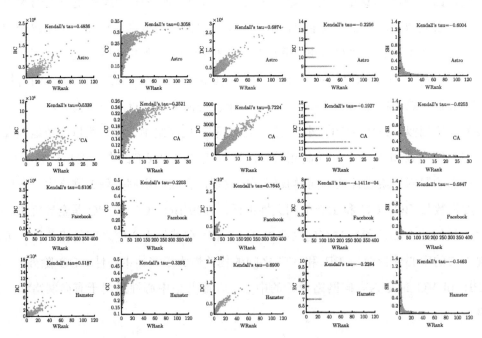

图 4-21   加权无向网络中的相关性实验结果

4.3.2　基于误差重构的关键节点识别

以上文构建的误差重构模型为基础，根据网络体系中各要素的数量及连接规则构建网络结构，将我们的模型应用于社会协作网、RF 拓扑网络和 WHOIS 拓扑网络三个数据集中进行实验，实验网络均是被广泛研究的网络。我们使用 Node2Vec 算法提取网络节点的相似性特征，特征维数选择为 128（默认设置），并以 k-shell 分解法计算网络节点的核数，选取 1 壳内的节点为较不重要的节点，通过上文构建的误差重构模型计算网络中节点的重构误差显著性值，本实验中对各项指标选取排名前 4% 的节点为重心节点，且以它们为源节点，通过 SIR 传播模型对网络进行传播分析，以传播速度 $v = N/t$ 来作为评估模型优劣的指标。

1. CA-GrQc 协作网络

协作网络 CA-GrQc 是由 5242 个节点和 28 980 条边构成的无向网络，其中节点表示作者，边表示两名作者至少合作一篇文章，节点 ID 最大为 26 196，5242 个节点未有序排列，可能原因是部分节点不存在连边，即为孤立点，表示未与他人协作。

为了验证方法的有效性，采用度、接近度、介数和特征向量四种排序方法作为对比。

如图 4-22 所示，本节方法较特征向量排序法及接近度排序法有更高的传播速度，传播过程中传播速度虽不及度和介数排序法，但当到达传播稳态时，基于误差重构的关键点识别方法的传播节点数相比四种对比方法有更大的传播规模。

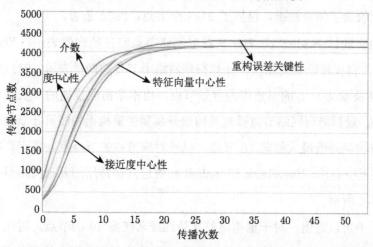

图 4-22　排名前 4% 节点对四种对比方法及本文方法的 50 次平均 SIR 传播示意图

SIR 传播模型中，到达稳态时网络传播的感染数与传播次数的比值表示传播的速度。如表 4-3 所示，特征向量中心性、度中心性、介数中心性、k-shell 分解法四种对比方法到达传播稳态时的节点数为 4158，误差重构显著性到达传播稳态的节点数是 4299，较四种对比方法能够更大规模地进行传播。误差重构显著性到达稳态时的传播次数虽较高于度和介数两种方法，但较低于特征向量和接近度两种对比方法。对传播速度，误差重构显著性的传播速度有效高于四种对比方法。

表 4-3　协作网 CA-GrQc 排名前 4%的节点在四种对比方法及本文方法的 50 次平均 SIR 传播速度

方法	特征向量中心性	度中心性	介数中心性	k-shell 分解法	误差重构显著性
传播节点数 N	4158	4158	4158	4158	4299
传播次数 t	54	52	52	55	53
传播速度 v	77	79.692	79.962	75.6	81.113

2. RF 拓扑网络

数据采集于 Network Repository（http://networkrepository.com/），是 Neil 等人相关研究的成果，作者提出了一种通过映射引擎（rocketfuel），可以通过互联网服务商（ISP）提供的部分路由分布信息，识别骨干路由器及其位置，并绘制互联网骨干的现实地图。网站上收录了部分数据，包括了 2113 个节点，6632 条边。

在实验中，通过 Node2Vec 方法来获取网络节点特征的向量表示，节点特征维度设置为 64 维，将权重设置为加权，计算得到网络中节点的向量表示（2113*64），利用 k-shell 分解法获取 $k = 1$ 的节点作为背景节点，由本章前面描述的算法流程分别计算各类重构误差，最后得到网络节点稀疏重构误差和稠密重构误差经贝叶斯融合后的模型结果。选取重构误差值最大的前 10 节点，以及对应节点的节点度、节点介数、特征向量中心性、接近中心性、PageRank 和 k-shell 核数这几种常用的复杂网络节点指标进行对比，如表 4-4 所示。

从表 4-4 中可以看出，对于重构误差显著性排名在前 10 的节点，对比其他一些常用评估节点重要性指标的结果来说，都覆盖了一些其他评价指标中的关键节点，如包含节点度较大的节点（1666、698），特征向量中心性较大的节点（698），接近中心性较大的节点（976、698）和 PageRank 排名较高的节点（698）。

表 4-4 RF 路由拓扑节点重要性指标对比

节点	节点度	介数	特征向量中心性	接近中心性	PageRank	k-shell 核数	重构误差关键性
944	12	389.97	0.0395	0.2601	0.000 36	8	1
1666	66	5397.94	0.0277	0.3394	0.000 45	13	0.9869
1494	10	404.79	0.0092	0.2471	0.000 24	7	0.9794
1584	2	0	0	0.2287	0.000 20	2	0.9747
274	12	69.12	0.0335	0.625	0.000 62	7	0.9717
976	2	6.80	0.0041	0.5714	0.000 24	2	0.9633
1719	9	331.81	0.0011	0.2636	0.000 24	6	0.9591
698	56	8968.64	0.1123	0.4438	0.002 10	13	0.9558
677	3	3.21	0.0036	1	0.000 36	2	0.9520
1784	6	7.5	0.0015	0.3153	0.000 21	3	0.9518

此外，通过 SIR 传播模型对上述对比的指标进行验证，查看不同方法指标选择出的关键节点在网络中的传播速度和传播范围，选取每个指标计算得到的网络关键性排名前 4% 的节点作为初始的传播节点，并计算网络中受影响的节点个数 N 作为传播范围（被感染和恢复的节点的和）以及到达最终稳定状态的最短时间 t，以及传播的平均速度 $v = N/t$，结果取 50 次运行的平均值。如表 4-5 所示：

表 4-5 RF 路由拓扑网络不同指标在 SIR 模型下的结果对比

指标	节点度	介数	特征向量中心性	接近中心性	PageRank	k-shell 核数	重构误差关键性
N	2113	2113	2113	2113	2113	2113	2113
t	44	44	42	42	41	45	40
v	48.023	48.023	50.310	50.310	51.537	46.956	52.825

从上表中我们可以看出，不同方法所选取的关键节点在 SIR 传播模型的验证实验中都扩散到了相同的范围，但重构误差显著性以更快的速度到达了最终的稳定状态，实

验结果表明该方法具有一定的可行性。图 4-23 展示了以度中心性为标准，其他不同指标随时间推移扩散而受影响的节点数的散点图。从图中可以看出，基于误差重构的方法能够以较快的速度扩散到网络中。

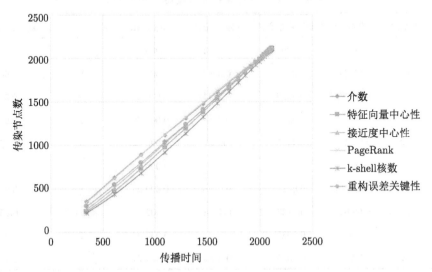

图 4-23　RF 路由拓扑网络不同指标在 SIR 模型下的传播散点图

3. WHOIS 拓扑网络

WHOIS 网络采集于 Internet 路由器注册表（IRR），这里包含了世界各地保存在该数据库的路由器信息，可以帮助用户调试、配置和设计 Internet 路由算法和寻址算法。本数据集包含了 7476 个路由节点，56 943 条连边。首先应用 Node2Vec 生成节点的特征向量，参数设置 $p = q = 1$，并设置生成特征向量维度为 64，选取 k-shell 核数为 1 的节点作为背景节点，然后按照算法流程计算最后的重构误差显著性。选取重构误差关键性排名最靠前的 10 个节点并对比其他一些评价指标进行统计，结果如表 4-6 所示。

在 WHOIS 拓扑网络上，通过重构误差显著性排名前 10 的节点我们可以看出与上一个实验中类似的结果，如度中心性较大（72、7、679），特征向量中心性较显著（72、7），k-shell 核数较大（72、7、679）等。

表 4-6　WHOIS 拓扑网络重构误差显著性前 10 节点以及相关评价指标

节点	节点度	介数	特征向量中心性	接近中心性	PageRank	k-shell 核数	重构误差关键性
679	122	1108.19	0.2172	0.3841	0.000 51	73	1
689	35	908.29	0.0176	0.3714	0.001 25	16	1
338	7	5.68	0.0015	0.2963	0.000 11	36	1
10	12	0	0.0177	0	0.000 59	4	1
264	2	0	0.0005	0.3231	0.000 04	2	1
877	36	2148.98	0.0260	0.3725	0.000 20	26	0.968 798
7	288	0	0.725	0	0.049 20	77	0.968 798
368	7	94.82	0.0021	0.3514	0.000 35	5	0.959 65
1	2	0	0.0099	0	0.001 92	2	0.942 286
72	460	7472.61	0.9128	0.6552	0.014 73	88	0.940 611

利用 SIR 模型对各指标分析得到的重要节点在 WHOIS 拓扑网络上进行传播实验的验证，选取前 4% 的节点作为初始的传播节点，计算相关指标得到如表 4-7 所示。

表 4-7　WHOIS 拓扑网络节点重要性指标对比

指标	节点度	介数	特征向量中心性	接近中心性	PageRank	k-shell 核数	重构误差关键性
N	7576	7576	7576	7576	7576	7576	7576
t	36	35	34	34	37	37	**33**
v	210.444	216.457	222.82	222.82	204.757	204.757	**229.576**

绘制不同指标中前 4% 节点 SIR 传播模型中传播影响节点个数随传播时间的散点图如图 4-24 所示。

综上可知，基于稀疏分解模型的网络体系重心分析方法具有一定的传播优势，可作为一种新的节点重要性判别方法应用于图像识别、模式识别、复杂网络等领域，从局部不重要节点侧面发现相对核心关键的节点，有效提高其识别准确率且能够更快速更广泛地传播网络中的节点。

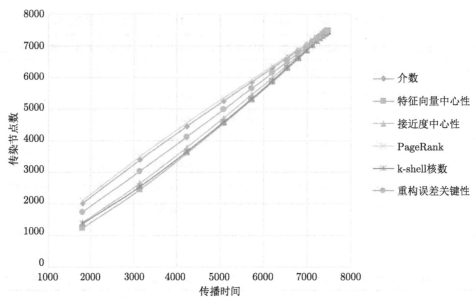

图 4-24　WHOIS 拓扑网络不同指标在 SIR 模型下的传播散点图

4.4　本章小结

　　本章主要研究了网络结构的脆弱性问题。从网络结构脆弱性相关定义入手，分别从邻接信息熵和网络表示两个方面出发分析网络结构中的脆弱节点。此外，本章还分析了相互依存网络中的级联失效问题，主要包括问题的定义和失效过程及特点分析、相继故障下基于渗流模型的网络脆弱性分析、基于马尔可夫模型的网络脆弱性分析三个方面，多层次多角度分析了网络结构的脆弱性问题。

参考文献

[1] 程光权，陆永中，张明星，等. 复杂网络节点重要度评估及网络脆弱性分析 [N]. 国防科技大学学报, 2017(1).

[2] 毛捍东，陈锋，张维明. 网络脆弱性建模方法研究 [J]. 计算机工程与应用，2007(15): 1–5.

[3] 李勇，邓宏钟，吴俊，等. 基于级联失效的复杂保障网络抗毁性仿真分析 [J]. 计算机应用研究，2008, (11): 257–260.

[4] 邓宏钟，迟妍，吴俊，等. 考虑级联失效的复杂负载网络节点重要度评估 [J]. 小型微型计算机系统，2007, 28(4): 627–630.

[5] YANG Y, NISHIKAWA T, MOTTER A E. Small vulnerable sets determine large network cascades in power grids[J]. Science, 2017, 358(6365).

[6] CHATTOPADHYAY S, DAI H, EUN D Y, et al. Designing optimal interlink patterns to maximize robustness of interdependent networks against cascading failures[J]. IEEE Transactions on Communications, 2017, 65(9): 3847–3862.

[7] ESLAMI A, ZHANG J, CUI S, et al. Cascading failures in load-dependent finite-size random geometric networks[N]. IEEE transactions on network science and engineering, 2016.

[8] SCHFER B N, WITTHAUT D, TIMME M, et al. Dynamically induced cascading failures in power grids[J]. Nature Communications, 2018, 9.

[9] CHAO D, YAO H, DU J, et al. Load-induced cascading failures in interconnected network systems[J]. International Journal of Modern Physics C Physics & Computers, 2018, 29(08), 1-15.

[10] LEE W H, MICHELS K M, BONDY C A. Localization of insulin-like growth factor binding protein-2 messenger rna during postnatal brain development: correlation with insulin-like growth factors i and ii[J]. Neuroscience, 1993, 53(1): 251–265.

[11] CHVATAL V. Tough graphs and hamiltonian circuits[J]. Discrete Mathematics, 1973, 306(10–11): 910–917.

[12] BAREFOOT C A, ENTRINGER R C, SWART H C. Vulnerability in graphs—a comparative survey[N]. Journal of Combinatorial Mathematics and Combinatorial Computing, 1987, 1.

[13] COZZEN M, MOAZZAMI D, STUECKLE S. Seventh international conference on the theory and applications of graphs[C]. Springer Science & Business Media, 1995.

[14] JUNG H A. On a class of posets and the corresponding comparability graphs[J]. Journal of Combinatorial Theory, 1978, 24(2): 125–133.

[15] BASSALYGO L A, PINSKER M S. The complexity of an optimal non - blocking commutation scheme without reorganization[J]. Problems of Information Transmission, 1974, 9(1): 84–87.

[16] FIEDLER M. Algebraic connectivity of graphs[J]. Czechoslovak Mathematical Journal, 1973, 23(98): 298–305.

[17] FREEMAN L C. Centrality in social networks conceptual clarification[J]. Social Networks, 1978, 3(01): 215–239.

[18] HAGE P, HARAY F. Eccentricity and centrality in networks[J]. Social Networks, 1995, 17(1): 57–63.

[19] SABIDUSSI G. The centrality index of a graph[J]. Psychometrika, 1996, 31(4): 581–603.

[20] FREEMAN L C. A set of measures of centrality based on betweenness[J]. Sociometry, 1997, 40(1): 35–41.

[21] SHIMBEL A. Structural parameters of communication networks[J]. The bulletin of mathematical biophysics, 1953, 15(4): 501–507.

[22] SHAW M E. Group structure and the behavior of individuals in small groups[J]. The Journal of Psychology Interdisciplinary and Applied, 1954, 38(1): 139–149.

[23] BONACICH P. Factoring and weighting approaches to status scores and clique identification[J]. Journal of Mathematical Sociology, 1972, 2(1): 113–120.

[24] BRIN S, PAGE L. The anatomy of a large-scale hypertextual web search engine[J]. Computer Networks and ISDN Systems, 1998, 30(1-7): 107–117.

[25] FERRARO G D, MORENO A, MIN B, et al. Finding influential nodes for integration in brain networks using optimal percolation theory[J]. Nature Communications, 2018, 9(1): 2274.

[26] CHEN D B, LU L Y, SHANG M S, et al. Identifying influential nodes in complex networks[J]. Physica A Statistical Mechanics & Its Applications, 2012, 391, 1777–1787.

[27] LIU Y, TANG M, ZHOU T, et al. Identify influential spreaders in complex networks, the role of neighborhood[J]. Physica A, 2015, 452(15), 289–298.

[28] HUI Y, XI C, LIU Z, et al. Identifying key nodes based on improved structural holes in complex networks. Physica A: Statistical Mechanics and its Applications, 2017, 486, 318–327.

[29] ZHANG J X, CHAN D B, DONG Q, et al. Identifying a set of influential spreaders in complex networks[J]. Entific Reports, 2016, 6(01): 249–258.

[30] Ma Q, Ma J. Identifying and ranking influential spreaders in complex networks with consideration of spreading probability[J]. Physica, A. Statistical mechanics and its applications, 2017, 465: 312–330.

[31] LU L, CHEN D, REN X L, et al. Vital nodes identification in complex networks[J]. Physics Reports, 2016, 650: 1–63.

[32] LU L, ZHANG Y C, YEUNG C H, et al. Leaders in social networks, the delicious case[J]. Plos One, 2011, 6(6): e21202.

[33] MIN, BYUNGJOON. Identifying an influential spreader from a single seed in complex networks via a message-passing approach[J]. European Physical Journal B, 2018, 91(1): 18.

[34] LIU J G, LIN J H, GUO Q, et al. Locating influential nodes via dynamics-sensitive centrality[J]. Scientific Reports, 2016, 6: 032812–032812.

[35] ZHANG J, XU X K, LI P, et al. Node importance for dynamical process on networks: A multiscale characterization[J].2011, Chaos, 21(1): 47–49.

[36] GAO C, WEI D, HU Y, et al. A modified evidential methodology of identifying influential nodes in weighted networks[J]. Physica A Statistical Mechanics & Its Applications, 2013, 392(21): 5490–5500.

[37] Chen D B, Gao H, Lü L Y, et al. Identifying influential nodes in large-scale directed networks: the role of clustering[J]. PLoS One, 2013, 8(1): e77455.

[38] EIDSAA M, ALMAAS E. s-core network decomposition: a generalization of k-core analysis to weighted networks[J]. Physical Review E Statistical Nonlinear & Soft Matter Physics, 2013, 88(6): 062819.

[39] YANG Y, GUANG X, XIE J. Mining important nodes in directed weighted complex networks[J]. Discrete Dynamics in Nature and Society, 2017: 1–7.

[40] WRIGHT E, YOON S, FERREIRA A L, et al. The central role ofperipheral nodes in directed network dynamics[J]. Scientific Reports, 2019, 9(1): 1–11.

[41] WANG Y, GUO J L. Evaluation method of node importance in directed-weighted complex network based on multiple influence matrix[J]. Acta Physica Sinica, 2017, 66(5).

[42] 韩云炙. 网络空间关键资产识别方法研究 [D/OL]. 长沙: 国防科技大学, 2018.https://kns.cnki.net/KCMS/detail/detail.aspx?dbname=CMFD202101&filename=1020387128.nh

[43] CRUCITTI P, LATORA V, MARCHIORI M. A model for cascading failures in complex networks[J]. Physical Review E, 2004, 69(4): 045104.

[44] 吴俊，谭跃进，邓宏钟，等. 考虑级联失效的复杂负载网络节点重要度评 [J]. 小型微型计算机系统, 2007, 28(4): 627–630.

[45] 朱涛，常国岑，张水平，等. 基于复杂网络的指挥控制级联失效模型研究 [J]. 系统仿真学报, 2010, (08): 21–24, 2010.

[46] BUNDE A. Fractals and disordered systems[N]. Fractals and disordered systems, 1991.

[47] PARSHANI R, BULDYREV S V, HAVLN S. Critical effect of dependency groups on the function of networks[J]. Proceedings of the National Academy of Sciences, 2011, 108(3): 1007–1010.

[48] BASHAN A, PARSHANI R, HAVLIN S. Percolation in networks composed of connectivity and dependency links[J]. Physical Review E Statistical Nonlinear & Soft Matter Physics, 2011, 83(1): 051127.

[49] BULDYREW S V, PARSHANI R, PAUL G, et al. Catastrophic cascade of failures in interdependent networks[J]. Nature, 2010, 464(7291): 1025.

[50] GAO J, BULDYREW S V, STANLEY H E, et al. Networks formed from interdependent networks[J]. Nature Physics, 2012, 8(1): 40–48.

[51] NEWMAN M E. The structure of scientific collaboration networks[N]. Proceedings of the National Academy of Sciences of the United States of America, 2001.

[52] LESKOVEC J, KLEINBERG J, FALOUTSOS C. Graph evolution: Densification and shrinking diameters[J]. ACM Computing Surveys, 2006, 38(01): 2-es.

[53] KUNEGIS J. Hamsterster full network dataset—konect[EB/OL]. 2013.http://konect.cc/networks/petster-hamster/.

[54] GUIMERA R, DANON L, GUILERA A D, et al. Self-similar community structure in a network of human interactions[J]. Physical Review E, 2004, 68(6 Pt 2): 065103.

[55] BOGUNA M, PASTOR R, GUILERA A D, et al. Models of social networks based on social distance attachment[J]. Physical Review E, 2004, 70(5 Pt 2): 056122.

[56] SPRING N, MAHAJAN R, WETHERALL D, et al. Measuring isp topologies with rocketfuel[J]. In IEEE Press, 2004: 2–16.

第 5 章

网络中的信息传播

在网络信息传播领域，大多数研究框架设定信息从一些节点开始扩散，然后分析各类传播过程及网络结构对全局传播期望规模的影响，经典的模型包括传染病模型、创新扩散模型、线性阈值模型和独立级联模型等。近期 Durrett 等人[1] 将网络上的信息传播与网络结构自适应调整结合起来，探索自适应网络上的信息传播过程。其以二元选举者模型为例，网络上的每个节点持有观点 A 或 B，对于网络中的不稳定连接或活跃连接（Active Links）AB，两类动态性促使这类连接实现稳定：一是比对模仿（Pairwise Imitation），二是连接重连（Link Rewiring）。对于比对模仿，活跃连接两端任一节点模仿对方节点所持有的状态；对于连接重连，活跃连接两端任一节点断开当前连接，重新连接至网络其他节点。这两类方式都能够推动自适应网络达到冷却状态，即所有相邻节点都持有相同状态。需要指出的是，比对模仿和连接重连发生的相对速率对最终的网络形态有着十分重要的影响。假设连接重连发生速率为 α，那么比对模仿发生速率为 $1-\alpha$。对于重连速率为 0 的情形，即 $\alpha=0$，网络结构为固定的，两种观点在网络上不断演化，最终实现网络状态的归一化；对于重连速率为 1 的情形，即 $\alpha=1$，网络节点所持有的观点不再发生变化，活跃连接不断进行重连，直至相同状态的节点相互关联，而不同状态的节点彼此分割；当重连速率介于 0 与 1 之间时，两类动态性皆存在，且随着 α 的增长，网络逐步从状态归一转变为结构割裂。

上述研究的自适应选举者模型以通过模仿和重连实现状态演化和结构调整，是一种经典的社会学习形式，即观点不同则协商一致，否则一拍两散。在本章，我们将揭示随着重连速率 α 的调整，网络结构和状态所呈现的种种模式。首先，我们将探讨自适应网络演化的理论解析形式，以图的最小粘合勾勒图演化的一般场景。然后从多样化重连策略、中间状态引入和加权比对模仿三个方面分析自适应选举者模型的扩展形式。最后本章以当前主流的矩闭合微分方程为基础，提出了交接近似和双星近似方法来提升微分方程组的近似准确性。本研究刻画的网络动力系统可广泛应用于现实世界的竞争群体（例如不同种群、语言、文化和观点等之间的演化），其状态演化和结构调整深刻影响着网络稳定形态。

5.1 背景介绍

众所周知，网络上个体之间的局部交互，例如相邻节点的模仿行为，能够影响节点自身的状态，并且会导致大规模的全局涌现。为进一步理解网络上的动态过程，人们采用近似微分方程来求解系统演化的稳定状态。另外，基于 agent 的数值仿真也是一种用以理解网络微观和宏观形态的有效手段。相关研究 [2] 已经就网络上的动态过程呈现出众多奇妙现象和模型，为人们进一步探索网络动力学提供了很好的借鉴。在动态网络和网络上动态过程的研究基础上，最近人们逐渐意识到动态网络上的动态过程，即自适应网络（Adaptive Networks）的耦合动态性在自然界和社会上具有广泛的应用场景和研究价值 [3-6]，其中网络结构在节点状态演化中不断调整。众所周知，网络上的动态性聚焦于节点状态的演化，而网络动态性则关注通过重连、新增、移除等方式实现网络的结构调整。在现实世界中，这种耦合动态性高度依赖状态和结构的相互作用，展现了许多奇妙的涌现特性 [1,4,7]。本节中，我们将就两种主要的网络动态过程加以介绍，一种是传播动态现象，一种是群体动态行为，此外，我们将通过自适应选举者模型、自适应网络上的演化博弈和自适应智能体协同展示这种耦合动态性。

5.1.1 传播动力学

选举者模型（Voter Model）普遍用于刻画网络中观点或信息的动态流转过程。一般而言，网络上观点的动态变化过程体现在各种类型节点彼此竞争的随机过程中。选举者模型中，节点为各种策略的支持者，连接为选举者之间的交互关系，节点状态代表个体支持的相应策略、政策或观点，其随周围邻居的影响而变化。第一个选举者模型[8] 是由 Clifford 和 Sudbury 在 1973 年提出的，该模型描述了两类不同文化群体在特定区域内的相互竞争。随后，大量相关的研究开始兴起，以探索相互关联个体上的动态过程[9-12]。

正如大家所熟知的那样，群体模式，例如涌现、同步、分支等通常是由一系列的局部行为促成的。在现实世界中，我们能够发现大量与之相关的案例，例如信息的传播、谣言的扩散和同盟的形成。最近，人们通过探索二元选举者模型[13]、多数选举者模型[11,14]、Sznajd 模型[10]、临界选举者模型[15]、连续选举者模型[16] 等来研究网络上的观点传播。另外，大量相类似的模型也不断出现[17-19]，从公用信息、第三状态、长距离交互等方面出发揭示信息传播的机理。人们可通过 Castellano 等人[20] 综述获取更多关于动态社会的统计物理学内容。

一般而言，N 个节点的网络系统中，每个节点持有状态 $s_i \in \{A, B\}$，意味着两种不同的政见或观点策略。然后，节点的状态可能在与其相连个体的影响下发生变化，一些规则驱动这种状态演化过程直至到达一种稳定形态。下面，我们将就当前经典的选举者模型加以介绍。

1. 以节点为中心的选举者模型

选举者模型通常假定网络中的个体是意志不坚定的，其常受周围邻居的影响而改变自身状态。这类以节点为中心的选举者模型普遍遵循以下动态演化过程：

1）随机选择网络节点 i。

2）在 i 的邻居中，选择任意节点 $j \in NB(i)$ 作为 i 的模仿对象。

3）节点 i 更新自身状态：$s_i = s_j$。

4）重复上述过程，直到网络中所有的节点状态实现一致。

这类选举者模型依照如图 5-1所示的流程以一定的比例模仿相邻节点的状态。在有限连接的系统中，上述模型将收敛到两个稳态：全部为 A 或全部为 B。这种选举者模型与温度较低时的 Ising 模型十分类似，能够实现从混沌到有序的演变。随着时间的增长，网络中出现大块状态相同的团簇，即所谓的粗化过程[21]。

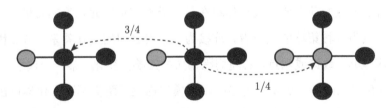

a）节点状态转变服从比例原则

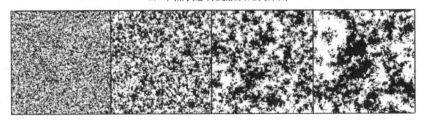

b）网络节点的粗化过程[22]

图 5-1　以节点为中心的选举者模型

选举者模型嵌入到各种复杂的网络结构中时，我们能够得到更加有趣的结果，包括一些相关的统计特性，例如某类状态节点的期望数量，活跃连接的期望数量以及网络达到一致的期望时间。

为解决上述问题，我们考虑网络度分布为 $p(k)$，那么一个节点的邻居度为 k 的概率可近似为 $kp(k)/\langle k \rangle$。假设度为 k 的群体中状态为 A 的节点密度为 ρ_k，那么一个持有状态为 A 的节点将其状态改变为 B 的概率为：

$$p_k(A \to B) = p(k)\rho_k \sum_{k'} \frac{k'p(k')}{\langle k \rangle}(1 - \rho_{k'}) \tag{5-1}$$

同样，一个持有状态为 B 的节点将其状态改变为 A 的概率为：

$$p_k(B \to A) = p(k)(1 - \rho_k) \sum_{k'} \frac{k'p(k')}{\langle k \rangle}\rho_{k'} \tag{5-2}$$

由此可知，ρ_k 的演化形式 [23] 可记为：

$$\frac{\mathrm{d}}{\mathrm{d}t}\rho_k = \frac{p_k(B \to A) - p_k(A \to B)}{p(k)} = \sum_{k'} \frac{k'p(k')}{\langle k \rangle}(\rho_{k'} - \rho_k) \tag{5-3}$$

其稳态为 $\rho_k = \sum_{k'} \frac{k'p(k')}{\langle k \rangle}\rho_{k'}$[12]。

此外，系统收敛到一致状态的时间可通过递归方程进行近似[23-24]，其中异质网络结构（较高的度方差）会比同质网络结构（较低的度方差）更容易达到状态一致[25]。

2. 以连接为中心的选举者模型

以连接为中心的选举者模型[26]关注于网络中边的改变。通常情况下，这类模型的动态过程遵循以下流程：每一时刻随机选择一条连接，然后使连接任意一端的节点模仿另一端节点的状态。在以节点为中心的模型中，连接 uv 被选择的概率为 $1/N(1/k_u+1/k_v)$，但是在以连接为中心的模型中其概率变为 $1/E$。各种节点和边的期望值演化形式为：

$$\frac{\mathrm{d}}{\mathrm{d}t}[A] = [AB] - [BA]$$

$$\frac{\mathrm{d}}{\mathrm{d}t}[AB] = -[AB] + [ABB] - [ABA] - [BA] + [BAA] - [BAB]$$

$$(5\text{-}4)$$

这里 $[AB] = [BA]$，且连接 $[AA]$ 由于对称性的缘故进行重复计数。上述模型的一般示意图如图 5-2所示。

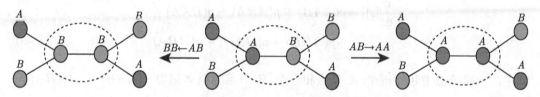

图 5-2　以连接为中心的选举者模型示意图

由此可见，节点 A 的期望值 $[A]$ 或节点 B 的期望值 $[B]$ 的微分方程等于 0，即意味着二者的期望值不变。然而，一些边的微分方程中包含一些三原组（如 ABA，ABB，BAB），这就造成了方程组的无法闭包。为解决这一问题，需要采用元组闭包的近似技术[27]。

3. 多数选举者模型

多数选举者模型是一种特殊的传播演化机制，它服从大多数规则[11,28]，即在一群关联个体中采取大多数个体所持有的状态。这种多数选举者模型（Majority Voter Model）与社会影响力如出一辙，如图 5-3所示。

下面我们考虑一个特殊情况，在混合均匀的网络中存在 N 个节点，节点与节点之间彼此相连，持有状态 A 的节点比例为 ϕ_0。每一时刻，假设选择 3 个节点为一组进行状态演化，那么形成 AAA 的条件有 $AAB \to AAA$、$ABA \to AAA$ 和 $BAA \to AAA$。同理，形成 BBB 的条件有：$ABB \to BBB$、$BAB \to BBB$ 和 $BBA \to BBB$。

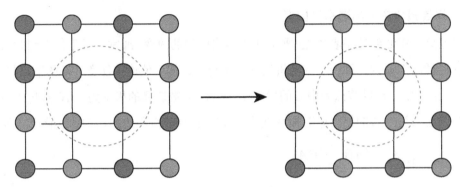

图 5-3　网格结构中的多数选举者模型示意图

关于持有状态 A 的节点数目期望值可通过微分方程获得：

$$\frac{\mathrm{d}}{\mathrm{d}t}[A] = p(AAB) + p(ABA) + p(BAA)$$
$$- p(ABB) - p(BAB) - p(BBA) \tag{5-5}$$

其中，一组节点中包含两个 A 节点和一个 B 节点的概率记为 $p(AAB) = p(ABA) = p(BAA) = [A]^2[B]/N^3$，同理一组节点包含一个 A 节点和两个 B 节点的概率为 $p(ABB) = p(BAB) = p(BBA) = [A][B]^2/N^3$。实现稳态时，$\mathrm{d}[A]/\mathrm{d}t = 0$，$A$ 节点的期望值为 $[A] = 0$ 或 $N/2$ 或 N。

到达稳态的收敛时间维度为 $\log N$[11]，其可通过如下递归方程获得：

$$T_n = \frac{[A]^2[B]}{N^3}(T_{n+1} + \delta t) + \frac{[A][B]^2}{N^3}(T_{n-1} + \delta t) + \left(1 - \frac{[A]^2[B] + [A][B]^2}{N^3}\right)(T_n + \delta t) \tag{5-6}$$

其中 T_n 表示持有状态 A 的节点数目为 n 时的收敛时间。

现实世界的网络结构复杂多样，因此人们无法通过平均场理论求解网络演化的稳定状态和收敛时间。基于此，我们需要构建更为复杂的变量模体刻画结构复杂的网络形态，如何将这些变量模体进行近似实现方程组的闭包是其中最大的难题。另外，一些研究[29]将上述模型进行了调整，在每一时刻随机选取一个节点基于多数邻居的状态进行更新，可视作节点中心和大多数原则的结合体。

4. Sznajd 模型

Sznajd 模型 [10,30] 刻画了"合则存，分则亡"的动态性，其中节点状态的改变不仅与自身邻居状态有关，还与邻居的邻居所持有的状态相关。Sznajd 模型涉及以下两项规则：

- 一致则同（Social Validation）：如果两个相邻节点状态相同，那么其会感染其他相邻节点采取与其相同的状态：$XAAY \rightarrow AAAA$、$XBBY \rightarrow BBBB$，这里 $X, Y \in \{A, B\}$。
- 相异则分（Discord Destruction）：如果两个相邻节点状态相异，那么会造成其他相邻节点的不一致：$XABY \rightarrow BABA$、$XBAY \rightarrow ABAB$，这里 $X, Y \in \{A, B\}$。

上述两项规则可通过图 5-4进行形象描绘，在每一时刻选取一串相连的四元组进行状态调整，最终网络的稳定状态有三种：（1）所有节点状态为 A；（2）所有节点状态为 B；（3）A 和 B 交替呈现。

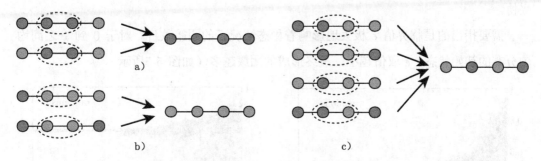

图 5-4　Sznajd 模型示意图，a、b 代表一致则同的规则，c 代表相异则分的规则

除此之外，人们基于上述模型进行了有益的扩展，设计了不同的更新机制。例如，相异状态交替呈现的稳态可变为局部有序的形式 [31]。在该模型中，如果存在两个状态相异的相邻节点，那么其将分别模仿其他与其相邻节点的状态，使得每个节点至少有一个状态相同的邻居。这种演化机制为：$XABY \rightarrow XXYY$ 或 $XBAY \rightarrow XXYY$，其中 $X, Y \in \{A, B\}$。在稳定状态，系统呈现所有节点状态为 A 或 B 的"磁铁"特性。

5. Deffuant 模型

有界置信模型[20]（Confidence Model）通常用于刻画连续状态的观点动态性。起始条件下，节点的状态为某一取值范围内的任意实数，随后选取两个相邻的节点进行策略的综合，综合的条件是当且仅当二者的状态差异小于某临界值 ϵ，最终网络形成多个状态相近的团簇。经典的有界置信模型为 Deffuant 模型[16]。

Deffuant 模型定义节点 i 在时刻 t 的状态为 $s_i(t)$，每一时刻选取一对相邻节点 i 和 j 进行状态综合。如果 $|s_i(t) - s_j(t)| \geqslant \epsilon$，那么二者状态不发生变化；反之如果 $|s_i(t) - s_j(t)| < \epsilon$，二者状态更新如下：

$$s_i(t+1) = s_i(t) + \mu[s_j(t) - s_i(t)]$$
$$s_j(t+1) = s_j(t) + \mu[s_i(t) - s_j(t)]$$

$$(5\text{-}7)$$

其中 $\mu \in [0, 0.5]$ 为折中率。这种情况下，$s_i(t+1) + s_j(t+1) = s_i(t) + s_j(t)$，但是二者之间的差距在缩小，即 $|s_i(t+1) - s_j(t+1)| \leqslant |s_i(t) - s_j(t)|$，意味着经过斗争之后的妥协。

需要指出的是临界值 ϵ 极大地影响着稳态情况下的团簇数目。对于 0 到 1 之间均匀分布的初始状态，ϵ 取值越小，最终形成的团簇越多（如图 5-5所示）。

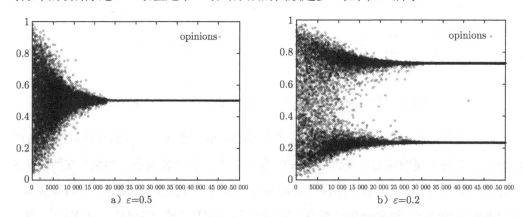

a) $\varepsilon = 0.5$ b) $\varepsilon = 0.2$

图 5-5　Deffuant 模型在 $\epsilon = 0.5$ 和 $\epsilon = 0.2$ 时的演化过程

如果临界值 ϵ 确定时，具有一定网络结构的群体将比完全混合均匀的群体具有更多的团簇[20]。这种现象是由网络结构的约束造成的，其导致相距较远的节点不能进行状态综合，这样就在稳定条件下形成了较多具有一致或相似状态的团簇。

6. Axelrod 模型

上述模型普遍设定网络上每个节点在同一时刻只持有一种状态，但是现实世界中往往会同时拥有多个不同的状态。为刻画这种多状态条件下的网络动力学问题，人们将状态变量通过向量的形式进行描述。经典的 Axelrod 模型 [32] 就是其中一种方法，其通过状态向量刻画文化在网络中的融合过程，期间伴随着文化的同化和多样性保持。文化的同化意味着多种文化状态收敛到一种单一状态，而文化多样性则表示有多种文化共存。这种模型有效揭示了现实世界中语言、艺术、科学等的演变历程。

具体而言，我们将网络节点的状态通过一组离散数值的向量进行表示，即 $\sigma = \{\sigma_1, \sigma_2, \cdots, \sigma_F\}$，向量中每一个特征都有 q 个选项可供选择，即 $\sigma_f \in \{t_1^f, t_2^f, \cdots, t_q^f\}$。对于任意两个相邻的节点 i 和 j，其相应的状态记为 $\sigma(i)$ 和 $\sigma(j)$，那么二者的相似项可通过如下公式求得：

$$s_{ij} = \frac{1}{F} \sum_{f=1}^{F} \delta_{\sigma_f(i), \sigma_f(j)} \tag{5-8}$$

其中 δ 是 Kronecker 方程，如果 $x = y$，那么 $\delta_{x,y} = 1$，否则 $\delta_{x,y} = 0$。同理，节点 i 和 j 的差异可由 $d_{ij} = 1 - s_{ij}$ 求得。

Axelrod 模型及其相关的扩展 [20,32] 普遍遵循着以下两项原则 [33]：

- 彼此状态相类似的个体越发容易产生关联。
- 联系紧密的个体越发增加彼此的相似程度。

每一时刻，随机选取一对相邻的网络节点 i 和 j，二者以概率 s_{ij} 进行交互，并将彼此不一致的特征 $\sigma_f(i) \neq \sigma_f(j)$ 实现一致化 $\sigma_f(i) = \sigma_f(j)$。上述动态性持续进行，直至获得下列稳态：（1）相邻节点具有相同的状态（$s_{ij} = 1$）；（2）相邻的节点状态完全不同（$s_{ij} = 0$）。网络整体可能呈现多个冻结区域，每个区域内节点状态完全相同，相邻的区域节点状态完全不同。

图 5-6 描绘了在一个 3×3 的网格中，网络节点的状态为二元特征向量（$F = 2$），每个特征都有两个选项（$q = 2$）。三个子图分别显示：图 5-6a 所有节点具有相同的状态 $(0,1)$；图 5-6b 部分区域状态为 $(0,1)$，部分区域状态为 $(1,0)$，二者相连的节点状态完全不同；图 5-6c 所有节点具有相同的状态 $(1,0)$。

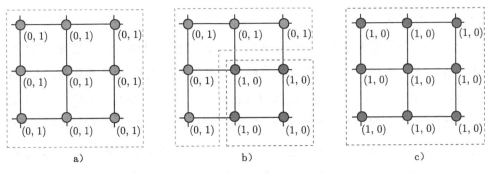

图 5-6   Axelrod 模型的稳定状态

在一个有限规模（大小为 L^2）的网格中，网络节点的初始状态服从随机分布，执行上述所述的动态性直至网络达到稳定状态，通过调节参数 L，F 和 q 的大小，人们[33] 发现当 q 和 F 的值越小时，网络越容易出现大块的冻结区域和全局的一致性收敛。

5.1.2   群体动力学

近些年来，演化群体[34] 在生物、生态、统计物理、计算机科学等领域越来越引起人们的关注。特别是一些演化群体由于外在或内在因素的作用，其群体组成随时间变化呈现动态涌现特征，相关的动态特性可在经典的自然选择、遗传变异、基因漂变中体现[35]。在本节，我们将介绍相关的群体演化模型及其动态特性。

1. Wright-Fisher 模型

Wright-Fisher 模型[36-37] 描述了一组群体随机演化的过程。在该模型中，群体规模有限固定，大小为 N，每个个体视作一个包含两个等位基因（A 和 B）的二倍体，因此个体状态空间为 $\{AA, AB, BA, BB\}$。在该模型中，所有个体具有相同且固定的生命周期，新生个体从前一代种群中随机均匀选取基因信息。

记 $[A]_t$ 为基因 A 在时刻 t 的数目，$[B]_t$ 为基因 B 在时刻 t 的数目，于是有 $[A]_t + [B]_t = 2N$。在 Wright-Fisher 模型框架下，$[A]_t$ 将最终演化至稳定状态：$[A]_t = 0$ 或 $[A]_t = 2N$。给定二者的初始状态 $[A]_0$ 和 $[B]_0$，稳态 $[A]_t = 2N$ 的固化概率（Fixation Probability）是 $[A]_0/2N$。对于给定种群前一状态 $[A]_t$，后继状态 $[A]_{t+1}$ 将服从二项分

布，下一代中任何基因位选择 A 的概率为 $[A]_t/2N$，选择 B 的概率为 $[B]_t/2N$。因此，在 $t+1$ 时刻基因 A 的期望数目为 $\mathbb{E}([A]_{t+1}) = [A]_t$。

在这一框架下，人们进一步探索了更为复杂的情形，例如变化的种群规模、动态调整的交互结构以及有偏差的群体选择，更多相关细节详见参考文献 [38,39]。

2. Moran 过程

Moran 过程 [40-41] 可被视为慢节奏的 Wright-Fisher 模型，不同于 Wright-Fisher 模型中所有个体在相邻时刻都进行状态更新，Moran 过程采取了新生–死亡（birth-death）机制对群体组成进行更新，也就是说在每一时刻一个新生个体取代一个已有个体。照此进行，群体的规模保持固定，每一时刻某特定状态群体的变化量为 −1、0 或 1，这样一来便于人们进行数学计算，但是通常会需要较长时间实现稳态。

让我们考虑一个数量为 N 的群体，每个个体拥有状态 A 或 B。在中性漂变作用下，每一时刻随机选取一个个体进行复制并随机选取一个个体从群体中移除，如图 5-7所示。在没有变异的条件下，新生个体采取与父代相同的状态，反之当变异发生时，新生个体采取与父代相异的状态。这一模型为人们提供了演化群体的一般化框架，即包括复制、选择、遗传、变异等 [42]。

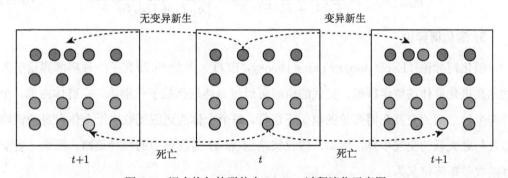

图 5-7　混合均匀的群体中 Moran 过程演化示意图

在混合均匀的群体中，记 $[A]_t$ 和 $[B]_t$ 分别为个体 A 和 B 在时刻 t 的数量，其演化动态性主要由两方面因素决定，一是变异，二是选择。

（1）个体变异

在变异条件下，新生个体以概率 μ 采取与父代相异的状态。变异是维持种群多样性的有效手段，但是变异也导致群体无法实现冻结状态（frozen state）。在混合均匀的群体中，从状态 $[A]_t = i$ 到状态 $[A]_{t+1} = j$ 的转移概率 $p_{i,j}$ 可记为：

$$
\begin{aligned}
p_{i,j} &= (1-\mu)(N-i)i/N^2 + \mu i^2/N^2 & 0 < i \leqslant N, j = i-1 \\
p_{i,j} &= 1 - 2(N-i)i/N^2 - \mu(N-2i)^2/N^2 & 0 \leqslant i \leqslant N, j = i \\
p_{i,j} &= (1-\mu)(N-i)i/N^2 + \mu(N-i)^2/N^2 & 0 \leqslant i < N, j = i+1
\end{aligned}
\tag{5-9}
$$

（2）个体选择

至于选择个体进行复制，通常需要考虑父代的适应度，一般而言，适应度较大的个体越易被选择。至于如何选择个体进行移出，人们通常采用随机选择的方法。假设所有持有状态 A 的个体拥有相同的适应度 f_A，那么其和为 $F_t(A) = [A]_t f_A$；对于持有状态 B 的个体，其适应度之和为 $F_t(B) = [B]_t f_B$。在混合均匀的群体中，若没有变异发生，选择个体 A 进行复制且选择 B 进行移除的概率记为：

$$
p_{[A]_t, [A]_{t+1}} = \frac{F_t(A)}{F_t(A) + F_t(B)} \frac{[B]_t}{N} = \frac{[A]_t f_A}{[A]_t f_A + [B]_t f_B} \frac{[B]_t}{N}
\tag{5-10}
$$

与之相反，选择个体 B 进行复制且选择 A 进行移除的概率记为：

$$
p_{[A]_t, [A]_{t-1}} = \frac{F_t(B)}{F_t(A) + F_t(B)} \frac{[A]_t}{N} = \frac{[B]_t f_B}{[A]_t f_A + [B]_t f_B} \frac{[A]_t}{N}
\tag{5-11}
$$

3. 演化博弈论

演化博弈论（Evolutionary game theory，EGT）[34,43-44] 研究了一种将博弈论引入达尔文进化群体的数学框架。父代的策略可通过自然选择被子代继承。在群体内部，个体与个体之间的交互在博弈论的框架下进行，每个个体的适应度取决于个体自身的策略以及与之关联的交互个体。例如，假设策略 A 和 B 为群体中的两种策略，那么二者交互的收益矩阵定义为：

$$
\boldsymbol{\Pi} = \begin{array}{c} \\ A \\ B \end{array} \overset{\begin{array}{cc} A & B \end{array}}{\begin{pmatrix} R & S \\ T & P \end{pmatrix}}
\tag{5-12}
$$

基于此，某个体的收益记为 $\pi_i = \sum_{j \in NB(i)} \boldsymbol{\Pi}(s_i, s_j)$。在混合均匀的群体中，持有相同策略的个体收益相同。

在上述收益矩阵中，变换四个参数的相对大小，人们能够获得不同的博弈场景[45]，包括囚徒困境（Prisoner's Dilemma，PD）（当 $T > R > P > S$ 时），猎鹿博弈（Stag-Hunt game，SH）（当 $R > T > P > S$ 时），雪堆博弈（Snowdrift Game，SG）（当 $T > R > S > P$ 时）和协作博弈（Coordinate Game，CG）（当 $R \simeq P > S \simeq T$ 时）。其中，囚徒困境被人们广泛研究，其刻画了个体收益与集体收益之间的矛盾，即对抗（defection）策略是个体的最优选择，而合作（cooperation）却能带来整体利益的最大化[34]。在大多数情况下，合作策略无法在自然选择的条件下胜出，但是 Nowak 等人[46]指出一些特殊的机制（例如间接回报、结构调整和群体选择等）能够促进合作策略在演化群体中的优势地位。

将博弈论引入演化群体，网络的动态性聚焦于竞争个体的策略生存和扩张能力。一种成功的策略往往能够在群体中占据主导地位[47]。一般而言，群体动态性可通过离散或连续的方式进行刻画，其中适应度较高的个体具有较大的概率产生新生个体。也就是说，前面提到的 Moran 过程就是一种典型的群体演化离散动态过程。至于连续更新机制，人们往往通过复制方程进行刻画[48]，具体形式如下：

$$\dot{\rho}_A = \rho_A[f_A - (\rho_A f_A + \rho_B f_B)] \tag{5-13}$$

这里 $\rho_A = [A]/N$ 为状态 A 的密度，f_A 为相应的适应度。群体演化的稳定状态（ESS）定义为各种类型的个体保持在一定数量上。

演化博弈模型的一般化框架可由图 5-8表示，其中个体的适应度取决于交互博弈环境，群体组成根据复制动态性进行更新。

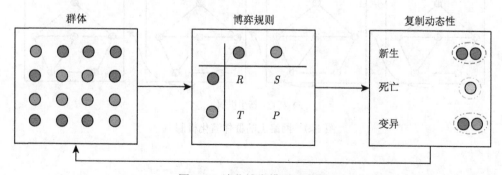

图 5-8　演化博弈模型示意图

4. 网络上的演化群体

上述模型介绍了混合均匀条件下的群体演化，当群体嵌入到具有一定结构的网络中时，每个个体只与相邻的个体交互并产生相应的收益，此时我们就需要考虑网络结构对群体演化的影响。1992 年，Nowak 等人 [49] 展示了在网格交互条件下的群体演化博弈，其发现了在稳定状态下合作和对抗的共存现象。从那时起，大量研究揭示了网络上的群体演化模型以及相应的动态性 [50-52]。

对于静态网络上的演化群体，个体 i 的收益 π_i 取决于相邻的网络配置和交互收益矩阵 $\boldsymbol{\Pi}$。更进一步来说，个体的适应度取决于个体的收益和选择环境，例如 $f_i = (1+\delta)^{\pi_i}$，其中 δ 为选择强度。当 $\delta \to 0$ 时，个体处于弱选择条件下，所有的个体可被均匀地选取进行状态复制；当 δ 取值较大时，具有较大收益的个体具有更高的概率被选取进行状态复制。

静态网络中的演化群体可由三种典型的动态机制进行刻画 [53-55]，包括死亡–新生机制、新生–死亡机制和比对模仿机制。在死亡–新生机制中，随机选取一个个体进行移除，留下一个空余的位置，随后与其相邻的个体以正比于其适应度的概率竞争这一空余位置。在新生–死亡机制中，每个个体以正比于其适应度的概率被选取进行状态复制，随后其任一邻居将被代替。在比对模仿机制中，一对相邻的节点彼此相互竞争，二者以正比于其适应度的概率让对方模仿其状态。基于上述规则，我们提供了示意图 5-9 刻画网络上的动态演化过程。

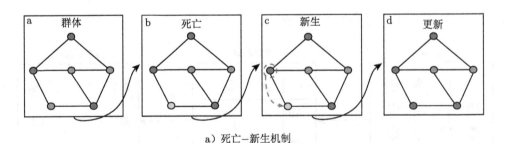

a）死亡–新生机制

图 5-9　网络上的群体演化机制

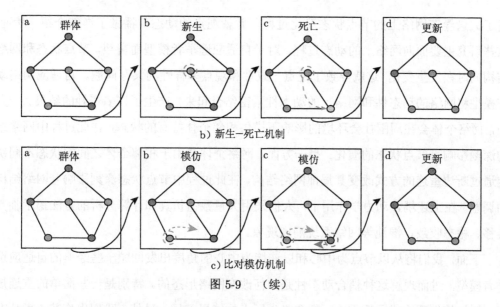

b) 新生-死亡机制

c) 比对模仿机制

图 5-9 （续）

对于一个简化的囚徒困境案例，交互收益矩阵如下：

$$\boldsymbol{\Pi} = \begin{matrix} & C & D \\ C & \\ D & \end{matrix}\begin{pmatrix} R & S \\ T & P \end{pmatrix} = \begin{matrix} & C & D \\ C & \\ D & \end{matrix}\begin{pmatrix} b-c & -c \\ b & 0 \end{pmatrix} \tag{5-14}$$

其中 C 为合作策略，D 为对抗策略，b 是利他交互行为的收益，c 为相应的代价。对抗行为不付出任何代价，而攫取相应的收益。Ohtsuki 等人[54] 针对网络上的囚徒困境模型，在各种网络结构上（包括环、网格、随机图、无标度网络等）提出了简单的演化机制，发现合作的固化概率在 $b/c > \langle k \rangle$ 时能够得到较大的提升，并且揭示了网络潜在结构对合作演化的影响。

利用式 (5-14) 所示的交互收益矩阵，Tarnita 等人[56] 提出了一般化的结构性系数 σ，他们指出在弱选择环境下合作策略能够胜出的条件是：

$$\sigma R + S > T + \sigma P \tag{5-15}$$

进一步分析，他们发现 $\sigma = \langle [D][CC] \rangle / \langle [D][CD] \rangle$ 能够通过长期的数值仿真计算求得，并阐明了这个结构性系数高度依赖网络结构及其一般的表现形式。

5.1.3 自适应选举者模型

首先让我们从一个关于自适应网络上观点动态性的经典模型说起，之前内容已经描述了大量静态网络上的节点状态演化过程，并就观点的动态传播做了详细介绍。然而，这些研究主要面向网络上的动态过程，对于自适应选举者模型而言[4]，节点状态和网络结构同时在发生变化，这就导致了观点一致性和观点多样性的共存问题。自适应网络动态模型将网络的动态性和网络上的动态性紧密结合起来，产生了许多奇妙的结果。一方面，网络个体会在周围社会环境的影响下模仿相邻个体持有的状态，在此过程中网络结构深刻影响着节点状态的演化；另一方面，网络个体会由于相邻个体之间的状态不同决定通过断边重连的方式改变其局部网络结构，在此过程中节点状态深刻影响着网络结构的调整。在上述耦合动力学作用下，人们采用大量数值仿真和计算分析的方法揭示临界转移、稳态收敛、混沌等网络系统涌现现象。

下面，我们将从以节点为中心和以连接为中心的角度出发回顾一些经典的自适应选举者模型，进而理解这种耦合动态性是如何改变网络形态的。特别是一些简单的重连规则，例如随机重连或同质重连，都会产生巨大的结果差异。另外，我们也将基于微分方程就网络演化的理论解析进行阐述。

1. 以节点为中心的自适应选举者模型

以节点为中心的自适应选举者模型面向个体节点进行状态改变和结构调整，这类模型可追溯至 Holme、Newman 等人[4] 于 2006 年提出的多观点演化模型，通过连接重构系数 α 的变化，网络形态呈现由多样性到归一性的变迁。

一般而言，这类模型所在的网络节点规模（N）和连接数量（E）都是固定的。网络中存在 m 种不同的观点，均匀分布于其中。假设个体 i 的状态为 s_i，即 m 种观点之一，那么自适应选举者模型的演化过程如下所示（图 5-10），直至网络达到稳态（任意相邻节点状态一致）。

1）随机选取节点 i。

2）以概率 α，节点 i 随机断开邻居 j 并与持有相同状态的随机节点 k 相连。

3）以概率 $1-\alpha$，节点 i 随机选取一邻居节点 j 并改变状态与其相同，即 $s_i = s_j$。

需要特别指出的是，重连系数 α 的大小决定着稳定状态下网络的一致性和多样性。当 α 取值较大时，重连时间愈发频繁，大部分状态得以保留。然而，当 α 取值较小时，同一状态模块的规模越大，其网络保留的状态数量越小。当 $\alpha \to 0$ 时，同一状态模块

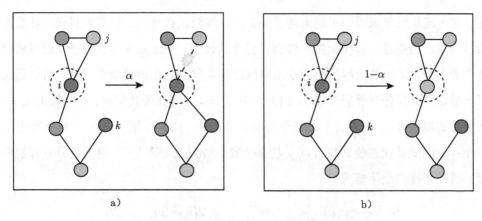

图 5-10 以节点为中心的自适应选举者模型示意图

的规模趋近于 N。假设网络节点规模 $N = 3200$，连接数量 $E = 6400$，起始条件下 $m = 320$ 种状态随机均匀分布于网络各个节点。稳定状态下，$P(s)$ 记为规模为 s 的同一状态模块的比例，当重连系数分别为 $\alpha = 0.04$、$\alpha = 0.458$ 和 $\alpha = 0.96$ 时，网络分布如图 5-11[4] 所示，其中重构系数较小时，存在一个巨型同一状态模块，而重构系数较大时，同一状态模块数量众多，每个模块规模较小。

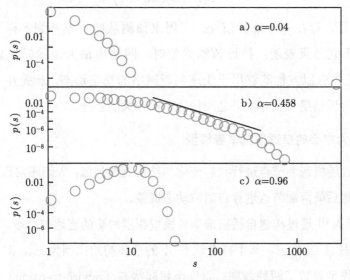

图 5-11 稳态条件下同一状态模块分布图

由此可见，在重连系数作用下的自适应动态性呈现了从多样化状态到归一化状态的变迁。这一现象近年来吸引了越来越多的关注，涉及统计物理、计算机科学、社交网络等诸多领域。为更进一步探索归一性到多样性的转变，Vazquez 等人 [57-58] 通过研究二元选举者模型，采用理论解析的方法求解网络稳定状态。在该模型中，每一时刻随机选取任一节点 i 及其任一邻居节点 j：（1）如果 $s_i = s_j$，那么维持原状；（2）如果 $s_i \neq s_j$，那么节点 i 以概率 α 从节点 j 重连至同状态节点 k；（3）如果 $s_i \neq s_j$，那么节点 i 以概率 $1 - \alpha$ 改变其状态使其与节点 j 状态一致。Vazquez 等人 [57] 通过微分方程的形式刻画了活跃连接的变化情况：

$$\frac{\mathrm{d}\rho}{\mathrm{d}t} = \sum_k \frac{p(k)}{1/N} \sum_{n=0}^{k} B_{n,k} \frac{n}{k} \left[(1-\alpha)\frac{2(k-2n)}{\langle k \rangle N} - \frac{2\alpha}{\langle k \rangle N} \right]$$
$$= \sum_k \frac{2p(k)}{\langle k \rangle k} \left[(1-\alpha)(k\langle n \rangle_k - 2\langle n^2 \rangle_k) - \alpha\langle n \rangle_k \right] \tag{5-16}$$

其中 $p(k)$ 是节点度为 k 的概率，$\langle k \rangle$ 为网络平均度，$B_{n,k}$ 为度为 k 节点拥有 n 条活跃连接的概率，服从二项分布。在稳定状态下，$\mathrm{d}\rho/\mathrm{d}t = 0$，可得活跃连接的密度：

$$\rho = \frac{(1-\alpha)(\langle k \rangle - 1) - 1}{2(1-\alpha)(\langle k \rangle - 1)} \tag{5-17}$$

需注意的是，存在一个临界值 α_c 可用来预测从归一形态到多样形态的临界转移 [57]。一些研究结果表明，接近该临界值时，网络中最大团簇模块规模会急剧下降 [57]。尽管这些近似方程能够用于快速判断网络的稳定形态，但是由于各种连接之间的相关性，解析结果与实际结果之间往往存在较大的差异。

2. 以连接为中心的自适应选举者模型

与上述通过随机选取节点进行状态变化和结构调整类似，人们还常通过随机选取网络连接（边）然后就两端节点进行自适应动态调整。

Durrett 等人 [1] 通过构建自适应选举者模型探索网络的连通与分裂。该模型中，每个节点持有状态 A 或者 B，其中持有状态 A 的个体初始比例为 ϕ_0。对于活跃连接的重连策略，该模型设置了两种规则：重连至相同状态（rewire-to-same）和重连至随机节点（rewire-to-random）。上述自适应模型执行过程如下：

1）随机选取一条活跃连接，该连接两端节点为 i 和 j，且所持状态相异 $s_i \neq s_j$。

2）以概率 $1-\alpha$，随机选取任一端点采用另一端点的状态进行模仿。

3）以概率 α，通过 rewire-to-same 或 rewire-to-random 的方式将该连接进行重连。

其中 α 记为重连概率。随着 α 的增长，网络系统由状态一致到相互连通向状态多样再到分裂成簇转变。当 $\alpha = 0$ 时，网络只进行模仿，最终形成全局性的状态一致。当 $\alpha = 1$ 时，网络只进行重连，各种状态都得以保留，但是网络分裂成多个团簇。稳定状态下，最终少数状态个体（$\min\{[A],[B]\}/N$）的比例如图 5-12所示[1]。对于 rewire-to-same 策略，存在由一致到分裂的临界系数 $\alpha_c \approx 0.43$，适用于各种变化的 ϕ_0 初始值。当 $\alpha \leqslant \alpha_c$ 时，最终少数状态个体规模趋近于 0。当 $\alpha > \alpha_c$ 时，最终少数状态个体规模与初始少数状态个体规模保持一致。然而对于 rewire-to-random 策略，由一致到分裂的状态临界值依赖初始少数个体的规模。

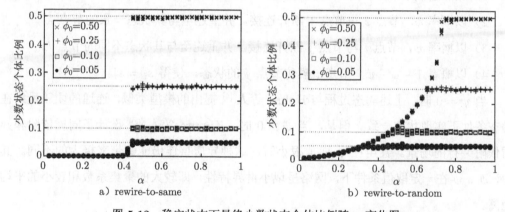

图 5-12　稳定状态下最终少数状态个体比例随 α 变化图

另外，Durrett 等人[1] 还进一步尝试通过解析计算的形式刻画上述自适应动态性，包括偶对近似方法和近似主方程方法。

对于有向图上的自适应选举者模型[59]，人们通过固定节点出度，改变节点入度，实现网络的自适应调整。上述过程执行步骤如下：

1）随机选取连接 $i \to j$。

2）如果 $s_i = s_j$，维持原状。

3）如果 $s_i \neq s_j$，以概率 α，节点 i 重连该连接 $i \to j$ 到一个持有相同状态的随机

节点 k。

4）如果 $s_i \neq s_j$，以概率 $1 - \alpha$，节点 i 模仿 j 的状态，$s_i = s_j$。

为进一步揭示有向图对自适应动态性的影响，Zschaler 等人比较了数值仿真结果与理论解析结果的差异[59]，结果显示如果网络呈现无标度网络特征，网络度分布相关性增强，二者差异将进一步增大。

3. 其他相关模型

上述模型与结果表明，网络状态的一致性来源于持有相同状态连接的保持，即通过同质依附（Homophily Attachment）选择重连至状态一致的个体。然而在现实世界里，人们发现异质依附（Heterophily Attachment）现象同样大量存在，例如与不同社区建立连接。为揭示不同的重连策略对自适应动态性的影响，Kimura 等人[60] 提出了如下模型：

1）随即选取节点 i，然后再随即选择一邻居节点 j。

2）以概率 ϕ，节点 i 与节点 j 断开连接，并重连至与其状态一致的节点 k。

3）以概率 ψ，节点 i 与节点 j 断开连接，并重连至与其状态不同的节点 l。

4）以概率 $1 - \phi - \psi$，节点 i 模仿节点 j 的状态，使得 $s_i = s_j$。

当 $\psi = 0$ 时，上述动态过程与 Holme 等人[4] 提出的模型类似，连通的团簇最终在稳态条件下实现状态一致。但是，当 $\psi > 0$ 时，Kimura 等人[60] 设计了同质依附和异质依附并行的场景。甚至在 ψ 取值很小时，这种异质重连仍能够带来极大的不同。其中，ϕ、ψ 在一定取值条件下，网络呈现小世界特性，即较大的聚集系数和较小的平均距离。

在大多数情况下，网络节点状态的动态性变化是由邻居作用影响的。基于这一因素，一些学者[61-63] 建立模型令网络节点在状态演化过程中模仿大多数邻居所持有的状态，获得了比较有趣的结果。稳态条件下，除了网络状态一致，还有可能存在多个状态并存的情形，其中一些活跃连接得以保留。考虑到上述背景，伏锋等人[63] 研究了 MPMA（Majority-Preference And Minority-Avoidance）的方法刻画网络的自适应动态性，其动态过程如下：

1）随机选取一节点 i。

2）以概率 p，节点 i 模仿大多数邻居所持有的状态。

3) 以概率 $1-p$，节点 i 随机选取一持有少数状态的邻居断开连接，然后以概率 ϕ 与邻居的邻居中任一持有相同状态的节点建立连接，以概率 $1-\phi$ 与网络中任一节点建立连接。

该模型通过变化重连概率展示了涵盖状态多样性和全局一致性的网络特征[63]。另外，与参考文献 [4,57] 的研究类似，该模型还存在由多种状态共存到单一状态主导变迁的临界转移。

近期，越来越多的研究 [24,64-65] 开始关注这种结构和状态的耦合动态过程，人们通过数值仿真和近似解析的手段揭示局部行为带来的涌现特性。

5.1.4　自适应群体博弈模型

在网络上彼此交互的一组个体，其往往拥有特定的属性（例如权重、收益、适应度等）用以刻画其对相邻节点的影响力。在本节，我们将介绍自适应网络上的群体博弈过程，期间仍伴随着个体状态的演化和网络结构的调整。

以经典的囚徒困境（Prisoner's Dilemma）为例，合作 C 和对抗 D 是网络中个体所持有的两种策略，交互收益矩阵 $\boldsymbol{\Pi}$ 刻画了这两种策略对应的收益。在这种特定博弈环境中，收益矩阵的参数服从 $T > R > P > S$，意味着个体更加倾向于采取对抗策略。因此，在稳定状态下，对抗将是博弈群体的主导策略最终到达纳什均衡（Nash Equilibrium）。然而，对于整个群体而言，合作策略能够带来整体收益的最大化（图 5-13）。因此，如何促使合作策略在个体趋利的群体中成为主导策略是一项非常有意义的研究课题。

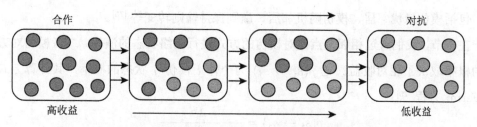

图 5-13　囚徒困境中个体最优策略和群体最优策略示意图

近期，众多研究开始关注动态网络上的合作演化问题[66]，通过状态演化和结构调整使合作策略能够在结构性群体中成为主导。在结构动态调整的网络中，基于状态偏好的调整策略能够断开不利连接（与对抗节点相邻）而重连至有利节点（与合作节点相邻），从而促使合作团簇的形成。一些学者[67]将这种自适应网络上的策略演化过程通过微分方程进行刻画，相关结构指出脆弱的 CD 连接和鲁棒的 CC 连接能够有效促使合作策略的增长。Santos 等人[68]研究了众多影响合作演化的因素，其指出重连作用[69]、预先信号[70]、选择强度等都能够促进网络趋向多样性，进而推动合作策略成为主导。伏锋等人[71]提出了基于信誉的自适应调整策略增强合作的扩散，在该模型中个体通过断开低信誉节点、连接高信誉节点实现局部结构的调整。Poncela 等人[72]提出了网络增长模型来促使合作策略的扩散。Szolnoki 等人[73-74]提出通过让成功个体建立新的连接实现其策略的传播，进而推动合作的扩散。

在本节，我们将从比对模仿和自然选择两个角度回顾自适应网络群体中的博弈模型。其中，在比对模仿模型中，个体状态和结构的调整都是基于相邻节点的直接交互，这类模型和选举者模型比较类似。在自然选择模型中，个体状态的扩散是在达尔文机制下进行复制和消亡（例如 Moran 过程），在该过程中个体复制的概率往往取决于该个体在群体中的适应度。

1. 比对模仿

在囚徒困境中给定一结构性群体，假设初始条件下合作策略和对抗策略以相同的概率被个体采用。相邻个体 i 与 j 模仿对方策略的概率取决于各自的收益 π_i 和 π_j。如之前收益计算方式，个体 i 的收益记为 $\pi_i = \sum_{j \in NB(i)} \boldsymbol{\Pi}(s_i, s_j)$，其中 $\boldsymbol{\Pi}$ 为交互收益矩阵，$s_i \in \{C, D\}$ 为个体 i 的状态。一些确定性或随机性的机制用于群体状态的演化过程，包括模仿最优邻居、模仿随机邻居、赢则保持输则转变等[75]。

在本节，我们通过相邻节点比对模仿的方式进行网络状态的演化，二者模仿对方状态的概率取决于相对收益。记 $p(s_i \rightarrow s_j)$ 为个体 i 模仿 j 状态的概率，其计算方式采用 Fermi 方程[76]：

$$p(s_i \rightarrow s_j) = \frac{1}{1 + e^{-\beta(\pi_j - \pi_i)}} \qquad (5\text{-}18)$$

这里 $\beta > 0$ 表示选择强度，当 β 取值较小时，意味着弱选择，随机模仿趋势越强；当 β 取值越大时，收益越大个体越容易被对方模仿。

对于网络结构的动态性，Perc 等人总结了大量能够影响合作演化的方法，包括空间交互、群体增长、教导行为、个体流动等 [77]。一般而言，网络结构调整往往关注于如何处理相同或不同策略节点之间的连接，以及是否需要断开或保持当前连接。由于 DD 连接对两端节点都是不利的，因此极度不稳定，通常会被断开。对于 CD 连接，其易被一端的合作者断开，而被另一端的对抗者保留，因而也是不稳定的。对于 CC 连接，其对两端个体都能够带来收益，因而在网络中的稳定性较强。

这类基于比对模仿的网络博弈模型与自适应选举者模型十分类似，唯一的不同在于在网络博弈中相邻个体之间的状态模仿或结构的调整都是根据二者收益的大小设定的概率。因此，人们可以采取数值仿真和理论解析的方法近似求解稳定状态下的网络形态。下面，我们将描述一些相关的比对模仿模型来展示在自适应网络中结构调整对合作演化的影响。

邻居重构能够促使个体远离对抗者 [7,78]，这种方法已被证明是一种能够促进合作增长的行之有效的手段。Santos 等人 [69,79] 将邻居重构和比对模仿相结合，用以解释影响群体合作水平的因素。在该模型中，群体规模和连接数量都保持恒定，在初始阶段每个节点以相等的概率采取合作或对抗策略。相邻节点状态模仿以 Fermi 方程进行量化，不稳定的连接（CD 或 DD）将会与利益受损一端个体进行重连。

具体而言，这类基于比对模仿的自适应网络博弈模型通常会设定状态演化和结构调整的相对速率。随机选取一对相邻节点 i 和 j，二者每 τ_e 间隔进行比对模仿，模仿概率分别为 $p(s_i \to s_j)$ 和 $p(s_j \to s_i)$；每 τ_a 间隔进行结构调整，具体调整策略如下：

- 如果 $s_i = C$ 且 $s_j = C$，保持现状。

- 如果 $s_i = C$ 且 $s_j = D$，那么节点 i 以概率 $p_i = 1/(1 + e^{-\beta(\pi_i - \pi_j)})$ 从节点 j 重连至任意随机节点，否则以概率 $p_j = 1 - p_i$，i 与节点 j 维持当前连接。

- 如果 $s_i = D$ 且 $s_j = C$，那么节点 i 以概率 $p_i = 1/(1 + e^{-\beta(\pi_i - \pi_j)})$ 与节点 j 维持当前连接，否则节点 j 以概率 $p_j = 1 - p_i$ 从节点 i 重连至任意随机节点。

- 如果 $s_i = D$ 且 $s_j = D$，那么节点 i 以概率 $p_i = 1/(1 + e^{-\beta(\pi_i - \pi_j)})$ 从节点 j 重连至任意随机节点，否则节点 j 以概率 $p_j = 1 - p_i$ 从节点 i 重连至任意随机节点。

由上可知，状态演化与结构调整的相对速率 $W = \tau_e/\tau_a$ 会对网络稳态产生极大的影响，W 取值较大时意味着对不利连接的调整迅速，反之当 W 取值较小时意味着网络结构变化缓慢。随着 W 取值的增加，网络中形成一定数量的合作团簇，促使了合作策略的扩散 [69]（图 5-14）。下图展示了博弈群体在不同 W 取值下的合作水平，交互收益矩阵 $\boldsymbol{\Pi}$ 中 $R=1$，$P=0$，$S \in [-1,1]$ ，$T \in [0,2]$。

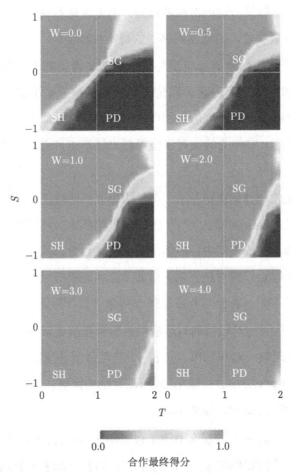

图 5-14   稳态条件下，状态演化与结构调整的相对速率对网络合作水平的影响

另外一个重要的贡献来自活跃连接模型 [66,80-81]，该模型基于比对模仿进行相邻节点的状态演化，对各种边的断开和连接事件设定了发生概率，其中合作节点 C 与其他节点建立连接的概率记为 α_C，对抗节点 D 与其他建立连接的概率记为 α_D。因此，两个不相邻的节点之间建立连接的概率为 $\alpha_X \alpha_Y$，同理移除已有连接 XY 的概率记为 γ_{XY}，

其中 $X, Y \in \{C, D\}$。

由上可得各种类型连接的动态演化方程[66]：

$$\frac{\mathrm{d}}{\mathrm{d}t}[XY] = \alpha_X \alpha_Y (M_{XY} - [XY]) - \gamma_{XY}[XY] \tag{5-19}$$

这里 M_{XY} 是链路 XY 的最大可能数。这个微分方程存在一个平衡解 $[XY]^\star = M_{XY}\alpha_X\alpha_Y/$ $(\alpha_X\alpha_Y + \gamma_{XY}) = M_{XY}\phi_{XY}$，这里我们定义 $\phi_{XY} = \alpha_X\alpha_Y/(\alpha_X\alpha_Y + \gamma_{XY})$。

同样，我们还需考虑状态演化与结构调整的相对速率 $W = \tau_e/\tau_a$，当 $W \to +\infty$ 时，结构调整发生的速率极快，远超状态演化的速率，在此情况下网络节点的稳态平均收益可通过下式获得[66]：

$$\begin{aligned} \pi_C &= \frac{\boldsymbol{\Pi}(C,C)[CC]^\star}{[C]} + \frac{\boldsymbol{\Pi}(C,D)[CD]^\star}{[C]} \\ &= R\phi_{CC}([C]-1) + S\phi_{CD}[D] \\ \pi_D &= \frac{\boldsymbol{\Pi}(D,D)[DD]^\star}{[D]} + \frac{\boldsymbol{\Pi}(D,C)[DC]^\star}{[D]} \\ &= T\phi_{DC}[C] + P\phi_{DD}([D]-1) \end{aligned} \tag{5-20}$$

除此之外，大量研究[67-68,82]也揭示了自适应网络中合作策略的胜出可以通过结构重连促使合作团簇的形成来实现。基于此，人们提出了众多启发式策略，例如针锋相对策略[83]、状态改变惩罚策略[84]、基于信誉的选择策略[71]、模仿年长者策略[85]、邻居反应策略[86]等，来促进合作在交互群体中的流行。

2. 自然选择

除了相邻节点之间的比对模仿，演化群体往往还会通过自然选择的方式推动网络形态的改变，正如 Moran 过程描述的那样，适应度越高的个体越容易复制产生新的个体，进而改变群体的状态组成和彼此交互的结构。在本节，我们将介绍自然选择作用下的群体演化博弈模型，主要可分为两类：一是多层选择模型（Multilevel Selection）[87]，二是社会继承模型（Social Inheritance）[88]。

多层选择模型（又称分组选择模型）将网络群体分成多个小组，每个小组包含多个混合均匀的个体，彼此之间开展因徒困境博弈并获得相应的收益。需要指出的是，在每个小组中的个体需要和该小组中其他个体进行交互，但不与组外任何个体进行关联。在自然选择作用下新生个体加入父代所在小组。Traulsen 等人[87,89]构建了下面多层选择模型刻画组内与组间的竞争行为。

1）每一时刻个体 i 以正比于其适应度的概率进行复制。

2）复制产生的新生个体加入到与父代所在的小组。

3）如果某小组的规模超过 n，那么

- 以概率 q，该小组均匀分裂为两个小组，且在整个群体中随机移除一个小组。

- 以概率 $1-q$，该小组不分裂，而是随机移除组内一个个体。

由此可见，整个群体中小组的数量为固定的 m，每个小组最多可包含 n 个个体。因此，整个群体规模控制在 $m \leqslant N \leqslant mn$。这种多层选择模型可由图 5-15 进行描述，图中白色节点代表对抗者，黑色节点代表合作者。在该模型中存在两层选择，一是下层的个体之间的竞争，二是上层的小组之间的竞争。显而易见，在小组内部，对抗者能够获取较大的收益，因而更有可能进行状态复制；但是在整个群体的角度来看，合作者构成的群体更具有竞争力，因而更容易进行分裂扩张[87,89]。

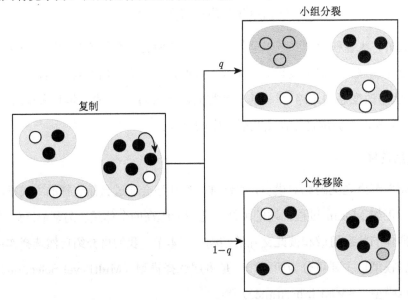

图 5-15　演化博弈群体多层选择模型示意图

给定如下条件的交互收益矩阵：$R = b - c$，$S = -c$，$T = b$，$P = 0$，当 $q = 0$ 时，

上述模型变为多个不相交的 Moran 过程。当 $q \to 0$ 时，我们能够获得分层的 Moran 过程，对于下层的选择，一个合作者在对抗者构成的小组中胜出的固化概率（Fixation Probability）记为 p_c；对于上层选择，一个由合作者构成的小组在整个群体中胜出的固化概率记为 P_C。那么可得到一个合作者在整个群体中胜出的概率 $\phi_c = p_c P_C$。当 $\phi_C > 1/mn$ 时，合作策略在群体中是有利的，进而可求得 $b/c > 1 + n/(m-2)$，详见参考文献 [87,89]。此外，一些学者 [90] 还研究了交互群体中分支的形成，其也可视为层次竞争的一种形式。

在自然选择框架下，适应度较高的个体会不断复制生成新的个体，而适应度较低的个体会不断被淘汰，这些过程都极大地影响着网络的结构和群体组成。Cavaliere 等人 [88] 提出了简单的复制—变异—重构模型来刻画演化群体在自然选择作用下的分裂与复原。在该模型中，新生个体不仅继承父代的状态，还可能继承父代的网络结构，这一性质在社交网络、金融组织、微生物种群中广泛适用。

在 Cavaliere [88] 提出的演化博弈模型中，每个个体持有合作或对抗策略之一，其收益取决于相邻个体的状态，个体适应度计算公式为 $f_i = (1 + \delta)^{\pi_i}$，其中 δ 为选择强度。

1）每一时刻，以正比于其适应度的概率选取一个体进行复制；

2）新生个体以概率 $1 - \mu$ 继承父代的状态，以概率 μ 变异为另外一种状态；

3）新生个体与父代以概率 p 建立连接，对于父代的每个邻居，以概率 q 建立连接；

4）随机选取一个节点进行移除。

上述模型与 Moran 过程十分相似，每个模块规模较小但是其群体网络结构是动态变化的。当变异概率 $\mu \to 0$ 时，群体呈现由合作者主导到对抗者主导不断变换的趋势。但是，在合作者主导的情况下，网络是高度连通的，而在对抗者主导的情况下，网络是高度松散的。上述模型呈现了极其丰富的结果，特别是网络的稳定性和群体收益之间具有很强的相关性。另外，新生个体嵌入到网络的概率 p 和 q 在其中扮演着十分重要的角色，特别是当 q 取值较大时，群体合作水平呈现急剧下滑。

5.1.5　自适应系统协同模型

多智能体系统（Multi-Agent System，MAS）[91] 通常由多个彼此交互的智能体组成，其关联成网，目的明确，集体运作，协同解决复杂问题[92]，在此过程中网络拓扑结构对组织性能具有非常重要的影响。现实世界中的多智能体系统可用于刻画机器人群体[93-94]、交通系统[95-96]、基因网络[97-98]等，其核心问题在于多个智能体之间的协同。

1. 多智能体组织

在众多现实世界应用中，多智能体组织中个体之间的交互以通信为代价获取相邻局部信息，并不断改变网络结构和个体状态以实现全局性能的最佳。下面，我们将就系统的任务模型、组织模型、执行方法和动态变化四个方面展开介绍。

（1）任务模型

众所周知，多智能体系统的整体性能通常以其完成任务的数量和成功率来衡量。任务模型描述了任务构成、通知方式和分配机制，各个要素描述如下。

任务一般是由不可再分的子任务通过各种依赖关系构成的，每个子任务都需要具备特定技能要求的智能体去执行，各个子任务需按照一定的序列完成，包含串行关系和并行关系[99]。

任务的通知方式是指其以何种方式被网络中的个体所知晓[100]，进而决定是否参与任务的执行。通常情况下，一项任务能够通过全局广播或局部广播的形式传递到网络个体，也可通过 P2P 的方式通过相邻节点获取任务通知。

任务的分配机制刻画了任务是如何分配至相应的网络个体，当某个体接收到一项任务，其会根据自身情况决定是否参与任务的执行。如果其决定执行该任务，那么该个体就会将任务加入当前队列；如果决定不执行该任务，那么该个体就会将任务分派至相邻个体。

（2）组织模型

多智能体组织由相互关联的个体构成，多个个体协同配合以完成各种任务。

组织个体表示为网络节点，个体之间通过各种连接关联。组织个体可能是同质的，也可能是异质的，取决于个体在任务执行过程中具备的功能与能力。许多情况下，不同个体往往具备不同的功能，而具备相同功能的个体解决问题的能力往往是不同的。

组织中的各种关系刻画了个体之间是如何关联的，这些关系以无向边或有向边的形式描述了智能体之间的信息流和任务流。另外，组织关系可能是同质的，也可能是异质的，其中同质关系代表关联个体之间信息或任务可达，而异质关系用可量化的指标代表关联个体之间的信息传播速率或任务分配偏好。

组织性能为完成任务后相应组织个体获得的收益，常用的评价指标为资源利用率、任务完成时间、任务成功率等。

（3）执行方式

当多智能体组织收到一系列任务时，组织个体执行任务的方式一般可分为集中式和分布式。

集中式任务执行过程需要一个中心控制节点指导整个组织的任务分配和执行。这种方法能够实现全局最优解，但是往往需要付出巨大的通信消耗和计算复杂度，且不具备强鲁棒性。另外，在组织个体众多、通信资源有限的情况下，设计并维持一个中心控制节点是相当困难的。因此这种集中式执行方法不具备现实可操作性。

近期，越来越多的学者开始探索设计分布式的执行方法解决多智能体系统优化问题 [93,99]。这类方法依赖各个智能体彼此协作，通过相邻节点交互获取局部信息，进而做出相应的调整以实现整体效益的最优。需要指出的是，这种方法资源消耗较低，且具有较强的鲁棒性，能够有效应对随机失效和有意攻击。

（4）自适应动态性

为提升组织性能，自适应动态调整能够有效增强分布式任务执行的效率，即通过一系列状态演化和结构调整行为实现任务的高效执行。

智能体学习（Agent Learning）是一种将局部和历史信息转化为一种知识形式的认知能力，一般而言，个体通过学习实现有效认知，进一步作出科学决策实现收益最大化。鉴于分布式交互模式没有集中控制节点，智能体学习只能获取周围相邻节点的局部信息（例如任务流、信息流、行为动作等），如何利用这些局部信息实现整体协同是一项非常艰巨的工作。组织中的个体性质决定其是否进行利己行为或利他行为，如何利用这些个体性质实现整体性能最优也是需要考虑的重要问题。

常见的智能体学习机制有观察模仿、采纳建议、强化学习等 [101]。通过学习获得一些有益的反馈（例如策略、指导、报告等）能够促使组织个体对状态或结构进行自适应调整。一般情况下，由于稳定状态的形成需要综合长期的历史信息，因此个体行为的自适应调整速率远低于任务执行和学习发生的速率。另外，自适应调整往往伴随着一定的代价和不确定性，需要谨慎应对。

2. 自适应学习

考虑到现实情形的不确定性，多智能体系统需具备灵活配置的特性，以便合理改变个体状态或调整网络结构，有效应对各种突发故障和随机失效。正如人们所认识的那样，集体协同行为的涌现来源于一系列个体状态演化与结构调整行为。旨在提升组织性能，一些自组织的方法[102]已经用于解决多智能体协同问题，然而当前仍没有统一的理论阐明自适应网络中个体行为与全局特性的内在关联。

在本节，我们将通过回顾多智能体分组[93]和分布式任务分配[94]领域的典型案例来揭示个体是如何实现协同而达到整体性能的优化。然而，设计出有效的自适应策略是不容易的，其中关键问题在于如何驱动生成有利的个体行为。需要指出的是，在多智能体系统中实现自适应协同不仅需要考虑网络结构的调整（如新建、断开、重连等）对网络通信效率和代价的影响，还需要考虑个体自身状态（如角色、功能等）的变化对组织性能的影响。

首先，我们针对多智能体分组问题[103]探索网络结构调整对任务完成成功率的影响，在该模型中任务的成功完成需要多个连通的智能体协同配合提供所需的功能，每项任务对应一个智能体分组。具体而言，一项任务的需求为一组特定技能的集合，而每个智能体都持有某项随机分配的技能。多个智能体需要形成一个连通的小组且处于空闲状态才能实现任务的需求（如图 5-16）。每个智能体通过下面两种方式加入一个小组：

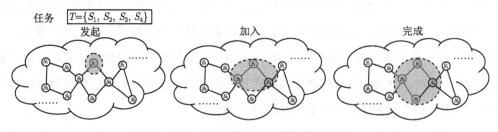

图 5-16　多智能体分组解决任务示意图

- 如果某项任务对应的小组为空，且该智能体持有任务所需的一项技能，那么该智能体以一定的概率牵头发起一个小组。
- 如果该智能体有相邻节点已在某任务小组中，且该智能体持有任务所需的一项技能，那么该智能体以一定的概率加入到该小组中。

一旦承诺加入到某个小组，该智能体将处于工作状态直至任务完成或失败。

一般而言，组织性能，即任务完成成功率，定义为成功完成任务的数目与整个需要完成任务的数目之比。由于一项任务需要多个连通的智能体形成小组才能完成，当任务所需的技能被其他节点截断或因小组发起不当造成资源不足或浪费时都严重影响任务完成的成功率，因此网络结构极大地影响着组织性能。基于此，如何灵活重构网络结构提升组织性能具有重要的意义，为解决这一问题人们提出了一个智能体学习框架[103]，该框架通过局部结构的自适应调整有效应对任务环境的变化，并作出合理决策。由于网络关联反映了组织通信需求，为控制通信代价，Gaston 等人设计重连策略来调整网络局部结构，具体操作如下。

（1）触发重连

对于某智能体，何时进行结构重连需要判断重连能否带来更大的收益。Gaston 等人提出了无状态的 Q-learning 机制来解决这一问题，其中智能体的 Q 值定义为：

$$Q(a) \leftarrow Q(a) + \alpha[R_t - Q(a)] \tag{5-21}$$

这里 α 为学习率，R_t 是该智能体采取行动 a 后的局部收益，即智能体成功完成任务数目与参与任务数目之比。当 $Q(rewiring) > Q(nothing)$ 时，该智能体采取重连行动。

（2）选择断开

对于某连接，存在一个 V 值以衡量该连接的收益，每一时刻该连接的 V 值更新如下：

$$V_{ij} \leftarrow V_{ij} + \beta[W_{ij} - V_{ij}] \tag{5-22}$$

其中当该连接处于成功的小组时，$W_{ij} = 1$；否则 $W_{ij} = 0$。当某连接被选择重连之后，新生连接的 V 值将被重置。

（3）重连对象

当某智能体选择连接进行重连，需要决定重连对象。在邻居推荐策略下，为保持组织的连通性，如果个体 i 断开与 j 的连接，那么个体 j 会推荐其邻居中具备最大性能的个体 k 作为重连对象。

上述自适应协同机制称为 $Q/minNeighbor/pushMax$，能够有效提升任务完成的成功率。此外，Gaston 等人[93] 还设计了两个基于规则的自适应调整策略，即度优先重连和性能优先重连，揭示了网络结构自适应调整在提升组织性能中扮演的重要角色。Glinton 等人[100,104] 提出了基于 token 的自适应调整方法以重连至距离较远的个体。Barton 等人[105-107] 探索了多种智能体分组的策略，特别是提出了基于多样性的自适应调整策略，促进了相邻节点技能的多样性。

对于分布式任务分配问题，人们通常聚焦于如何将任务分配至合适的网络个体。许多学者[99,108-109] 探索采用分布式的方法通过个体局部交互实现整体性能优化。通过有效的自适应网络调整，完成任务的代价得以有效降低。至于如何定量刻画这种自适应过程，人们[94,110] 研究了多智能体强化学习（MARL）方法对历史经验信息进行学习，获取有效的自适应策略。在该模型中，$p_i(s,a)$ 定义为智能体 i 在状态 s 下采取行动 a 的概率，其通过强化学习的方法进行更新：

$$p_i(s,a) \leftarrow p_i(s,a) + \eta(Q_i(s,a) - \hat{Q}_i(s)) \tag{5-23}$$

其中 $Q_i(s,a)$ 表示该个体在状态 s 下采取行动 a 所获的收益，状态 s 下的平均收益计算为：

$$\hat{Q}_i(s) = \sum_a p_i(s,a)Q_i(s,a) \tag{5-24}$$

另外，人们还采取了 Win or Lose Fast（WoLF）启发式方法来计算学习率，其随着 $\Delta(a) = Q_i(s,a) - \hat{Q}_i(s)$ 的变化而变化。基于此，那些持有较大 $p_i(s,a)$ 取值的个体将更有可能被连接，而持有较小 $p_i(s,a)$ 取值的个体将更有可能被断开。

综上所述，在现实世界中如何根据局部信息作出合理决策是多智能体协同的核心问题，分布式框架下的网络个体进行状态演化和结构调整须紧紧围绕整体性能展开，通过（多）智能体学习将状态、结构和收益统一起来，指导个体行为的执行。

5.2 自适应信息传播模型

在本书前面章节已经详细介绍了自适应网络演化的相关模型和分析方法，本章内容将围绕 Durrett 等人的研究 [1] 开展，以自适应选举者模型为研究对象，就网络状态和结构演化进行详尽的理论解析计算和数值仿真计算，揭示网络中的信息传播模式。

自适应选举者模型反映了网络上两种或两种以上观点持有者之间的竞争，以两种观点为例，假设分别为 A 和 B。网络中的个体起始阶段随机均匀地选取一种策略作为自身的状态 $s_i \in \{A, B\}$。网络结构设定为随机均匀网络，具有 N 个节点，E 条边。非一般性假设，持有状态 A 的节点初始比例为 ϕ_0，而且 $\phi_0 \leqslant 0.5$，那么 A 群体即为初始阶段的少数群体。状态和结构的耦合动力过程变化如下：每一时刻，随机选取一条活跃连接 AB；该连接任一端点以概率 $1 - \alpha$ 模仿对方的状态；否则任一端点以概率 α 将该连接重连至网络中其他节点（具体情况取决于重连策略）。上述自适应动态过程持续进行直至网络中不存在活跃连接。

需要指出的是，上述自适应网络演化过程通过重构概率 α 决定状态演化和结构调整的相对速率，当 $\alpha = 0$ 时，为静态网络上的状态传播；当 $\alpha = 1$ 时，为节点状态固定下的结构重连；介于 0 与 1 之间时，为状态演化和结构重连的耦合动力学过程。随着 α 的增长，网络结构碎片化越来越明显，如图 5-17 所示。

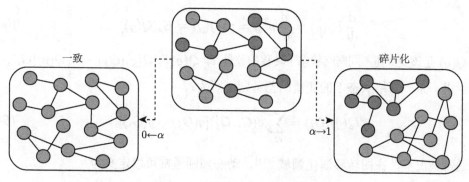

图 5-17 网络归一与分裂示意图

由于状态和结构是在 α 作用下的耦合动态过程，网络形态呈现众多涌现特征。然而，在这些情形中，网络节点数目和连接数目是维持不变的。

5.2.1　理论分析

　　尽管自适应网络的结构和状态不断变化，鉴于有限的节点状态和可控的节点规模，网络所有可能呈现形态的数量是有限个的，这里的网络形态既包含每个节点的状态信息又包含节点与节点之间的结构信息，无特殊说明本项目中的网路形态和网络状态含义相同。在一定的状态扩散和结构调整规则驱动下，网络状态的变化服从马尔可夫特性，即未来的网络状态只与当前状态相关，不依赖它以往的演变。因此，我们可将自适应网络耦合动力学过程视为连续时间的马尔可夫链（CTMC）。

　　假设自适应网络起始状态记为 G_0，则 $G_0 \in \Omega_G$，其中 Ω_G 为网络状态空间。在连续时间马尔可夫链中，记 $p(t)(G_i)$ 为网络状态 $G_i \in \Omega_G$ 在时刻 t 时的概率，因此 $p(t)$ 可视为有限维实数空间 $\mathbb{R}^{\Omega_G}$ 中的一组向量。从有限马尔可夫链的一般理论出发，网络状态变化的前向方程记为：

$$\frac{\mathrm{d}}{\mathrm{d}t}p^{\mathrm{T}} = p^{\mathrm{T}}\boldsymbol{Q} \tag{5-25}$$

其中 p^{T} 是网络状态概率 p 的转置向量，$\boldsymbol{Q}$ 是 CTMC 的转移矩阵。当状态空间中的网络状态数量为有限个时，该常微分方程（ODE）存在唯一的解。

　　针对某一变量 g，其可以理解为网络状态空间的一个函数，比如某类子图的数量，那么该变量的均值可以记为 $E_p(g) := p^{\mathrm{T}}g$，基于 CTMC 前向方程，我们进而可以获得该变量均值的速率方程：

$$\frac{\mathrm{d}}{\mathrm{d}t}E_p(g) = \frac{\mathrm{d}}{\mathrm{d}t}p^{\mathrm{T}}g = p^{\mathrm{T}}Q(g) = E_p(Q(g)) \tag{5-26}$$

其中 $Q(g)$ 是该变量在不同网络状态下转移的差量，即 $Q(g) = [Q(g)(G_1), \cdots, Q(g)(G_i), \cdots]$。进一步讲，某一网络状态下的变量的差量则可写为：

$$Q(g)(G_i) = \sum_{G_j} q(G_i, G_j)[g(G_j) - g(G_i)] \tag{5-27}$$

　　通常情况下，在图转移演化领域 [111]，动态规则通常可以定义为：

$$\gamma := (L \to R, k_\gamma) \tag{5-28}$$

其意味着左侧图 L 在规则驱动下以 k_γ 速率生成右侧图 R，且该变化保持了节点的一一映射关系。图论中图匹配定义为 $m : X \to Y$，其保留了图结构的形式且节点之间一一

映射 [112]。此处我们定义 $m(X)$ 为 X 在 Y 上的映像。对于关于图转移的细节，可通过参考文献 [113] 获取更多信息。

在上述推导的基础上，我们结合自适应网络演化规则提出微分图方程构建的一般化流程。在图论中，对于任意给定的两个模体（motif）g_1 和 g_2，二者的**最小粘合**（Minimal Glueing）[111] 记为 $mg(g_1, g_2)$，是这两个模体向共同陪域（codomain）匹配的集合，即二者所有可能的组合模式。

给定规则下，大量研究往往只侧重于特定类型节点数量的变化，而对相关结构配置予以平均近似，本节关注节点状态变化的同时对结构变化也予以充分考虑，基于图的最小粘合可构建任一变量模体的微分图方程，这种方法只需对相应的图结构和状态进行匹配与计数，具有较强的可行性和通用性。具体过程可以通过以下方法进行：（1）以该模体与规则左侧图的最小粘合表示变量减量 $mg(g, L)$；（2）以该模体与规则右侧图的最小粘合为变量增量的未来形态 $mg(g, R)$；（3）将该模体与规则右侧图的最小粘合进行逆操作获得变量增量 $mg'(g, R)$；（4）所有规则下的变量差量即为该变量的微分形式。通过上述方法获得一般化的微分图方程 [111,114]：

$$\frac{\mathrm{d}}{\mathrm{d}t}[g] = \sum_{\gamma \in R} k_\gamma \left(\sum_{r \in mg'(g,R)} [r] - \sum_{l \in mg(g,L)} [l] \right) \tag{5-29}$$

其中，$[g]$ 为观察变量，k_γ 为规则 γ 的速率。实际上，人们通常记 $\frac{\mathrm{d}}{\mathrm{d}t}[g]$ 为 $\frac{\mathrm{d}}{\mathrm{d}t}\mathbb{E}([g])$ 的缩写形式，各种子图数目的平均形式记为 $[g] = \mathbb{E}([g])$。

为方便计算，本文中变量的数量统计不会由于结构对称性而发生变化，各个模体的数量映射到具体节点上。例如，在 N 个节点的环形结构中，所有节点的状态为 A，那么 $[AA] = 2N$，如果 A 和 B 两种状态交替存在，那么 $[AB] = [BA] = N$。

例如在规则 $AB \to AA$ 驱动下，对于模体 AB 的变化过程，记变量为 $[g] = [AB]$，即冲突连接数量的均值，我们需要关注模体与规则左侧图和右侧图的最小粘合情况。具体而言，构建该变量的微分图方程需要明确图 5-18所示情形。

然而上述微分图方程右侧会不断衍生出新的模体，需要进一步以这些模体作为变量构建方程以实现方程组可解，这样就不可避免地导致不断增长的方程组规模。为了减少微分图方程的数量，我们需要运用一些有效的近似技术 [27] 将较大模体通过较小模体进行近似表示，以此实现方程组的闭包，并且将方程组的规模控制在一定范围之内。当前典型的微分方程组近似技术有以下三种。

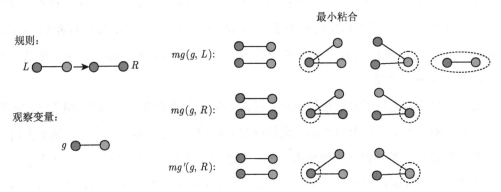

图 5-18　自适应传播模型中变量与规则左/右侧图的最小粘合示意图

（1）平均场近似（MFA）[115-117] 方法适用于均匀分布的网络，无明显团簇、无明显聚集、无明显相关特性的场景[115]。这种近似方法的主要思想就是假设具有相同状态的节点都具有无差别的特性，然后被归为同类变量。该方法能够在混合均匀的网络中快速方便地构建演化方程。然而，在许多现实情况下[115]，这种方法的近似效果不佳，且高度依赖网络度分布和连接的相关性。

（2）偶对近似（PA）[1,116-117] 聚焦于网络中小型的关联模体，例如边、三元组、链状结构等。为实现方程组的闭包，偶对近似采用 Bayes 思想和条件独立假设，将规模较大的子图通过较小的子图进行表示。例如，对于三元组 ABA 的数量，其可通过 $[ABA] = [AB] \times [AB]/[B]$ 进行近似。然而，这种方法忽视了网络中连接的相关性，众多连接并非均匀分布的，而是可能聚集在特定区域，特别是偶对近似中分母模体极易被过高估计。

（3）近似主方程（AME）[1,116-117] 方法将某个节点及该节点所有邻居配置作为变量，以星形结构为对象构建微分方程组。因此，具备相同节点状态且邻居配置相同的节点将被视为同一类型的变量。这种方法有效刻画了变量的局部结构，能够更加准确地反映整体网络形态。例如，$[A_{m,n}]$ 意味着持有状态 A 且邻居中有 m 个节点为 A、n 个节点为 B 的节点数量。这种方法需构建大量的方程才能将所有类型的星形结构涵盖完备，通常情况下，网络节点的最大度 $k_{\max}$ 与网络规模 N 相比具有较小的取值，因此整个方程组的规模相对可控。

5.2.2 偶对近似

在自适应传播模型中，我们需要对各种类型的节点和连接构建微分方程组，以快速预测其在网络演化过程中的动态变化情况及稳态条件下的分布。具体而言，我们将对以 $[A]$、$[B]$、$[AB] = [BA]$、$[AA]$、$[BB]$ 等为变量构建微分方程组。

就最简单的变量而言，例如持有状态 A 的个体数目 $[A]$，其变化只取决于活跃连接两端的模仿过程，而与重连无关。在状态模仿过程中，若持有状态 A 的节点被另一端模仿，那么 $[A]$ 将增加；否则若持有状态 B 的个体被模仿，则 $[A]$ 减少。因此，我们可得：

$$
\begin{aligned}
\frac{\mathrm{d}}{\mathrm{d}t}[A] &= (1-\alpha) \sum_{AB \in G} (k_{B \to A} - k_{A \to B}) \\
&= (1-\alpha)(k_{B \to A} - k_{A \to B})[AB]
\end{aligned}
\tag{5-30}
$$

其中 $k_{A \to B}$ 为持有状态 A 的节点模仿相邻节点 B 的速率，反之为 $k_{B \to A}$。

在 rewire-to-random 策略下[1]，如果活跃连接两端具备同等的传播能力，即 $k_{A \to B} = k_{B \to A}$，那么基于上述方法获得的常微分方程组（ODEs）可用于刻画一些小规模子图的动态性。

$$
\frac{\mathrm{d}}{\mathrm{d}t}[A] = (1-\alpha) \times 0 \times [AB]
$$

$$
\frac{\mathrm{d}}{\mathrm{d}t}[B] = (1-\alpha) \times 0 \times [AB]
$$

$$
\begin{aligned}
\frac{\mathrm{d}}{\mathrm{d}t}[AB] &= (1-\alpha)(-[AB] + [ABB] - [ABA] - [BA] + [BAA] - [BAB]) + \\
&\quad \alpha[AB]\left(-1 + \frac{[B]}{N}\right) + \alpha[BA]\left(-1 + \frac{[A]}{N}\right)
\end{aligned}
\tag{5-31}
$$

$$
\frac{1}{2}\frac{\mathrm{d}}{\mathrm{d}t}[AA] = (1-\alpha)([AB] + [ABA] - [BAA]) + \alpha[AB]\frac{[A]}{N}
$$

$$
\frac{1}{2}\frac{\mathrm{d}}{\mathrm{d}t}[BB] = (1-\alpha)([BA] + [BAB] - [ABB]) + \alpha[BA]\frac{[B]}{N}
$$

需要特别指出的是，当我们构建某些子图（例如节点和连接）的微分方程时，方程右侧会出现一些规模较大、结构相对复杂的子图（例如三元组和链状）。为使方程组实现闭包,可有两种途径:(1)以方程右侧新出现的子图为变量,构建新的微分方程,但是这种方法会导致方程组规模的持续增长而难以闭包;(2)将规模较大的模体变量通过一些近似技术进行截断,通过较小规模的模体对其进行近似表示。许多学者[27]通过研究距离闭包的近似微分方程刻画自适应系统的动态演化过程,其中偶对近似(pair approximation,PA)[118]应用最为广泛。偶对近似通过采用贝叶斯理论在条件独立假设的基础上将较大模体通过较小模体进行近似表示。具体而言,三元组模体的近似表示如下:

$$[XYZ] \simeq \frac{[XY][YZ]}{[Y]} \tag{5-32}$$

其中 $X, Y, Z \in \{A, B\}$。于是,我们就可以通过分解较大模体实现方程组的闭包,前提是服从条件独立假设。

$$\begin{aligned} [BAB] &\simeq \frac{[AB][AB]}{[A]} & [ABA] &\simeq \frac{[AB][AB]}{[B]} \\ [BAA] &\simeq \frac{[AA][AB]}{[A]} & [ABB] &\simeq \frac{[BB][AB]}{[B]} \end{aligned} \tag{5-33}$$

5.2.3 高阶变量

除了一阶变量的微分表达式,通过最小粘合的方式求解高阶变量的微分方程组也是极具挑战的课题。在开始构造高阶微分方程组之前,我们首先需要进一步明确图中模体的最小粘合与变量统计之间的关系,对于一个高阶变量 $[X]^n$,其意味着 n 个子图 X 的最小粘合集合的大小,表达形式如下:

$$[X]^n = \sum_{\mu \in mg(X,X,\cdots,X)} [\mu] \tag{5-34}$$

其中 $mg(X, X, \cdots, X)$ 为 n 个 X 的最小粘合集合。

需要特别指出的是,模体变量的二阶表达形式应用最为广泛,可利用其近似估计变量的方差。对于二阶模体变量 $[X]^2$,其可通过模体 X 的交集和并集进行计算。若两个模体 X 没有任何交集部分,那么其可记为 $X + X$。于是这种无交集模体的数量计算方法如下:

$$[X + X] = [X][X] - \sum_{\mu \in mg(X,X)\setminus\{X+X\}} [\mu] \tag{5-35}$$

其中 $mg(X,X)$ 为两个 X 模体的最小粘合集合。

如果 X 为某种类型的节点，那么我们可进一步获得：

$$
\begin{aligned}
[X]^n &= \underbrace{[X][X]\cdots[X]}_{n} \\
&= ([X]+[X+X])\underbrace{[X][X]\cdots[X]}_{n-2} \\
&= ([X]+(2+1)[X+X]+[X+X+X])\underbrace{[X][X]\cdots[X]}_{n-3} \\
&\quad \cdots \\
&= a_{n,1}[X]+a_{n,2}[X+X]+\cdots+a_{n,n-1}\underbrace{[X+\cdots+X]}_{n-1}+a_{n,n}\underbrace{[X+\cdots+X]}_{n}
\end{aligned}
\tag{5-36}
$$

给定 n^{th} 阶模体变量 $[X]^n$，那么 $(n+1)^{th}$ 阶变量 $[X]^{n+1}$ 可通过递归的形式得到：

$$
\begin{aligned}
[X]^{n+1} &= a_{n+1,1}[X]+a_{n+1,2}[X+X]+\cdots+ \\
&\quad a_{n+1,i}\underbrace{[X+\cdots+X]}_{i}+\cdots+ \\
&\quad a_{n+1,n}\underbrace{[X+\cdots+X]}_{n}+a_{n+1,n+1}\underbrace{[X+\cdots+X]}_{n+1} \\
&= a_{n,1}[X]+(a_{n,1}+2a_{n,2})[X+X]+\cdots+ \\
&\quad (a_{n,i-1}+ia_{n,i})\underbrace{[X+\cdots+X]}_{i}+\cdots+ \\
&\quad (a_{n,n-1}+na_{n,n})\underbrace{[X+\cdots+X]}_{n}+a_{n,n}\underbrace{[X+\cdots+X]}_{n+1}
\end{aligned}
\tag{5-37}
$$

其中，$a_{n,i}$ 为 Stirling 系数 [119]。具体递归关系为 $a_{n+1,i}=ia_{n,i}+a_{n,i-1}$，而且 Stirling 系数的表达形式为：$a_{n,i}=\dfrac{1}{i!}\sum_{j=1}^{i}(-1)^{i-j}\binom{i}{j}j^n$。

回顾上文提到的自适应选举者模型，某种类型节点数目的期望值 (例如 $[A]$) 是重连无关的，其只依赖活跃连接两端的模仿行为。在模仿能力对等的情况下，$\dfrac{\mathrm{d}}{\mathrm{d}t}[A]=0$。因此，节点 A 在稳态条件下的均值与初始条件无异，即 $[A]=\phi_0 N$。然而，稳态条件下节点 A 的数量分布情况却非一成不变，其高度依赖自适应模型中的重连系数 α，更多细节可查阅下节内容。为估计稳态条件下变量 $[A]$ 的方差，我们可通过下列方法进行求解 $\mathbb{V}([A])=\mathbb{E}([A]^2)-\mathbb{E}([A])^2$。模体变量的二阶微分方程 ODE (即 $[A]^2=[A+A]+[A]$)

求解过程如下：

$$\frac{\mathrm{d}}{\mathrm{d}t}[A]^2 = \frac{\mathrm{d}}{\mathrm{d}t}[A+A] + \frac{\mathrm{d}}{\mathrm{d}t}[A] = \frac{\mathrm{d}}{\mathrm{d}t}[A+A]$$
$$= 2 \times \left((1-\alpha)[A+AB] + (1-\alpha)[AB] - (1-\alpha)[A+BA]\right) \qquad (5\text{-}38)$$
$$= 2(1-\alpha)[AB]$$

更进一步来讲，对于活跃连接数目 $[AB]$ 的二阶形式，我们可以通过图的最小粘合形式获得：

$$[AB]^2 = [AB+AB] + [ABA] + [BAB] + [AB]$$

其中，$[AB+AB]$ 意味着两个互不相交的同类模体数目，$[ABA]$ 为共同占有同一节点 B 的模体数目，$[BAB]$ 为共同占有同一节点 A 的模体数目，$[AB]$ 为两个完全相交的模体数目。

综上所述，稳态条件下活跃连接数目 $[AB]$ 的微分方程表达式为：

$$\frac{\mathrm{d}}{\mathrm{d}t}[AB]^2 = \frac{\mathrm{d}}{\mathrm{d}t}[AB+AB] + \frac{\mathrm{d}}{\mathrm{d}t}[ABA] + \frac{\mathrm{d}}{\mathrm{d}t}[BAB] + \frac{\mathrm{d}}{\mathrm{d}t}[AB] \qquad (5\text{-}39)$$

5.2.4　从归一到分裂

自适应选举者模型在状态演化与结构重连耦合动力学驱动下，最终演化为一个或多个相同状态的团簇。Durrett 等人[1] 之前详细讨论了网络从活跃到冷却的演化过程，其指出活跃连接 AB 的数目可快速收敛到 Quasi 稳态分布[120]，且在持续停留较长时间后到达冷却状态。这就是说网络节点与边在 $[AB] > 0$ 时就达到了稳定状态。

以随机网络为背景，研究二元自适应选举者模型，重连系数 $\alpha = 0.5$，状态为 A 的节点初始比例为 $\phi_0 = 0.4$，状态为 B 的节点初始比例为 $1 - \phi_0 = 0.6$。网络中各种类型节点与边的演化过程与 Quasi 稳态分布情况如图 5-19所示。

更加有趣的结果是，该自适应系统在演化过程中会以抛物线轨迹形式在元稳态震荡较长时间，直到最终抵达冷却状态。给定某重连系数 $\alpha = 0.5$，图 5-20 展示了不同初始比例 ϕ_0 条件下节点 A 和连接 AB 的演化轨迹，由图可知活跃连接数目 $[AB]$ 与节点数目 $[A]$ 构成了二次函数。不同的颜色代表了不同的初始比例，$\phi_0 = 0.1, 0.2, \cdots 0.9$，自适应模型的重连策略为 rewire-to-random。需要强调的是存在一个临界值 ϕ_C，决定系统是否直接收敛到冷却状态 $[AB] = 0$，还是经过抛物线轨迹震荡后收敛到冷却状态。

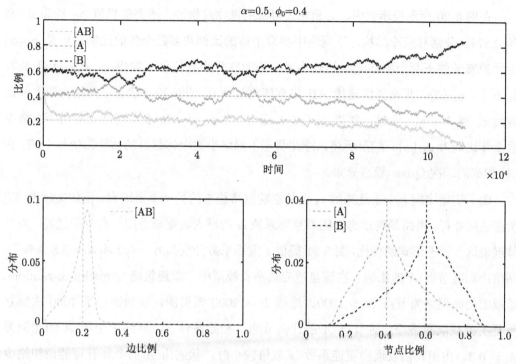

图 5-19　网络演化过程与 Quasi 稳态分布图

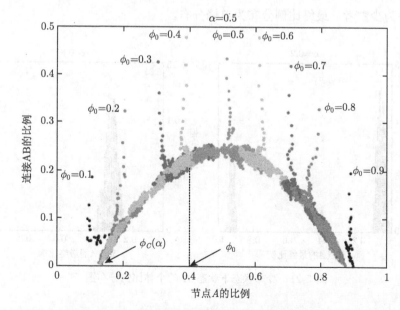

图 5-20　活跃连接 AB 与节点 A 的演化轨迹图

在图 5-20 所示的示例中，元稳态为对称的抛物线轨迹，两个临界值 ϕ_C 约为 0.125 和 0.875，分别对应冷却状态下网络中少数个体的比例和多数个体的比例。定义 $\phi_C(\alpha)$ 为元稳态条件下两个临界值中的较小者，记为临界少数比例。如果 $\phi_0 < \phi_C(\alpha)$ 或者 $\phi_0 > 1 - \phi_C(\alpha)$，那么活跃连接 AB 将直接收敛到 0，此时冷却状态下网络少数个体比例为 ϕ_0 或 $1 - \phi_0$。否则，如果 $\phi_C(\alpha) \leqslant \phi_0 \leqslant 1 - \phi_C(\alpha)$，那么此时冷却状态下网络少数个体比例为 $\phi_C(\alpha)$。综上所述，冷却状态下网络少数个体数目的估计需依赖 $[AB]$ 和 $[A]$ 构成的二次 Quasi 稳态分布。

除了初始比例 ϕ_0，重连系数 α 也是影响网络稳态的另一重要因素。正如文献 [1,57] 所陈述的那样，网络最终形态会随着重连系数 α 的增大而逐渐由归一向分裂过渡。为具体展现这一稳态形式的变化，图 5-21 提供了重连系数分别为 $\alpha = 0.2$ 和 $\alpha = 0.8$ 条件下，网络冷却时节点 A 的比例。在该自适应选举者模型中，重连策略为 rewire-to-random，选取的初始网络为节点 $N = 1000$、连接 $E = 2000$ 随机图，我们进行了 1000 次独立重复实验获取网络冷却时节点 A 的比例分布。初始条件下，网络中个体 A 的比例为 $\phi_0 = 0.3$。由图我们发现当重连系数 α 取值较小时，状态为 A 的个体有可能由初始少数者变为最终多数者，最终比例分布为双峰分布；然而当重连系数 α 增大时，状态为 A 的个体始终为少数者，最终比例分布为单峰分布。

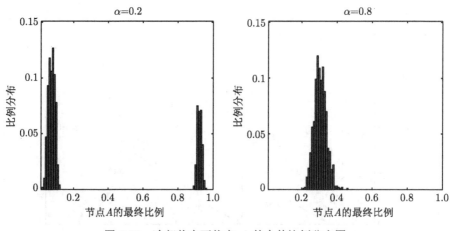

图 5-21　冷却状态下状态 A 的个体比例分布图

当我们尝试通过偶对近似求解上述 ODEs（公式 5-31）时，可以获得不同类型节点和边的稳态均值。需要指出的是，存在两种 Quasi 稳态情况：一是在 $[AB] > 0$ 时，初始少数者有可能成为最终多数者；二是 $[AB] = 0$ 时，初始少数者即为最终少数者。对于给定 ϕ_0，当重连系数 α 由 0 变为 1 时，系统稳态由双峰分布变为单峰分布，存在临界重连系数 α_C 用于区分上述两种分布。

- 若 $\alpha < \alpha_C$，那么在 Quasi 稳态分布时 $[AB] > 0$，个体 A 最终分布为双峰分布。
- 若 $\alpha \geqslant \alpha_C$，那么在 Quasi 稳态分布时 $[AB] = 0$，个体 A 最终分布为单峰分布。

正如文献 [1] 中所提到的，求解 ODEs（公式 5-31）获得稳态条件下：$\dfrac{\mathrm{d}}{\mathrm{d}t}[AA] = 0$ 与 $\dfrac{\mathrm{d}}{\mathrm{d}t}[BB] = 0$，二者可以推导得出：

$$[AA] + [BB] - \left(\frac{\phi_0}{1 - \phi_0} + \frac{1 - \phi_0}{\phi_0} \right) [AB] = \left[\frac{2(\phi_0^2 - \phi_0)\alpha + 1}{1 - \alpha} \right] N$$

通过上述分析，临界重连系数 α_C 的解析解为：

$$\alpha_C = \frac{2E/N - 1}{2(\phi_0^2 - \phi_0) + 2E/N} \tag{5-40}$$

由上式可知决定归一与分裂的临界重连系数 α_C 依赖于初始比例 ϕ_0 和网络平均度 $2E/N$。

随着重连系数 α 与初始比例 ϕ_0 的变化，在偶对近似下通过求解公式 (5-31)，我们获得 Quasi 稳态条件下 $[AB]$ 与对应 $[A]$ 的变化情况，以及稳态条件下的 AB 分布情况，如图 5-22所示。

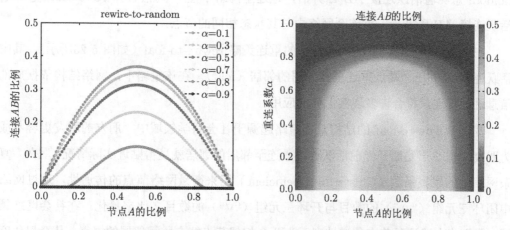

图 5-22 连接 AB 在不同条件下的 Quasi 稳态分布示意图

综上所述,自适应选举者模型最终稳态条件下的少数者比例既可能是初始条件下的少数者,又可能是初始条件下的多数者,其取决于重连系数 α 以及少数个体初始比例 ϕ_0,而且还与重连策略息息相关。特别是在 rewire-to-random 策略下,给定重连系数,对于不同初始比例的个体,存在同一个临界少数比例 $\phi_C(\alpha)$。

5.3　基于距离的结构重连

Durrett 等人 [1] 之前研究了 rewire-to-random 和 rewire-to-same 两种结构重连策略,而在许多情况下网络个体进行重连需基于局部信息寻找重连对象,因此我们在本节探讨一种基于距离的结构重连策略: rewire-to-foaf (foaf 是 friend of a friend 的缩写形式)。通过与已有的重连策略对比,我们发现 rewire-to-foaf 策略能够在更小重构系数下带来更大的网络分裂。另外,我们通过比较不同的重连策略,权衡少数者最终变为多数者与少数者保持比例之间的关系。研究还进行了一系列数值仿真与近似分析以便更好地理解自适应选举者模型中归一向分裂的跃迁。

5.3.1　rewire-to-foaf 策略

自适应选举者模型中,结构重连策略决定了网络结构的重塑。一般而言,rewire-to-random 意味着活跃连接 AB 断开后,重连至网络中任一节点;rewire-to-same 意味着活跃连接 AB 断开后,重连至网络中与其状态相同的节点。

在本节,我们特别介绍一种特殊的重连策略 rewire-to-foaf (如图 5-23所示),其中活跃连接 AB 任一端点重连至其邻居的邻居 (foaf)。在该策略下,网络结构依据局部信息进行重连,符合许多现实世界的应用。

基于 rewire-to-foaf 的结构重连策略起源于社会科学领域中“朋友的朋友更容易成为朋友” [121],于是断开当前活跃连接重连至邻居的邻居就显得贴近实际情况。另外,复杂网络中的聚集系数 (Clustering Coefficient) 用来衡量网络节点的传递性,通过网络中闭环三元组 (“△”) 的数目与开环三元组 (“∨”) 的数目之比来量化。在社会网络领域,我们将上述这种节点传递性表示为两个相邻节点拥有共同邻居的概率。从全局角度

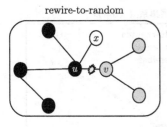
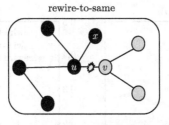
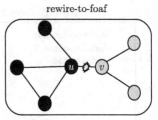

图 5-23　三种网络结构重连策略示意图

来看，网络聚集系数可以通过以下公式计算得出：

$$C = \frac{\#闭环三元组}{\#开环三元组} \tag{5-41}$$

然而，从局部角度来看，单个节点的聚集系数计算方法为 [122]：

$$C_u = |\{(v,w) : v, w \in NB(u) \wedge e_{vw} = 1\}|/k_u(k_u - 1) \tag{5-42}$$

其表示与节点 u 相连的闭环三元组比例。由上式可得，网络中给各个节点的聚集系数均值记为 $C = \sum_u C_u/N$。

由此可见，在 rewire-to-foaf 重连策略作用下，网络中能够形成大量的聚集团簇，保证网络结构的联通性。在图 5-24所示的网络演化过程中，我们分别以 $\alpha = 0.2$ 和 $\alpha = 0.8$ 为典型的弱重连条件和强重连条件，在节点数为 $N = 1000$，连接数为 $E = 2000$ 的随机网络中，状态 A 的节点初始比例为 $\phi_0 = 0.4$，在 rewire-to-random、rewire-to-same 和 rewire-to-foaf 三种重连策略作用下，我们发现 rewire-to-foaf 带来较大的聚集系数，特别是在强重连条件下。

5.3.2　近似微分方程

基于微分动力系统的构建机制与上述描述的 rewire-to-foaf 重连策略，我们将探索如何对基于距离的结构重连进行理论解析计算。如之前描述的那样，我们定义 $[A]$、$[B]$、$[AB]$、$[AA]$ 和 $[BB]$ 为各种类型节点和边的平均数目。显而易见，$[A] + [B] = N$，$[AA] + 2[AB] + [BB] = 2E$。

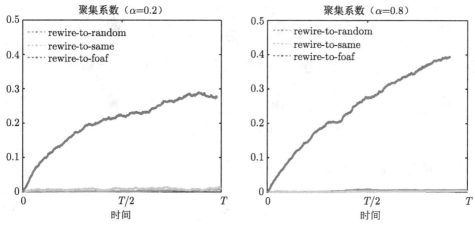

图 5-24   网络聚集系数变化情况

在自适应选举者模型中,关于节点数目的微分方程是与重连策略无关的,我们可用方程 5-31 对 $[A]$ 和 $[B]$ 的 ODE 进行求解。在 rewire-to-foaf 的结构重连过程中,活跃连接一端状态为 A 的节点以近似概率 $\dfrac{[A?A]}{[A??]}$ (? 表示未知状态节点) 断开当前连接 AB 并重连至另一端点 A,其中 $[A?A] = [AAA] + [ABA]$, $[A??] = [AAA] + [AAB] + [ABA] + [ABB]$。与此类似,活跃连接一端状态为 B 的节点以概率 $\dfrac{[B?B]}{[B??]}$ 断开当前连接 AB 并重连至另一端点 B ,其中 $[B?B] = [BBB] + [BAB]$, $[B??] = [BAA] + [BAB] + [BBA] + [BBB]$。在这种情形下,度数越高的节点越容易成为重连对象,因此 rewire-to-foaf 重连策略下的微分方程表达式为:

$$
\begin{aligned}
\frac{\mathrm{d}}{\mathrm{d}t}[AB] &= (1-\alpha)(-[AB] + [ABB] - [ABA] - [BA] + [BAA] - [BAB]) + \\
&\quad \alpha[AB]\left(-1 + \frac{[A?B]}{[A??]}\right) + \alpha[BA]\left(-1 + \frac{[B?A]}{[B??]}\right) \\
\frac{1}{2}\frac{\mathrm{d}}{\mathrm{d}t}[AA] &= (1-\alpha)([AB] + [ABA] - [BAA]) + \alpha[AB]\frac{[A?A]}{[A??]} \\
\frac{1}{2}\frac{\mathrm{d}}{\mathrm{d}t}[BB] &= (1-\alpha)([BA] + [BAB] - [ABB]) + \alpha[BA]\frac{[B?B]}{[B??]}
\end{aligned}
\tag{5-43}
$$

为了实现方程组的闭包,需对上述方程组右侧出现的三元组模体(例如 ABA、BAB)进行近似表示,人们可采用偶对近似的方法(PA)将上述三元组截断,通过一系列连接和节点进行近似。总而言之,这类变量闭包的近似方法理论上是完备的,且具有唯一的范式表达。

5.3.3 案例分析

以 Erdös-Rényi（ER）随机网络作为初始网络，节点数目为 $N = 1000$，连接数目为 $E = 2000$。初始条件下，持有状态 A 的节点数目比例为 ϕ_0，其随机均匀分布在网络之中。

1. 最终少数个体

给定网络初始条件，在网络状态演化与结构重连作用下，初始少数个体可能变为最终多数个体，也可能继续维持为少数个体，其与初始比例 ϕ_0 和重连系数 α 密切相关。当 α 取值较小时，网络通常会实现状态的归一，初始个体状态最终可能会消失；而当 α 取值较大时，网络容易分裂为多个团簇，初始个体状态得以保留。因此，网络的分裂可以通过最终少数个体的规模来刻画，最终少数个体比例越早趋近于初始少数个体比例，网络越早出现分裂。图 5-25 展现了不同重连策略下网络最终少数个体比例随重连系数 α 的变化情景，其中左侧为数值仿真结果，右侧为微分方程近似结果。不失一般假设，持有状态 A 的个体为初始少数个体，其初始比例为 $\phi_0 = 0.2, 0.3$ 和 0.4。正如先前所提到的，当 α 取值较大时，网络重连行为频繁，进而导致网络分裂为多个团簇；然而当 α 取值较小时，大多数个体能够实现状态一致。随着 α 的增加，网络最终少数个体比例由 0 增长至 ϕ_0。由图可知，在 rewire-to-same 策略下当 α 取值介于 0.4 与 0.5 之间时，网络出现临界突变，由归一突变为分裂，且与初始比例 ϕ_0 无关 [1]，在 rewire-to-random 策略下则平缓过渡，然而在 rewire-to-foaf 策略下，网络出现较早的分裂，初始少数个体能够得到较好的保留。

需要特别指出的是，我们还通过构造基于偶对近似的微分方程组对各种节点和边的稳态数量进行近似分析，可以看出数值仿真结果与近似计算结果之间存在了很大的差别。究其原因，我们可以从下面两方面分析：（1）变量闭包的微分方程数目较少，难以准确刻画网络的动态演化过程；（2）基于偶对近似进行方程组的截断带来了较大的误差，通过节点和边的数目在条件独立假设下估计三元组 $[XYZ]$ 的方法是不准确的。

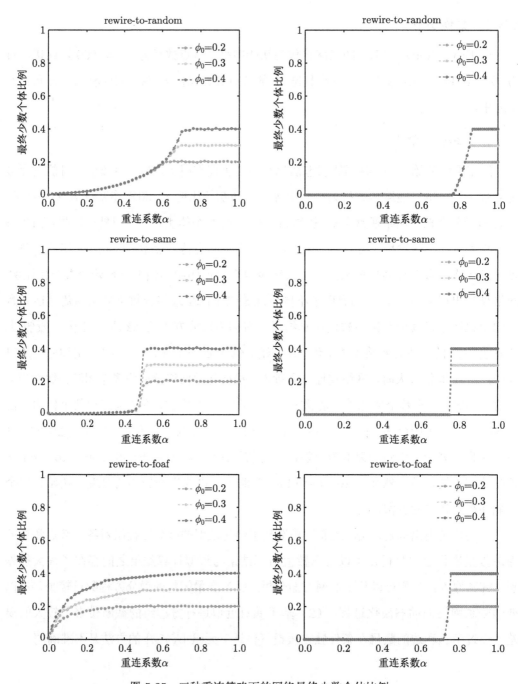

图 5-25   三种重连策略下的网络最终少数个体比例

2. 共存与获胜

初始条件下，持有状态 A 的个体是网络中的少数者，在网络演化与结构重连耦合作用下，其有可能成为最终多数者，也有可能从网络中消失，还有可能与多数者共存。这里，我们定义以下两种情景：

（1）**共存（survival）**：意味着初始的少数个体 A 最终的数目不少于一定比例（即 $\rho\phi_0$），其中 $0 < \rho \leqslant 1$ 为容忍系数。

（2）**获胜（winning）**：意味着初始的少数个体 A 变为最终的多数个体。

在初始网络为随即图的条件下，状态为 A 的个体比例设定为 $\phi_0 = 0.2, 0.3$ 和 0.4，我们进行了 1000 次独立重复实验获得了 rewire-to-random，rewire-to-same，rewire-to-foaf 三种重连策略作用下的共存概率和获胜概率（图 5-26）。

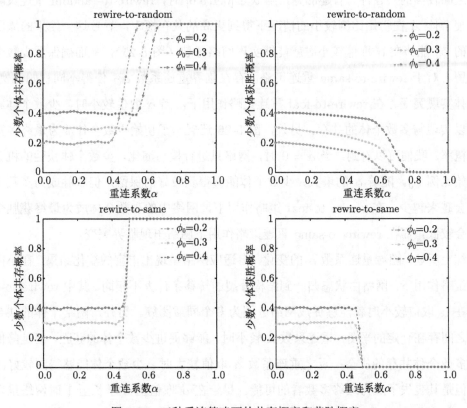

图 5-26 三种重连策略下的共存概率和获胜概率

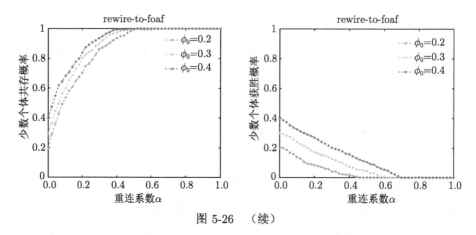

图 5-26   （续）

通过图 5-26 我们可以清楚地看出当 α 取值较大时，各种策略都展示了少数者和多数者之间较高的共存性。有趣的是，当 $\alpha \in [0.4, 0.6]$ 时，rewire-to-random 重连策略能够促使个体 A 在初始比例较小的情况下得到更高的共存概率，导致这一结果的原因是较小的 ϕ_0 能够在 α 取值较小时就能够实现网络分裂（图 5-25），从而确保了少数个体的保留。对于 rewire-to-same 重连策略，存在临界重连系数 α_C 使得不同初始比例 ϕ_0 的个体实现突变。在 rewire-to-foaf 重连策略作用下，当 α 取值较小时，少数个体就能够得以实现与多数个体的共存。另外，图 5-26 还展示了初始少数个体成为最终多数个体的概率，我们可以看到，当 $\alpha = 0$ 时，网络只进行模仿演化，少数个体获胜的机会为其初始比例 ϕ_0。随着 α 的增大，少数个体能够得到较好的保留，但获胜成为多数个体的机会越来越少。在 rewire-to-foaf 策略作用下，网络中的少数个体成为最终获胜个体的机会较低，而在 rewire-to-same 重连策略作用下网络出现临界突变。

综上所述，随着重连系数 α 的变化，自适应网络呈现出丰富的演化结果。在不同的重连策略作用下，网络由状态归一到结构分裂的转移条件大不相同，其中 rewire-to-foaf 策略在 α 取值较小时就能够促成网络分裂为多个同质团簇。另外，网络个体的共存和获胜之间存在一定的平衡：重连系数 α 较小时，能够促进少数个体的获胜，但是降低了其与多数个体共存的机会；反之重连系数 α 取值较大时，少数个体能够得到较好的保存，但是其丧失了成为最终多数者的可能。尽管在 α 取值由 0 增长至 1 时网络呈现了由归一到分裂的转变，但是不同的重连策略导致了不同的转变模式，客观上反映了局部行为对全局特定的影响。

5.4 基于近似多数模型的动态过程

在大多数自适应选举者模型中，相邻状态之间的演化通过直接竞争（Direct Competition）的方式进行，即活跃连接两端个体（A 和 B）彼此交互，通过彼此模仿对方状态而实现不一致状态的消解，例如 $AB \to AA$ 或者 $BA \to BB$，对等模仿条件下二者执行的速率是一样的。

然而，在许多现实场景中，两个状态不一致的个体实现冲突消解的方式通常会采用一个中间状态进行协调 [17,123-125]。于是，人们提出了近似多数模型（Approximate Majority Model）来刻画演化的细胞组织 [126]、群体动态性 [127-128] 等，其中两个相邻且状态不一致的个体通过采取中间状态来实现彼此的一致性。

5.4.1 近似多数模型

在自适应选举者模型中，我们尝试讨论中间状态的引入对网络演化的影响，即两个相邻节点 A 和 B 交互时产生一种新的状态 C 被其中 端采用。基于近似多数模型的性质，活跃连接的演化规则可表示为：$AB \to AC$ 或 $BA \to BC$。新产生的状态节点 C 与任意一确定状态节点（A 或 B）交互则会采取对方的状态，即 $AC \to AA$ 或 $BC \to BB$。然而，这些状态转移却是不可逆的，例如 $CA \to CC$ 或 $CB \to CC$ 就不会发生，因为这些行为将会产生双向交互，进而导致所有确定性状态节点的消失（即 $[C] = N$）。上述近似多数模型的状态转移过程可以通过图 5-27 进行表示。

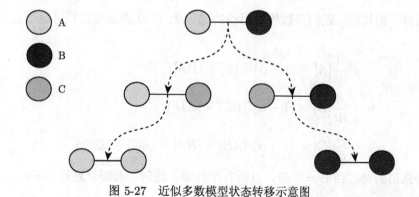

图 5-27 近似多数模型状态转移示意图

许多研究 [126] 显示在直接竞争模型作用下的状态演化收敛过程十分缓慢，且易受外界扰动的影响。然而，在近似多数模型中，系统能够快速收敛到稳定状态，大多数个体持有的状态将扩散到整个群体。为进一步解直接竞争模型与近似多数模型的区别，我们通过自适应选举者模型对二者加以阐述。

5.4.2 近似微分方程

基于近似多数模型的自适应选举者动态过程描述为：每一时刻，在网络中随机选取一对相邻节点 X 和 Y，以概率 $1-\alpha$ 执行状态演化过程：

- 如果 $X = Y$，保持不变；
- 如果 $X \neq Y \wedge X \neq C \wedge Y \neq C$，那么 $XY \to XC$ 或 $YX \to YC$；
- 如果 $X \neq Y \wedge Y = C$，那么 $XY \to XX$。

否则，以概率 α，采取 rewire-to-random 重连策略进行结构调整：

- 如果 $X = Y$，保持不变；
- 如果 $X \neq Y \wedge X \neq C \wedge Y \neq C$，那么 $(XY, Z) \to (XZ, Y)$ 或 $(YX, Z) \to (YZ, X)$；
- 如果 $X \neq Y \wedge Y = C$，保持不变。

其中 Z 为网络中任意一随机节点，上述动态过程持续进行直至所有相邻的节点实现状态一致。

下面，我们来推导近似多数模型的微分方程表达式。定义 $[A], [B], [C]$ 分别为各种类型节点在稳态条件下的均值，$[AA], [AB], [AC], [BA], [BB], [BC], [CC]$ 为各种类型边在稳态条件下的均值。近似多数模型驱动的 A、B、C 状态演化过程可通过式 5-44 进行刻画。

$$\frac{\mathrm{d}}{\mathrm{d}t}[A] = (1-\alpha)([AC] - [BA])$$

$$\frac{\mathrm{d}}{\mathrm{d}t}[B] = (1-\alpha)([BC] - [AB]) \tag{5-44}$$

$$\frac{\mathrm{d}}{\mathrm{d}t}[C] = (1-\alpha)([AB] + [BA] - [AC] - [BC])$$

需要指出的是，当 $\alpha = 0$ 时，且所有个体混合均匀，其演化过程如下：

$$\frac{\mathrm{d}}{\mathrm{d}t}[A] = [A][C] - [B][A]$$

$$\frac{\mathrm{d}}{\mathrm{d}t}[B] = [B][C] - [A][B] \tag{5-45}$$

$$\frac{\mathrm{d}}{\mathrm{d}t}[C] = 2[A][B] - [A][C] - [B][C]$$

定义三元组 $([A], [B], [C])$ 描述上述系统的演化状态，显然 $[A] + [B] + [C] = N$。当重连系数为 $\alpha = 0$ 且初始状态为 $(\phi_0 N, (1 - \phi_0)N, 0)$ 时，如果 $\phi_0 < 0.5$，那么该系统收敛至 $(0, N, 0)$；如果 $\phi_0 = 0.5$，那么该系统收敛至 $(N/3, N/3, N/3)$（如图 5-28所示）。

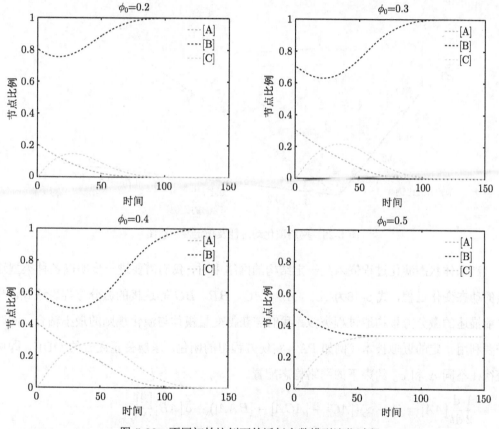

图 5-28 不同初始比例下的近似多数模型演化过程

显而易见，上述近似多数模型存在四个稳定状态，即 $(N, 0, 0)$、$(0, N, 0)$、$(0, 0, N)$ 和 $(N/3, N/3, N/3)$。然而，这些稳态（或者稳定点）具有不同的稳定性，也就是说在趋近这些稳定点的时候可能会背道而驰，远离该点。例如 $(0, 0, N)$ 就是一个不稳定的稳定点，任何趋近于该点的动态过程往往会与其偏离。状态 $(N/3, N/3, N/3)$ 也是一个不稳定的稳定点，除非初始状态满足 $[A]_0 = [B]_0 = N/2$，否则其他趋近于该点的动态过程也会与其偏离。具体而言，我们得到如图 5-29 所示的网络稳定性示意图，该图中每个点对应相应的 $([A], [B], [C])$ 状态，箭头方向表示演化的方向，箭头大小表示演化的速度，通过每个点的演化趋势，我们就可获得整个系统演化动态性及状态稳定性。该图揭示了在无重连行为（$\alpha = 0$）且初始条件不对称（$\phi_0 \neq 0.5$）时，网络中的多数个体状态最终会扩散至整个网络。

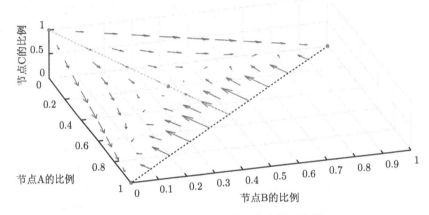

图 5-29　网络演化动态性及稳定性示意图

当个体状态演化过程嵌入到一定结构的网络中时，我们需要进一步明确各种类型连接的动态变化过程，式 5-46 为 AA、AB、AC、BB、BC 等连接的微分方程表达式。与之前描述的微分方程构造过程类似，我们需获得变量模体与演化规则的最小粘合，同时需要利用一定的近似技术（例如 PA）实现方程组的闭包。求解变量闭合的 ODE，即可获得在不同 α 和 ϕ_0 约束下的网络稳态配置。

$$\frac{1}{2}\frac{\mathrm{d}}{\mathrm{d}t}[AA] = (1-\alpha)([AC] + [ACA] - [BAA]) + \alpha[AB]\frac{[A]}{N}$$

$$\frac{\mathrm{d}}{\mathrm{d}t}[AB] = (1-\alpha)(-[AB] - [ABA] + [ACB] - [BA] - [BAB] + [BCA]) -$$
$$\alpha\left([AB]\left(1 - \frac{[B]}{N}\right) + [BA]\left(1 - \frac{[A]}{N}\right)\right)$$

$$\frac{\mathrm{d}}{\mathrm{d}t}[AC] = (1-\alpha)([AB] + [ABA] - [AC] - [ACA] + [ACC] - [BAC] +$$
$$[BAA] - [BCA]) + \alpha[AB]\frac{[C]}{N} \tag{5-46}$$

$$\frac{1}{2}\frac{\mathrm{d}}{\mathrm{d}t}[BB] = (1-\alpha)([BC] + [BCB] - [ABB]) + \alpha[BA]\frac{[B]}{N}$$

$$\frac{\mathrm{d}}{\mathrm{d}t}[BC] = (1-\alpha)([BA] + [BAB] - [BC] - [BCB] + [BCC] - [ABC] +$$

$$[ABB] - [ACB]) + \alpha[BA]\frac{[C]}{N}$$

$$\frac{1}{2}\frac{\mathrm{d}}{\mathrm{d}t}[CC] = (1-\alpha)(-[CCA] + [CBA] - [CCB] + [CAB])$$

5.4.3 案例分析

设定初始网络结构为 ER 随机网络，节点规模为 N，连接数量为 E，进行一系列独立重复实验。初始条件下，网络中没有中间状态 C，持有状态 A 的个体为少数者，初始比例为 ϕ_0，所有的节点均匀分布在网络中。在近似多数模型中，由于 A 和 B 交互作用产生中间状态 C，并在 $AC \to AA$ 和 $BC \to BB$ 作用下不断消失。同时，与状态 C 相关的连接都是重连无关的，进而导致在冷却状态下持有状态 C 的个体数量为 $[C] = 0$。下面，我们通过不同的初始比例 ϕ_0 和重连系数 α 刻画网络全局特性。

1. 多数者主导

首先，我们比较在直接竞争模型和近似多数模型作用下的状态 A 个体在稳态条件下的数量（图 5-30）。设定持有状态 A 的个体初始比例分别为 $\phi_0 = 0.2, 0.3$ 和 0.4。当重连系数 α 趋近于 1 时，直接竞争模型和近似多数模型拥有相近的结果，最终少数者比例趋近于初始少数者比例 ϕ_0。但是，当 α 取值较小时，持有状态 A 的个体在近似多数模型作用下直降到 0，体现了多数者成为网络主导的性质。另外，我们还通过基于偶对近似（PA）的微分方程加以验证，进一步凸显了直接竞争模型和近似多数模型的区别。

对于近似多数模型中的活跃连接 AB，状态为 A 或 B 的节点都有可能改变状态为 C，但是产生的 BC 连接数目要比 AC 连接数目多，因为初始条件下状态 B 个体是网络中的多数者。因此，越来越多的节点持有状态 B。当 α 取值较小时，网络状态演化过程十分迅速，初始状态下的多数者将其状态扩散至整个网络，多数者变成了主导者。

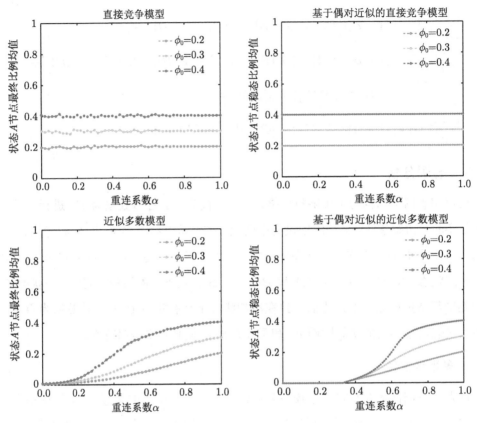

图 5-30　直接竞争模型与近似多数模型对比

2. 共存与获胜

采用上文中定义的共存（survival）与获胜（winning）概念，继续设定持有状态 A 的个体为初始少数者，其初始比例为 ϕ_0。如图 5-31 所示，在近似多数模型作用下（下侧两图），当重连系数 α 取值较小时，持有中间状态的个体受多数者状态压力作用而改变其状态，初始的多数者进而成为主导者，少数者状态从网络中消失；当重连系数较大时，重连行为发生频率较高，少数个体状态得以保存，网络进而分裂为多个团簇。需要指出的是，在直接竞争模型中，少数者初始比例越小，其与多数者共存的可能性越高，然而在近似多数模型中，少数者初始比例越大，其与多数者共存的可能性越高。因此，中间状态的引入促进二元自适应选举者模型朝着有利于多数者的趋势发展，但是其同样造成了少数者状态的保留难度。

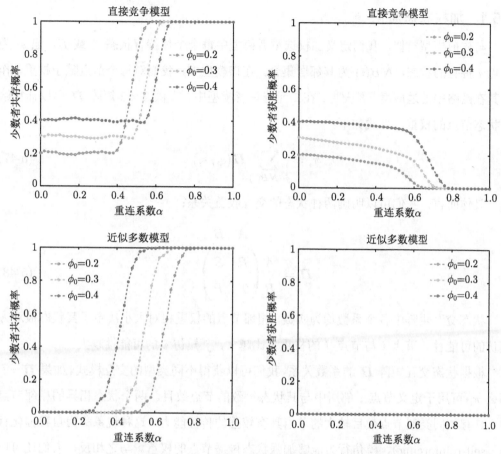

图 5-31 直接竞争模型与近似多数模型对状态共存与少数获胜的影响

5.5 基于加权状态演化的信息传播

上述研究 [1,4] 设定活跃连接两端个体具有对等的模仿能力，与二者网络配置无关。在本节，我们将 Durrett 等人 [1] 的研究成果加以扩展，提出加权选举者模型，在状态演化过程中通过线性或非线性的信息融合进行加权比对模仿。个体权重取决于自身状态以及邻居组成和相应的状态，权重较大的个体具有较强的状态传播能力，而权重较小的个体具有较弱的状态传播能力。

5.5.1 加权状态演化

与先前模型类似，我们定义加权选举者模型中每个个体持有状态 A 或 B，记 s_i 为节点 i 持有的状态，$NB(i)$ 为其邻居集合。在该模型中，我们对每个节点赋予权重，作为其在网络中的适应度 [7,69,129]。在二元选举者模型中，提供 2×2 矩阵 $\boldsymbol{\Pi}$ 用以计算给定状态节点的权重，形式如下：

$$\pi_i = \sum_{j \in NB(i)} \boldsymbol{\Pi}(s_i, s_j) \tag{5-47}$$

具体而言，我们可以明确两种状态的交互收益关系：

$$\boldsymbol{\Pi} = \begin{matrix} & \begin{matrix} A & \ B \end{matrix} \\ \begin{matrix} A \\ B \end{matrix} & \begin{pmatrix} R & S \\ T & P \end{pmatrix} \end{matrix} \tag{5-48}$$

状态交互矩阵中各个系数均为实数，相邻节点的权重相对大小决定了其状态被对方模仿的可能性。节点 i 与节点 j 的权重之比越大，j 模仿 i 的可能性越大。

根据状态交互矩阵 $\boldsymbol{\Pi}$ 的系数关系，我们可以获得不同类型的交互模式。如果 $\boldsymbol{\Pi} = I$，那么 π_i 可用于定义节点 i 邻居中与其状态一致的节点数目。两个状态相异的相邻节点中，具有相同类型节点数目较大的节点具有较强的传播能力。这种现象称为自我强化行为（self-reinforcing），模仿行为能够加强状态传播节点的权重。与之相反，人们还可以通过 $\boldsymbol{\Pi}$ 衡量相邻相异节点的节点数目，以此获得负反馈来定义节点权重。

给定交互矩阵 $\boldsymbol{\Pi}$，我们可通过上述方法获得两个相邻节点的权重：π_i 与 π_j，继而得到彼此模仿对方的概率。例如节点 i 模仿节点 j 状态的概率定义为 $p(s_i \to s_j)$，其可通过 Fermi 分布进行求解 [76]：

$$p(s_i \to s_j) = \frac{1}{1 + e^{-\beta(\pi_j - \pi_i)}} \tag{5-49}$$

其中 $\beta \geqslant 0$ 代表选择强度系数。如果我们假定 π_i 为节点 i 的负能量，那么 β 即可视为温度的逆。β 取值越小，向权重大节点的偏向力就越弱。当 $\beta = 0$ 时，就是典型的对等模仿模型 [1]。另一方面，当 $\beta \to +\infty$ 时，权重较大的个体拥有绝对的状态传播强度，模仿过程此时变为单向传播（除非两个节点权重一致）。

上述状态演化过程是权重相关的，而结构调整却是权重无关的，活跃连接两端节点以概率 α 进行基于 rewire-to-random 的断链重连。随着局部结构的调整，网络节点的权重也会发生相应的变化。状态演化促进了相邻相异节点的同化，而结构调整则促进了网络的分裂。

由此可知，加权选举者模型在状态演化过程中通过节点权重刻画状态的传播能力或模仿强度，导致了与已有研究结果 [1] 相差极大。

5.5.2　近似微分方程

考虑到各种连接之间（AB、AA 和 BB）分布的相关性，我们需要通过三元组模体，例如 AAA、AAB、ABA、BBA、BAB、以及 BBB 来估计网路节点邻居配置（图 5-32所示）。活跃连接一端的节点状态为 A，那么该节点近似配置为：$[BAA]/[AB]$ 个邻居状态为 A，$1+[BAB]/[AB]$ 个邻居状态为 B；类似性质同样适用于另一端节点 B。

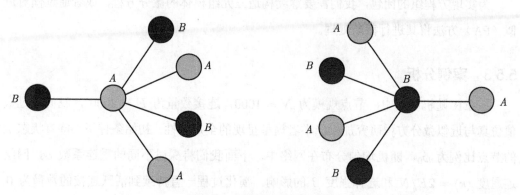

图 5-32　近似邻居结构配置

因此，我们可以通过上述近似邻居结构求解活跃连接两端节点的权重大小，以及状态模仿概率。

$$
\begin{aligned}
\pi_A &= R[BAA]/[AB] + S(1+[BAB]/[AB]) & p(A \to B) &= \frac{1}{1+e^{-\beta(\pi_B-\pi_A)}} \\
\pi_B &= T(1+[ABA]/[AB]) + P[ABB]/[AB] & p(B \to A) &= \frac{1}{1+e^{-\beta(\pi_A-\pi_B)}}
\end{aligned} \tag{5-50}
$$

综合上述内容，加权选举者模型的 ODE 表达形式为：

$$
\begin{aligned}
\frac{\mathrm{d}}{\mathrm{d}t}[A] &= (1-\alpha)[AB]\big(p(B\to A)-p(A\to B)\big) \\[4pt]
\frac{\mathrm{d}}{\mathrm{d}t}[B] &= (1-\alpha)[AB]\big(p(A\to B)-p(B\to A)\big) \\[4pt]
\frac{\mathrm{d}}{\mathrm{d}t}[AB] &= (1-\alpha)\big(p(A\to B)([BAA]-[BAB]) \\
&\quad + p(B\to A)([ABB]-[ABA])\big) + \left(\frac{\alpha}{2}-1\right)[AB] \\[4pt]
\frac{1}{2}\frac{\mathrm{d}}{\mathrm{d}t}[AA] &= (1-\alpha)\big(p(B\to A)[ABA]-p(A\to B)[BAA]\big) \\
&\quad + [AB]\left((1-\alpha)p(B\to A)+\frac{\alpha[A]}{2N}\right) \\[4pt]
\frac{1}{2}\frac{\mathrm{d}}{\mathrm{d}t}[BB] &= (1-\alpha)\big(p(A\to B)[BAB]-p(B\to A)[ABB]\big) \\
&\quad + [AB]\left((1-\alpha)p(A\to B)+\frac{\alpha[B]}{2N}\right)
\end{aligned}
\tag{5-51}
$$

为实现方程组的闭包，我们需要继续构造三元组模体的微分方程，或者通过偶对近似（PA）方法将其进行截断处理。

5.5.3 案例分析

在 ER 随机网络中，节点规模为 $N=1000$，连接数量为 $E=2000$，我们通过数值仿真与近似微分方程研究加权选举者模型呈现的全局特性。初始条件下，持有状态 A 的节点比例为 ϕ_0，随机均匀分布在网络中。下面我们将探讨不同的重连系数 α，网络连通度 $\langle k \rangle = 2E/N$ 和选择强度 β 的影响。演化过程一直持续到活跃连接的数量为 0，即冷却状态 $[AB]=0$，实施 30 次重复独立实验获取平均结果。

1. 数值仿真与近似解析

在非对等模仿环境中，设定交互矩阵系数分别为 $R=1.0$、$S=-1.0$、$T=2.0$ 和 $P=0.0$，状态模仿的选择强度设为 $\beta=10$，上述参数设置意味着从 A 变为 B 能够增加其权重，相反，从 B 变为 A 则会降低节点权重。我们关注不同重连系数 α 下的网络长期稳态行为，例如持有状态 A 的节点平均规模。状态为 A 的节点初始比例设为 $\{0.1, 0.3, 0.5, 0.7, 0.9\}$。图 5-33 展示了稳态条件下状态 A 节点的平均比例。

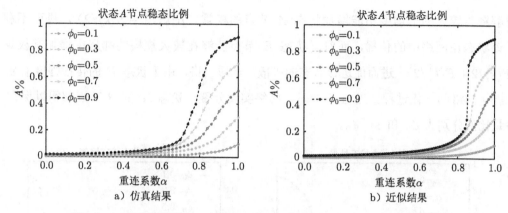

图 5-33 不同重连系数 α 与初始比例 ϕ_0 作用下状态 A 节点的稳态比例

在非对等模仿过程中，状态 B 相较于状态 A 具有更强的竞争力，因此持有状态 A 无法成为网络主导策略（甚至在重连系数较小的情况下）。然而，当重连系数 α 取值较大时，网络容易分裂为多个团簇，持有状态 A 的个体能够得以较好的保留。不论在任何重连系数下，稳态条件下状态 A 的节点比例始终不大于其初始比例 ϕ_0。当 $\alpha > 0$ 时，状态 A 节点最终比例随着 α 的增长不断增加，并在 $\alpha = 1.0$ 时到达 ϕ_0。这一现象与对等模仿过程存在很大的不同，在该过程中状态 A 节点平均规模与 α 无关，始终保持 ϕ_0（见图 5-30）。在 $\phi_0 > 0.5$ 的条件下，状态 A 节点作为初始的多数者，在重连系数较小的情况下也可能从网络中消失。相反，持有状态 B 的节点由于其较高的节点权重，能够在网络中迅速扩散开来。总而言之，该加权选举者模型有效反映了现实世界中个别"强有力"的节点能够占据整个群体的现象。

2. 不同的网络密度

一些研究[130] 显示在静态网络中不同的网络节点度数能够对网络演化产生很大的影响。为探索在自适应网络中是否具有相关的特性，设定交互矩阵系数为 $R = 1.0$、$S = -1.0$、$T = 2.0$ 和 $P = 0.0$，选择强度为 $\beta = 10$，图 5-34 展示了在稀疏随机网络 $\langle k \rangle = 2E/N = 4$ 和密集随机网络 $\langle k \rangle = 2E/N = 10$ 下状态 A 节点最终比例均值，两类网络节点规模都设定为 $N = 1000$。

基于该特定环境，我们发现较高的网络密度（较大的网络节点度数）能够增加网络分裂的机会，同时相较于稀疏网络状态 A 节点最终比例有所下降。上述特性的直观解释为较大的平均度不能增加状态 A 节点的权重（$R\langle k\rangle/2 + S\langle k\rangle/2$），进而不利于该状态在网络中的传播，而对于状态 B 节点能够在较大规模的邻居中增加其权重（$T\langle k\rangle/2 + P\langle k\rangle/2$），进而促进该状态的扩散。本质上讲，由于状态 B 的传播强度增强，加剧了网络归一化进程。当 $\alpha = 1$ 时，网络实现分裂，状态 A 和 B 节点都得以保存，数量比例分别为 ϕ_0 和 $1 - \phi_0$。

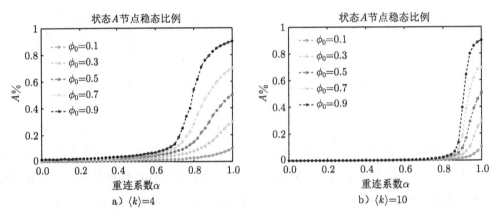

图 5-34　不同网络密度、不同重连系数 α 与初始比例 ϕ_0 作用下状态 A 节点的稳态比例

3. 不同的选择强度

　　除了重连系数与网络连通密度，影响网络演化的另一个重要因素为模仿选择强度 β，其决定了相邻状态相异节点的模仿偏好。正如之前讨论的那样，选择强度系数可视为温度的逆，较大的 β 取值能够带来单向确定性状态传播，即权重较大的节点一直被模仿。设定初始网络为 ER 随机网络，节点规模 $N = 1000$，连接数量 $E = 2000$，网络平均度为 $\langle k\rangle = 4$，重连系数为 $\alpha = 0.5$。状态交互矩阵参数分别设为 $R = 1.0$、$S = -1.0$、$T = 2.0$ 和 $P = 0.0$。状态 A 节点的初始比例变化范围为 $\{0.1, 0.3, 0.5, 0.7, 0.9\}$，其最终比例随选择强度（取值为 $[0,10]$）的变化情况如图 5-35所示。

　　给定某重连系数 α，状态为 A 的节点最终比例均值随着选择强度 β 的增加从其初始比例 ϕ_0 衰减到极小的数值。当 β 取值较小时，状态 A 节点由于彼此模仿行为的随机性而得以保留，特别是当 $\beta = 0$ 时，模型回到初始的对等模仿条件，最终比例与初始比例相等。当 β 逐渐增加时，相邻节点模仿的选择强度快速增加，模仿不再对等，进而导致状态 A 节点的快速消失。

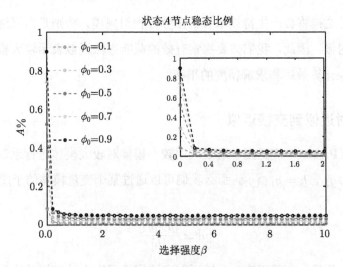

图 5-35 不同选择强度下状态 A 节点的稳态比例

5.6 应用：选举者网络的演化与近似

正如之前提到的基于最小粘合构建微分图方程组能够快速刻画系统的演化过程，然而这些微分方程将变量 g 与规则两侧子图进行粘合通常会产生一些较大的模体。例如，图 5-36所示的状态转移 $AB \to AA$ 会导致一些较大模体的变化：$ABA \to AAA$ 和 $ABB \to AAB$，这些变化影响了活跃连接 AB 的数量。具体而言，除了转移主体发生的 AB 变量变化，$ABA \to AAA$ 将造成额外 AB 的减少，而 $ABB \to AAB$ 会造成额外 AB 的增加。

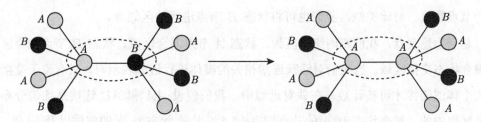

图 5-36 状态演化导致较大模体进入微分方程

原则上，人们可以通过持续构造如式 (5-29) 所示的微分方程组获取所有变量的演化表达式，但是这样将会产生持续增长的微分方程组规模，特别是当网络结构复杂、节点状态众多的时候。因此，我们需要探索有效的截断方法近似表示较大模体，控制方程组的规模，确保计算效率和求解精度的平衡。

5.6.1　从偶对近似到交接近似

偶对近似（PA）[118] 广泛用于通过利用较小模体对较大模体进行近似表达。具体而言，令 $g = g_1 \cup g_2$，$h = g_1 \cap g_2$，那么我们可以通过某个变量模体的子图对其进行近似估计：

$$[g] \simeq \frac{[g_1][g_2]}{[h]} \tag{5-52}$$

其服从条件独立假设。一般而言，偶对近似方法假设网络中的连接是均匀分布的，这显然与自适应网络的结构特征不符，特别是某些结构关联会导致 h 子图数量易被高估，从而影响整个近似过程的准确性。为减少上述近似误差，本研究计划将网络结构的关联关系引入偶对近似的过程中，区别对待子图之间的交集，使条件假设更加合理。

在自适应选举者模型中，研究构造的微分方程组右侧包含许多三元组模体，例如 $[AAB]$、$[ABA]$、$[BAB]$ 等，这些变量通过偶对近似分解为 $[AA]$、$[AB]$、$[BB]$ 以及 $[A]$ 和 $[B]$ 的组合表达式。然而，这种近似手段忽略了各种连接之间的相关性，特别是针对在自适应网络中分裂团簇的形成过程中，活跃连接 AB 的分布极度不均匀。因此，进行微分方程近似解析需要考虑相关变量之间的相关性，区别对待不同的模体。

为解决这一问题，根据与状态 B 节点是否存在连接我们将状态 A 节点作以区分（图 5-37），一种与状态 B 节点相邻，一种与状态 B 节点不相邻。定义 $[A_I]$ 为交接位置的节点数目。与此类似，我们也可将状态 B 节点进行分区划分。

基于上述观点，我们将网络分区为：状态 A 节点混合区域、状态 B 节点混合区域和混合状态交接区域。当我们对活跃连接相关的模体进行近似表示时，只有位于交接区域的个体或连接才可被计数。在偶对近似中，我们假设 AA 和 AB 连接是均匀分布在整个网络中的，每个状态为 A 的节点拥有 $[AA]/[A]$ 个状态为 A 的邻居以及 $[AB]/[A]$ 个状态为 B 的邻居。但是这种方法将一些特殊的 A 状态节点（即只与 A 状态节点相连的节点）考虑在内，而事实上在交接位置的状态 A 节点只有 $[AB]/[A_I]$ 个状态为 B

的邻居。因此，为获取更加准确的近似估计，我们需要重新计算在交接区域的节点数量，即 $[A_I]$ 或 $[B_I]$。

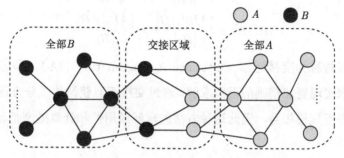

图 5-37 网络结构分区示意图

在随机网络中，rewire-to-random 重连策略不影响网络的度分布。因此我们对网络配置和度分布进行如下假设，用以估计不同区域的节点。对于持有状态 A 的节点，我们假设：

- 状态 A 节点的度服从 Poisson 分布，平均度为 $k_A = ([AA] + [AB])/[A]$；
- 状态 A 节点的邻居服从二项式分布，即任一邻居以概率 $p_{AA} = [AA]/([AA]+[AB])$ 状态为 A，以概率 $p_{AB} = [AB]/([AA]+[AB])$ 状态为 B。

类似的方法可用以估计持有状态 B 的节点：

- 状态 B 节点的度服从 Poisson 分布，平均度为 $k_B = ([AB] + [BB])/[B]$；
- 状态 B 节点的邻居服从二项式分布，即任一邻居以概率 $p_{BA} = [AB]/([BB]+[AB])$ 状态为 A，以概率 $p_{BB} = [BB]/([BB] + [AB])$ 状态为 B。

综上所述，处于交接区域的个体数量近似为：

$$[A_I] = [A] \sum_{k=1}^{N-1} f(k, k_A) \left(\sum_{i=1}^{k} \binom{k}{i} p_{AB}^i p_{AA}^{k-i} \right) < [A]$$
$$[B_I] = [B] \sum_{k=1}^{N-1} f(k, k_B) \left(\sum_{i=1}^{k} \binom{k}{i} p_{BA}^i p_{BB}^{k-i} \right) < [B]$$

(5-53)

其中 $f(k, k_A) = \dfrac{k_A^k e^{k_A}}{k!}$ 意味节点状态为 A 的个体在 Poisson 分布下度数为 k。

对于与活跃连接相关的三元组模体，其近似估计为：

$$[BAB] \simeq \frac{[AB][AB]}{[A_I]} > \frac{[AB][AB]}{[A]}$$

$$[ABA] \simeq \frac{[AB][AB]}{[B_I]} > \frac{[AB][AB]}{[B]}$$

(5-54)

上述近似过程称为交接近似（Interface Approximation，IA），即通过区分网络节点的分布区域来实现更加精确的近似求解。通过交接近似获得的微分方程组规模与基于偶对近似的方程组规模相当，因此这种方法的求解通用性和计算效率都是可控的。

案例分析

现在，让我们通过基于 rewire-to-random 的自适应选举者模型探索状态演化与结构调整的耦合动力学过程。随机选取一条活跃连接 AB，以概率 $1-\alpha$ 进行模仿演化，以概率 α 进行断链重连。我们刻画最终少数者比例随重连系数 α 的变化情况。正如之前模型所述，数值仿真在随机网络上进行，节点规模 $N=1000$，连接数目 $E=2000$。初始条件下，状态 A 节点的初始比例分别为 $\phi_0=0.2, 0.3$ 和 0.4。图 5-38 显示了数值仿真结果和理论解析近似（方程 5-31），其中微分方程的闭包通过偶对近似 PA 和交接近似 IA 完成。需要指出的是，活跃连接关联的三元组模体的近似方式有所不同，偶对近似 PA 通过式 (5-33) 执行，交接近似 IA 通过式 (5-54) 执行。数值仿真结果（深灰色）与 PA 近似结果（浅灰色）、IA 近似结果（黑色）对比可见，IA 近似效果更佳，与数值仿真结果的误差较小。

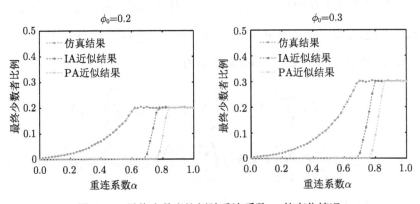

图 5-38   最终少数者比例随重连系数 α 的变化情况

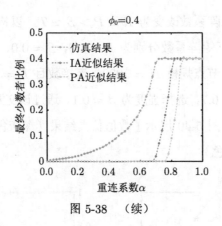

图 5-38　（续）

我们还通过加权选举者模型比较各种近似方法的性能。数值仿真在随机网络上进行，节点规模 $N = 1000$，连接数目 $E = 2000$，A 和 B 两种状态的节点规模对等，都为 50%。具体而言，我们利用交互矩阵（各个系数关系 $T > R > P > S$，$R = 1.0$，$S = -1.0$，$T = 2.0$，$P = 0.0$）构建网络个体之间囚徒困境（Prisoner's Dilemma，PD）场景。状态演化与结构调整耦合动力学演化过程速率分别为 $1 - \alpha$ 和 α。相邻相异节点之间的模仿概率基于 Fermi 分布（式 5-49）计算，其中选择强度 $\beta = 0.1$，权重较大的个体拥有较高的状态传播概率。对于结构调整行为，我们采用基于 rewire-to-random 的策略进行断链重连。图 5-39 展示了针对该加权选择者模型的数值仿真结果（深灰色）、PA 近似结果（浅灰色）和 IA 近似结果（黑色）。

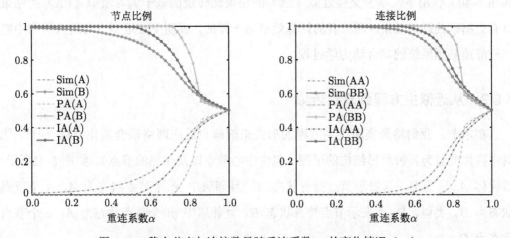

图 5-39　稳态节点与连接数量随重连系数 α 的变化情况（一）

当我们将上述交互矩阵系数改变为 $R \simeq P > S \simeq T$，以构建协同博弈（Coordination Game）的场景，交互矩阵系数分别为 $R = 1.0$，$S = 0.0$，$T = 0.0$，$P = 1.0$。数值仿真在随机网络上进行，节点规模 $N = 1000$，连接数目 $E = 2000$，A 和 B 两种状态的节点比例分别为 0.3 和 0.7，选择强度为 $\beta = 0.1$。通过该交互矩阵分析加权自适应选举模型的耦合演化过程，图 5-40 展示了数值仿真结果（深灰色）、PA 近似结果（浅灰色）和 IA 近似结果（黑色）。

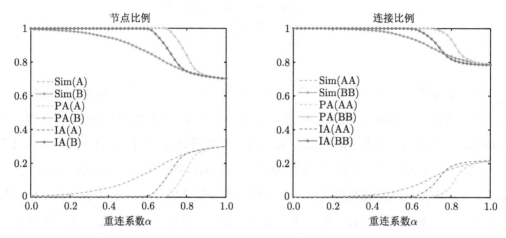

图 5-40 稳态节点与连接数量随重连系数 α 的变化情况（二）

通过上述场景下的结果对比可以看出，在对等模仿（图 5-38）与加权模仿（图 5-39 和图 5-40）作用下，基于交接近似（IA）的结果比传统的基于偶对近似（PA）的结果具有更精确的近似效果，而二者的计算效率是一样的，表明交接近似在自适应网络中能够较好地刻画系统的耦合动力学过程。

5.6.2 从近似主方程到双星近似

在本节，我们将聚集通过主方程的形式来刻画自适应网络耦合演化过程 [1,116-117]，其中模体变量为各种星形结构的子图（包含中心节点以及相邻的节点），如图 5-41 所示。以模体 $A_{m,n}$ 为例，其表示节点持有状态 A，且邻居中 m 个节点状态为 A，n 个节点状态为 B。类似，$B_{m,n}$ 表示节点持有状态 B，且邻居中 m 个节点状态为 A，n 个节点状态为 B。

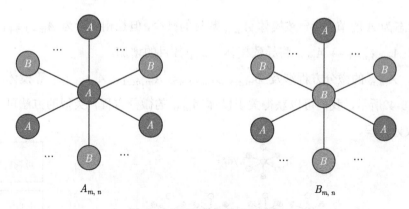

图 5-41 星形结构模体示意图

1. 近似主方程

近似主方程（Approximate Master Equations，AME）已经在自适应选举者模型中得到了一定的研究[1]，人们通过构建闭包的微分方程刻画系统动态过程，方程组变量为各种星形结构模体。具体而言，对于每个星形结构模体，以模体 $A_{m,n}$ 为例，其存在 5 种动态过程：

- 中心节点状态转移：$A_{m,n} \to B_{m,n}$ 导致模体 $A_{m,n}$ 数目的减少，但是其相反行为 $B_{m,n} \to A_{m,n}$ 能够导致模体 $A_{m,n}$ 数目的增加。

- 相邻节点状态转移：$A_{m,n} \to A_{m-1,n+1}$（一邻居状态由 A 变为 B），$A_{m,n} \to A_{m+1,n-1}$（一邻居状态由 B 变为 A）导致模体 $A_{m,n}$ 数目的减少，但是相反行为能导致模体 $A_{m,n}$ 数目的增加。

- 边的新增：$A_{m,n} \to A_{m+1,n}$（增加持有状态为 A 的邻居），$A_{m,n} \to A_{m,n+1}$（增加持有状态为 B 的邻居）导致模体 $A_{m,n}$ 数目的减少，但是 $A_{m-1,n} \to A_{m,n}$ 和 $A_{m,n-1} \to A_{m,n}$ 导致模体 $A_{m,n}$ 数目的增加。

- 边的减少：$A_{m,n} \to A_{m-1,n}$（减少持有状态为 A 的邻居），$A_{m,n} \to A_{m,n-1}$（减少持有状态为 B 的邻居）导致模体 $A_{m,n}$ 数目的减少，但是 $A_{m+1,n} \to A_{m,n}$ 和 $A_{m,n+1} \to A_{m,n}$ 导致模体 $A_{m,n}$ 数目的增加。

- 边的交换：$A_{m,n} \to A_{m-1,n+1}$（断开持有状态为 A 的邻居重连到其他持有状态为 B 的节点），$A_{m,n} \to A_{m+1,n-1}$（断开持有状态为 B 的邻居重连到其他持有

状态为 A 的节点）导致模体 $A_{m,n}$ 数目的减少，但是相反行为 $A_{m-1,n+1} \rightarrow A_{m,n}$ 和 $A_{m+1,n-1} \rightarrow A_{m,n}$ 将导致模体 $A_{m,n}$ 数目的增加。

由此可见，$A_{m,n}$ 的微分方程涉及 $B_{m,n}$、$A_{m\pm1,n}$、$A_{m,n\pm1}$、$A_{m\pm1,n\pm1}$ 等模体。

如图 5-42所示，我们可以获得关于模体 $A_{m,n}$ 的微分方程，类似的方法可用于构造 $B_{m,n}$ 的微分方程。

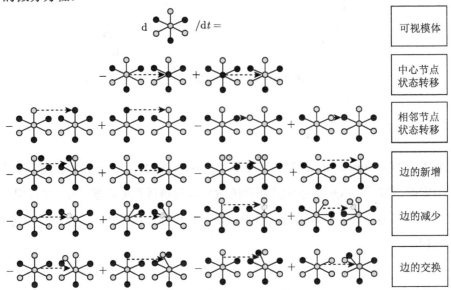

图 5-42　星形结构微分方程形式示意图

假设网络节点最大度为 $k_{\max}$，那么近似主方程 AME 规模为 $2k_{\max}^2$，明显高于基于偶对近似 PA 或交接近似 IA 的微分方程组规模。

$$\frac{\mathrm{d}}{\mathrm{d}t}[A_{m,n}] = -\lambda_{A_{m,n}}^{A\rightarrow B}[A_{m,n}] + \lambda_{A_{m,n}}^{B\rightarrow A}[B_{m,n}] -$$

$$\sum_{u\in NB(A_{m,n})\wedge s_u=A} \lambda_u^{A\rightarrow B}[A_{m,n}] + \sum_{u\in NB(A_{m,n})\wedge s_u=A} \lambda_u^{A\rightarrow B}[A_{m+1,n-1}] -$$

$$\sum_{u\in NB(A_{m,n})\wedge s_u=B} \lambda_u^{B\rightarrow A}[A_{m,n}] + \sum_{u\in NB(A_{m,n})\wedge s_u=B} \lambda_u^{B\rightarrow A}[A_{m-1,n+1}] -$$

$$\mu_{A_{m,n}}^{-A}[A_{m,n}] - \mu_{A_{m,n}}^{-B}[A_{m,n}] + \mu_{A_{m+1,n}}^{-A}[A_{m+1,n}] + \mu_{A_{m,n+1}}^{-B}[A_{m,n+1}] -$$

$$\mu_{A_{m,n}}^{+A}[A_{m,n}] - \mu_{A_{m,n}}^{+B}[A_{m,n}] + \mu_{A_{m-1,n}}^{+A}[A_{m-1,n}] + \mu_{A_{m,n-1}}^{+B}[A_{m,n-1}] -$$

$$\mu_{A_{m,n}}^{-A+B}[A_{m,n}] - \mu_{A_{m,n}}^{+A-B}[A_{m,n}] + \mu_{A_{m-1,n+1}}^{+A-B}[A_{m-1,n+1}] +$$

$$\mu_{A_{m+1,n-1}}^{-A+B}[A_{m+1,n-1}] \tag{5-55}$$

其中 $\lambda^{A \to B}_{A_{m,n}}$ 为 $A_{m,n} \to B_{m,n}$ 的转移速率；$\lambda^{A \to B}_u$ 为相邻节点 $u \in NB(A_{m,n}) \wedge s_u = A$ 由状态 A 变为 B 的速率；$\mu^{-A}_{A_{m,n}}$ 为移除状态为 A 邻居的速率；$\mu^{+A}_{A_{m,n}}$ 为新增状态为 A 邻居的速率；$\mu^{-A+B}_{A_{m,n}}$ 为中心节点断开状态为 A 的邻居重连至状态为 B 的节点的速率。

需要注意的是，AME 强调了中心节点与相异邻居的状态，对邻居节点的结构配置却没有提及。对于星形模体 $A_{m,n}$，人们普遍假设其邻居节点中持有相同状态的节点是无差别的，也就是说持有状态 A 的邻居节点结构配置为 $A_{1+[AAA]/[AA],[AAB]/[AA]}$，而持有状态 B 的邻居节点结构配置为 $B_{1+[ABA]/[AB],[ABB]/[AB]}$。对于星形模体 $B_{m,n}$，我们可以获得类似的近似。图 5-43 展示了关于中心节点邻居配置的示意图。

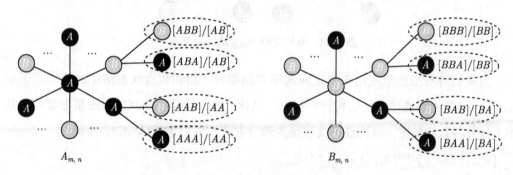

图 5-43　AME 中邻居节点近似配置示意图

在星形结构的基础上，我们可以获得各种节点、连接、三元组等变量的近似数目，例如 $[ABA] = \sum_{m,n} m(m-1)[B_{m,n}]$。

2. 双星近似

以偶对近似（PA）[118] 为代表的近似技术以变量模体为对象通过结构截断实现微分方程组的闭包，当人们更加关注个体本身以及相邻配置时，近似主方程（AME）技术则显得更加有效 [1,116-117]。基于 AME 近似技术构建的方程左右两侧都是星形结构的变量，因此只要遍历所有不同配置的星形变量即可实现方程组的闭包。然而，在面对相关性强且聚类特征明显的模体时（如环形结构、长链结构等），上述星形变量就无法对相邻节点进行准确的近似，考虑到各个星簇之间的关联，本研究将充分利用 PA 的截断技术优势和 AME 的结构配置信息，综合考虑网络节点信息的深度和广度，以关联星簇为变量，设计双星结构模体，从而能够更加准确地刻画相邻节点的关联配置。在双星结构近似（double stars approximation，DSA）中，我们将相邻节点对看作变量，即 $\langle NB(i), NB(j) \rangle$，数量为有限个。双星结构模体是由一条公共连接关联的两个单星模体，例如 $A_{m,n}B_{p,q}$ 意味着两个关联的星形结构 $A_{m,n}$ 和 $B_{p,q}$，如图 5-44 所示。

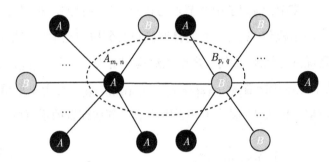

图 5-44　双星结构 $A_{m,n}B_{p,q}$ 示意图

当我们将双星近似应用于自适应选举者模型时，相邻节点状态演化的速率（例如 $AB \to AA$）可以通过双星结构计算得出。具体而言，就是在相互关联的星形模体的基础上计算各自的权重，进而获得其演化的微分方程，以星形模体 $A_{m,n}$ 为例：

$$
\begin{aligned}
\frac{\mathrm{d}}{\mathrm{d}t}[A_{m,n}] = & -\lambda_{A_{m,n}}^{A \to B}[A_{m,n}] + \lambda_{B_{m,n}}^{B \to A}[B_{m,n}] - \\
& \sum_{p,q} \lambda_{B_{p,q}}^{B \to A}[A_{m,n}B_{p,q}] + \sum_{p,q} \lambda_{B_{p,q}}^{B \to A}[A_{m-1,n+1}B_{p,q}] - \\
& \sum_{p,q} \lambda_{A_{p,q}}^{A \to B}[A_{m,n}A_{p,q}] + \sum_{p,q} \lambda_{Ap,q}^{A \to B}[A_{m+1,n-1}A_{p,q}] - \\
& \mu_{A_{m,n}}^{-A}[A_{m,n}] - \mu_{A_{m,n}}^{-B}[A_{m,n}] + \mu_{A_{m+1,n}}^{-A}[A_{m+1,n}] + \mu_{A_{m,n+1}}^{-B}[A_{m,n+1}] - \\
& \mu_{A_{m,n}}^{+A}[A_{m,n}] - \mu_{A_{m,n}}^{+B}[A_{m,n}] + \mu_{A_{m-1,n}}^{+A}[A_{m-1,n}] + \mu_{A_{m,n-1}}^{+B}[A_{m,n-1}] - \\
& \mu_{A_{m,n}}^{-A+B}[A_{m,n}] - \mu_{A_{m,n}}^{+A-B}[A_{m,n}] + \mu_{A_{m-1,n+1}}^{+A-B}[A_{m-1,n+1}] + \mu_{A_{m+1,n-1}}^{-A+B}[A_{m+1,n-1}]
\end{aligned}
\tag{5-56}
$$

其中 $\lambda_{A_{m,n}}^{A \to B}$ 意味着 $A_{m,n} \to B_{m,n}$ 的转移速率；$\lambda_{B_{p,q}}^{B \to A}$ 为 $B_{p,q} \to A_{p,q}$ 的转移速率；$\mu_{A_{m,n}}^{-A}$ 为移除持有状态为 A 邻居的速率；$\mu_{A_{m,n}}^{+A}$ 为新增状态为 A 邻居的速率；$\mu_{A_{m,n}}^{-A+B}$ 为断开状态为 A 邻居并重连到状态为 B 节点的速率。

特别需要指出的是，双星近似（DSA）能够获得相邻连接两端的节点配置，因而可以获得状态转移的准确概率。然而，为实现方程组的闭包，我们仍需通过一些近似技术将双星结构模体分解为单个星形结构，如图 5-44 所示，这样获得的方程组规模与基于

AME 的方法无异。

$$[A_{m,n}B_{p,q}] \simeq [A_{m,n}] \times n \times \frac{p \times [B_{p,q}]}{\sum\limits_{p,q} p \times [B_{p,q}]} = \frac{[A_{m,n}] \times n \times p \times [B_{p,q}]}{[AB]}$$

$$[A_{m,n}A_{p,q}] \simeq [A_{m,n}] \times m \times \frac{p \times [A_{p,q}]}{\sum\limits_{p,q} p \times [A_{p,q}]} = \frac{[A_{m,n}] \times m \times p \times [A_{p,q}]}{[AA]} \quad (5\text{-}57)$$

其中 $[AB] = \sum\limits_{m,n} \sum\limits_{p,q} [A_{m,n}B_{p,q}]$, $[AA] = \sum\limits_{m,n} \sum\limits_{p,q} [A_{m,n}A_{p,q}]$。

3. 案例分析

让我们再次回顾 Durrett 等人的模型 [1]，其假设节点状态转移的概率正比于相邻持有相异状态节点的数目。因此，在基于 AME 的微分方程系统中，某节点状态发生变化的速率记为：$\lambda_{A_{m,n}}^{A \to B} = n$, $\lambda_{B_{m,n}}^{B \to A} = m$, 上述速率可以通过星形结构准确得出。然而对于中心节点的相邻节点而言，其状态发生变化的速率就要通过近似方法求解，基于 AME 的近似过程对这种速率采用"先综合后计算"的方式计算，即首先综合全体可能情形估计中心节点邻居的"平均"结构配置，然后基于该"平均"配置计算状态转移速率。

例如，某状态为 A 的中心节点配置为 $A_{m,n}$，那么与中心节点相邻且状态为 A 的节点 u 可近似表示为：$A_{1+[AAA]/[AA],[AAB]/[AA]}$，其状态转移速率计算可得 $\lambda_u^{A \to B} = [AAB]/[AA]$。鉴于中心节点 $A_{m,n}$ 具有 m 个这种配置的邻居，因此将其求和即为相邻节点状态由 A 变为 B 的速率：

$$\sum_{u \in NB(A_{m,n}) \wedge s_u = A} \lambda_u^{A \to B} [A_{m,n}] = [A_{m,n}] \times m \times [AAB]/[AA] \quad (5\text{-}58)$$

最后，我们就可以获得基于近似主方程（AME）的自适应网络动态性演化方程：

$$\begin{aligned}
\frac{\mathrm{d}}{\mathrm{d}t}[A_{m,n}] = {}& -(1-\alpha)n[A_{m,n}] + (1-\alpha)m[B_{m,n}] - \\
& (1-\alpha)([AAB]/[AA])m[A_{m,n}] + (1-\alpha)([AAB]/[AA])(m+1)[A_{m+1,n-1}] - \\
& (1-\alpha)([ABA]/[AB]+1)nA_{m,n} + (1-\alpha)([ABA]/[AB]+1)(n+1)[A_{m-1,n+1}] + \\
& \alpha(-2+[B]/N)n[A_{m,n}] + \alpha([A]/N)(n+1)[A_{m-1,n+1}] + \alpha(n+1)[A_{m,n+1}] + \\
& \alpha[AB](-2[A_{m,n}] + [A_{m,n-1}] + [A_{m-1,n}])/N
\end{aligned}$$

$$(5\text{-}59)$$

　　然而，基于双星近似方法 DSA 分析自适应网络演化过程与上述情形有所不同。对于配置为某中心节点而言，其状态转移速率的计算方式与 AME 方法一致，即 $\lambda_{A_{m,n}}^{A \to B} = n$ 或 $\lambda_{B_{m,n}}^{B \to A} = m$。然而，对于中心节点相邻的节点而言，其状态转移速率采用"先计算后综合"的方式计算，即首先在明确双星结构的条件下获得相应的转移速率，然后综合所有的双星模体获得平均转移速率。

　　例如，双星结构 $A_{m,n}A_{p,q}$ 转移向 $A_{m,n}B_{p,q}$ 的速率记为 $\lambda_{A_{p,q}}^{A \to B} = q$，综合所有与 $A_{m,n}$ 关联的双星模体，即可获得其状态转移速率：

$$
\begin{aligned}
\sum_{p,q} \lambda_{A_{p,q}}^{A \to B} [A_{m,n}A_{p,q}] &\simeq \sum_{p,q} q \times \frac{[A_{m,n}] \times m \times p \times [A_{p,q}]}{[AA]} \\
&= \frac{[A_{m,n}] \times m}{[AA]} \times \sum_{p,q} q \times p \times [A_{p,q}] \\
&= \frac{[A_{m,n}] \times m}{[AA]} \times [AAB] \\
&= [A_{m,n}] \times m \times [AAB]/[AA]
\end{aligned}
\tag{5-60}
$$

　　由此可见，在线性状态转移情况下，基于 AME 的近似过程（式 5-58）与基于 DSA 的近似过程（式 5-60）能够得出一致的结论。基于双星近似方法（DSA）的自适应网络动态性演化方程表示形式为：

$$
\begin{aligned}
\frac{\mathrm{d}}{\mathrm{d}t}[A_{m,n}] =& -(1-\alpha)n[A_{m,n}] + (1-\alpha)m[B_{m,n}] - \\
& (1-\alpha)\sum_{p,q}[A_{m,n}B_{p,q}] \times p + (1-\alpha)\sum_{p,q}[A_{m-1,n+1}B_{p,q}] \times p - \\
& (1-\alpha)\sum_{p,q}[A_{m,n}A_{p,q}] \times q + (1-\alpha)\sum_{p,q}[A_{m+1,n-1}A_{p,q}] \times q + \\
& \alpha(-2+[B]/N)n[A_{m,n}] + \alpha([A]/N)(n+1)[A_{m-1,n+1}] \\
& +\alpha(n+1)[A_{m,n+1}] + \alpha[AB](-2[A_{m,n}]+[A_{m,n-1}]+[A_{m-1,n}])/N
\end{aligned}
\tag{5-61}
$$

　　更进一步，图 5-45 显示了基于 rewire-to-random 的自适应选举者模型中数值仿真与近似解析的比对结果。在该耦合动力学过程中，随机选取一条活跃连接 AB，以概率 $1-\alpha$ 进行模仿演化，以概率 α 进行断链重连，我们刻画最终少数者比例随重连系数 α 的变化情况。网络初始结构为随机网络，节点规模 $N = 1000$，连接数目 $E = 2000$。初始条件下，状态 A 节点的初始比例分别为 $\phi_0 = 0.2, 0.3$ 和 0.4。有趣的是，基于 AME 和 DSA 的近似解析方法在线性转移速率下能够获得相同的结果，而且其近似准确性较偶对近似 PA 和交接近似 IA 有了大幅的提升（见图 5-38）。

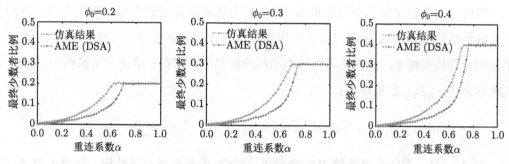

图 5-45 最终少数者比例随重连系数 α 的变化情况

下面，我们讨论更加复杂的情形，即相邻节点状态转移速率为非线性，即加权选举者模型所示的场景，在该模型中节点的权重取决于自身状态以及相邻节点的配置，而持有相异状态的相邻节点进行状态传播的概率又取决于二者的各自权重（以 Fermi 分布进行量化）。

在基于 AME 的近似过程中，节点状态转移通过"先综合后计算"的方式进行，首先估计"平均"邻居配置，然后进行转移速率计算。对于节点 $A_{m,n}$，其权重记为 $\pi_{A_{m,n}} = R \times m + S \times n$。相邻节点中状态为 B 的节点数目为 n，每个节点近似为 $B_{[ABA]/[AB]+1, [ABB]/[AB]}$，意味着这类邻居平均拥有 $[ABA]/[AB] + 1$ 个状态为 A 的邻居，以及 $[ABB]/[AB]$ 个状态为 B 的邻居。因此，中心节点 $A_{m,n}$ 邻居中这类状态为 B 的节点权重近似为：

$$\pi_{\bar{B}} = T \times ([ABA]/[AB] + 1) + P \times [ABB]/[AB]$$
$$\simeq \sum_{p,q} T \times \frac{p \times [B_{p,q}] \times p}{[AB]} + P \times \frac{p \times [B_{p,q}] \times q}{[AB]}$$
$$\simeq \sum_{p,q} \frac{p \times [B_{p,q}]}{[AB]} \times \pi_{B_{p,q}}$$

由此可得，中心节点由 $A_{m,n}$ 变为 $B_{m,n}$ 的转移速率可近似为：

$$\lambda_{A_{m,n}}^{A \to B} = [A_{m,n}] \times n \times \frac{1}{1 + \mathrm{e}^{-\beta(\pi_{\bar{B}} - \pi_{A_{m,n}})}}$$

$$= [A_{m,n}] \times n \times \frac{1}{1 + \mathrm{e}^{-\beta\left(\sum\limits_{p,q} \frac{p \times [B_{p,q}]}{[AB]} \times \pi_{B_{p,q}} - \pi_{A_{m,n}}\right)}} \tag{5-62}$$

然而, 当我们采用基于双星近似 DSA 的方法求解上述速率时, 情况将有所不同。在非线性条件下, DSA 采用"先计算后综合"的方法求解状态转移概率, 首先通过双星结构计算传播概率, 然后将各种可能结构的概率进行综合。给定双星结构 $A_{m,n}B_{p,q}$, 其转移为 $B_{m,n}B_{p,q}$ 的概率为:

$$p(A_{m,n}B_{p,q} \to B_{m,n}B_{p,q}) = [A_{m,n}B_{p,q}] \times \frac{1}{1 + \mathrm{e}^{-\beta(\pi_{B_{p,q}} - \pi_{A_{m,n}})}}$$

将 $A_{m,n}B_{p,q}$ 中所有可能的 $B_{p,q}$ 情形进行综合, 即可获得双星结构一端节点由 $A_{m,n}$ 变化为 $B_{m,n}$ 的速率:

$$\lambda_{A_{m,n}}^{A \to B} = \sum_{p,q} [A_{m,n}B_{p,q}] \times \frac{1}{1 + \mathrm{e}^{-\beta(\pi_{B_{p,q}} - \pi_{A_{m,n}})}}$$

$$\simeq [A_{m,n}] \times n \times \sum_{p,q} \frac{p \times [B_{p,q}]}{[AB]} \times \frac{1}{1 + \mathrm{e}^{-\beta(\pi_{B_{p,q}} - \pi_{A_{m,n}})}} \tag{5-63}$$

由此可见, 在非线性转移速率条件下, 基于 AME 的方法(式 5-62)与基于 DSA 的方法(式 5-63)得到不同的状态转移概率。为分析其原因, 定义 $f(x)$ 为速率函数:

$$f(x) = 1/(1 + \mathrm{e}^{-\beta(x-c)}) \tag{5-64}$$

其中, 基于 AME 的方法求解思路正比于 $f(\mathbb{E}[x])$, 而基于 DSA 的求解思路正比于 $\mathbb{E}[f(x)]$。

以加权选举者模型为例, 初始结构为随机网络, 节点规模 $N = 1000$, 连接数目 $E = 2000$, A 和 B 两种状态的节点规模对等, 都为 50%。具体而言, 我们利用交互矩阵(各个系数关系 $T > R > P > S$, $R = 1.0$, $S = -1.0$, $T = 2.0$, $P = 0.0$)构建网络个体之间囚徒困境(Prisoner's Dilemma, PD)场景。图 5-46 刻画了数值仿真与基于 AME 和 DSA 近似解析结果的性能比较。

同样, 我们还将上述交互矩阵系数改变为 $R \simeq P > S \simeq T$, 以构建协同博弈(coordination game)的场景, 交互矩阵系数分别为 $R = 1.0$, $S = 0.0$, $T = 0.0$, $P = 1.0$。

初始结构为随机网络，节点规模 $N = 1000$，连接数目 $E = 2000$，A 和 B 两种状态的节点比例分别为 0.3 和 0.7，选择强度为 $\beta = 0.1$。图 5-47 刻画了数值仿真与基于 AME 和 DSA 近似解析结果的性能比较。

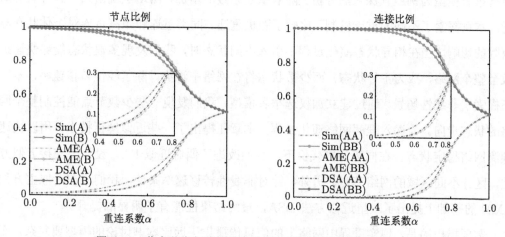

图 5-46　稳态节点与连接数量随重连系数 α 的变化情况（一）

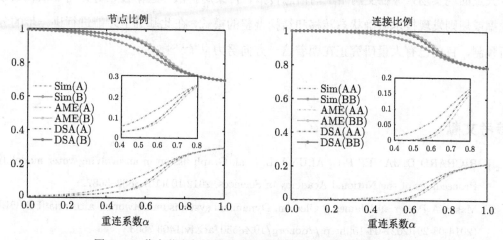

图 5-47　稳态节点与连接数量随重连系数 α 的变化情况（二）

通过上述分析与实验可以得出，在线性转移速率条件下，基于 AME 和基于 DSA 的近似方法具有同样的性能结果；但是在非线性转移速率条件下，基于 DSA 的近似方法能够获得比 AME 更准确的结果。而这两种方法得出的结果又都优于基于偶对近似 PA 和交接近似 IA 的结果，与此同时还伴随着庞大的计算代价。

5.7 本章小结

在本章，我们讨论了自适应网络上信息传播与结构调整耦合动力学过程，并以自适应选举者模型为例展开深入的分析。随着重连系数的增加，网络呈现由归一到分裂的跃迁。本章探索了不同的重连机制，比较了随机重连、同类重连和距离重连对个体共存与获胜的影响。当在相异状态演化过程中引入中间状态时，我们发现多数状态能够快速扩散至整个网络，成为主导状态，而少数状态将在网络中消失。除了线性转移速率，本章还探索了非线性场景，通过建立加权选举者模型，我们发现一些少数节点能控制整个网络的状态走向。为深入理解网络演化过程，本章还提出了一些近似解析技术，用以快速预测网络稳定状态。在同等计算代价下，我们改进了偶对近似 PA，设计了交接近似方法，区分不同区域的网络节点。另外，针对非线性转移速率条件，我们还在近似主方程AME 的基础上提出了双星近似方法 DSA，最终结果性能有了明显的提升。

需要指出的是，现实世界中网络上的信息传播 [131] 远比本书讨论的模型要复杂，而且大量的现实场景（社交网络上的信息传播、传染病扩散、选举投票等）需要依赖数据挖掘或规则发现技术明确状态转移和结构调整的模式，在此基础上才能进行进一步的分析预测，目前已有大量研究正在朝着这一方向努力 [132-133]。

参考文献

[1] RICHARD D, JAMES P G, ALUN L L, et al. Graph fission in an evolving voter model[J]. Proceedings of the National Academy of Sciences, 2012,109(10):3682–3687.

[2] Mason A Porter and James P Gleeson. Dynamical systems on networks: a tutorial[EB/OL]. (2014-03-29)[2021-04-15].http://doi.org/10.48550/arXiv.1403.7663.

[3] THILO G, HIROKI S. Adaptive networks[M]. New York: Springer, 2009.

[4] PETTER H, NEWMAN M E. Nonequilibrium phase transition in the coevolution of networks and opinions[J]. Physical Review E, 2006,74(5):056108.

[5] ALI H S. Adaptive networks[J]. Proceedings of the IEEE, 2014,102(4):460–497.

[6] BALAZS K, ALAIN B. Consensus formation on adaptive networks[J]. Physical Review E,2008, 77(1):016102.

[7] MARTIN G Z, VICTOR M, MAXI S M. Coevolution of dynamical states and interactions in dynamic networks[J]. Physical Review E, 2004,69(6):065102.

[8] CLIFFORD P, AIDAN S. A model for spatial conflict[J]. Biometrika, 1973,60(3):581–588.

[9] RICHARD A H, THOMAS M L. Ergodic theorems for weakly interacting infinite systems and the voter model[J]. The annals of probability,1975, 643–663.

[10] KATARAZYNA S W, JOZEF S. Opinion evolution in closed community[J]. International Journal of Modern Physics C, 2000,11(06):1157–1165.

[11] SERGE G. Minority opinion spreading in random geometry[J]. The European Physical Journal B-Condensed Matter and Complex Systems, 2002,25(4):403–406.

[12] VISHAL S, SIDNEY R. Voter model on heterogeneous graphs[J]. Physical Review Letters, 2005,94(17):178701.

[13] MAXI S M, VICTOR M E, RAUL T, et al. Binary and multivariate stochastic models of consensus formation[J]. Computing in Science and Engineering, 2005,7(6):67–73.

[14] KRAPIVSKY P L, REDNER S. Dynamics of majority rule in two-state interacting spin systems[J]. Physical Review Letters,2003, 90(23):238701.

[15] RICHARD D, JEFFREY E S, et al. Fixation results for threshold voter systems[J]. The Annals of Probability, 1993,21(1):232–247.

[16] GUILLAUME D, DAVID N, FREDERIC A, et al. Mixing beliefs among interacting agents[J]. Advances in Complex Systems,2000, 3(4):87–98.

[17] FRANCESCA C, CLAUDIO C. Interplay between media and social influence in the collective behavior of opinion dynamics[J]. Physical Review E, 2015,92(4):042815.

[18] CHRIS V, RICK D. Phase transitions in the quadratic contact process on complex networks[J]. Physical Review E, 2013,87(6):062819.

[19] ANDREW M, MAURO M SIDNEY R, et al. Role of luddism on innovation diffusion[EB/OL].(2015).http://doi.org/10.48550/arXiv.1505.02020

[20] CLAUDIO C, SANTO F, VITTORIO L. Statistical physics of social dynamics[J]. Reviews of Modern Physics, 2009,81(2):591.

[21] MANFRED S, HERBERT S. A soluble kinetic model for spinodal decomposition[J]. Journal of statistical physics,1988, 53(1-2):279–294.

[22] IVAN D, HUGUES C, JEROME C, et al. Critical coarsening without surface tension: The universality class of the voter model[J]. Physical Review Letters, 2001,87(4):045701.

[23] ALAIN B, MARC B, ALESSANDRO V. Dynamical processes on complex networks. Cambridge, Cambridge University Press, 2008.

[24] VISHAL S, TIBOR A, SIDNEY R. Voter models on heterogeneous networks[J]. Physical Review E, 2008,77(4):041121.

[25] CLAUDIO C, DANIELE V, ALESSANDRO V. Incomplete ordering of the voter model on small-world networks[J]. EPL (Europhysics Letters), 2003,63(1):153.

[26] KRZYSZTOF S, VICTOR M E, MAXI S M. Conservation laws for the voter model in complex networks[J]. EPL (Europhysics Letters), 2005,69(2):228.

[27] DEMIREL D, VAZQUEZ G, BOHME G A, et al. Moment-closure approximations for discrete adaptive networks[J]. Physica D: Nonlinear Phenomena, 2014,267:68–80.

[28] CHEN P, REDNER S. Majority rule dynamics in finite dimensions[J]. Physical review E,2005,71(3):036101.

[29] THOMAS M L. Stochastic interacting systems: contact, voter and exclusion processes[M]. New York,Springer Science & Business Media, 2013.

[30] KATARZYNA S W. Sznajd model and its applications[EB/OL].(2005). http://doi.org/10.48550/arXiv.physics/0503239

[31] JUAN R S. A modified one-dimensional sznajd model[EB/OL].(2004) http://doi.org/10.48550/arXiv.cond-mat/0408518

[32] ROBERT A. The dissemination of culture: a model with local convergence and global polarization[J]. Journal of Conflict Resolution, 1997,41(2):203–226.

[33] CLAUDIO C, MATTEO M, ALESSANDRO V. Nonequilibrium phase transition in a model for social influence[J]. Physical Review Letters, 2000,85(16):3536.

[34] JOSEF H, KARL S. Evolutionary games and population dynamics[M]. Cambridge, Cambridge University Press, 1998.

[35] JOANNA M. Genetic drift[J]. Current Biology, 2011,21(20):R837–R838.

[36] RONALD A F. The genetical theory of natural selection: a complete variorum edition[M]. Oxford, Oxford University Press, 1930.

[37] SEWALL W. Evolution in mendelian populations[J]. Genetics, 1931,16(2):97.

[38] RICHARD R H. Generating samples under a wright-fisher neutral model of genetic variation[J]. Bioinformatics, 2002,18(2):337–338.

[39] BRIAN C. Effective population size and patterns of molecular evolution and variation[J]. Nature Reviews GeneticS,2009,10(3):195–205.

[40] PATRICK A. Random processes in genetics. In Mathematical Proceedings of the Cambridge Philosophical Society[M]. Cambridge, Cambridge Univercity Press,1958:60–71.

[41] PATRICK A, et al. The statistical processes of evolutionary theory, 1962.

[42] MAETIN A N . Evolutionary dynamics. Cambridge, Harvard University Press, 2006.

[43] MAYNARD J, PRICE G R. The logic of animal conflict[J]. Nature, 1973,246:15.

[44] JORGEN W W. Evolutionary game theory[M]. Cambridge, MIT press, 1997.

[45] MICHAEL W M, ANDREAS F. Learning dynamics in social dilemmas[J]. Proceedings of the National Academy of Sciences, 2002,99(suppl 3):7229–7236.

[46] MARTIN A N. Five rules for the evolution of cooperation[J]. Science, 2006,314(5805):1560–1563.

[47] THOMAS L V, JOEL S B. Evolutionary game theory, natural selection, and Darwinian dynamics[M]. Cambridge, Cambridge University Press, 2005.

[48] PETER S, KARL S. Replicator dynamics[J]. Journal of Theoretical Biology,1983,100(3):533–538.

[49] MARTIN A N, ROBERT M M. Evolutionary games and spatial chaos[J]. Nature, 1992, 359(6398):826–829.

[50] MARTIN A N. Evolving cooperation[J]. Journal of Theoretical Biology, 2012,299:1–8.

[51] MENJAMIN A, MARTIN A N, ULF D. Adaptive dynamics with interaction structure[J]. The American Naturalist, 2013,181(6):E139–E163.

[52] PAULO S, PATRICK R, ANTHONY J. A review of evolutionary graph theory with applications to game theory[J]. Biosystems, 2012,107(2):66–80.

[53] JIANG C X, CHEN Y, LIU K J . Distributed adaptive networks: A graphical evolutionary game-theoretic view[J]. Signal Processing, IEEE Transactions on, 2013,61(22):5675–5688.

[54] HISASHI O, CHRISTOPH H, EREZ L, et al. A simple rule or the evolution of cooperation on graphs and social networks[J]. Nature, 2006,441(7092):502–505.

[55] MARTIN A N, CORINA E T, TIBOR A. Evolutionary dynamics in structured populations[J]. Philosophical Transactions of the Royal Society B: Biological Sciences,2010,365(1537):19–30.

[56] CORINA E T, HISASHI O, TIBOR A, et al. Strategy selection in structured populations[J]. Journal of Theoretical Biology, 2009,259(3):570–581.

[57] FEDERICO V, VICTOR M E, MAXI S M. Generic absorbing transition in coevolution dynamics[J]. Physical Review Letters, 2008,100(10):108702.

[58] FEDERICO V. Opinion dynamics on coevolving networks[M]. In Dynamics On and Of Complex Networks, New York, Springer, 2013:89–107.

[59] GERD Z, GESA A B, MICHAEL S, et al. Early fragmentation in the adaptive voter model on directed networks[J]. Physical Review E,2012,85(4):046107.

[60] DAICHI K, YOSHINORI H. Coevoluitionary networks with homophily and heterophily[J]. Physical Review E, 2008,78(1):016103.

[61] BENCZIK I J, SCHMITTMANN B, ZIA P. Lack of consensus in social systems[J]. EPL (Europhysics Letters),2008, 82(4):48006.

[62] BENCZIK I J, SCHMITTMANN B, ZIA P. Opinion dynamics on an adaptive random network[J]. Physical Review E, 2009,79(4):046104.

[63] FU F, WANG L. Coevolutionary dynamics of opinions and networks: From diversity to uniformity[J]. Physical Review E, 2008,78(1):016104.

[64] TIM R, THILO G. Consensus time and conformity in the adaptive voter model[J]. Physical Review E, 2013,88(3):030102.

[65] XIE J R, SAMEET S, GYORGY K, et al. Social consensus through the influence of committed minorities[J]. Physical Review E, 2011,84(1):011130.

[66] JORGR M P, AREN T, MARTIN A N. Coevolution of strategy and structure in complex networks with dynamical linking[J]. Physical Review Letters, 2006,97(25):258103.

[67] WU B, ZHOU D, FU F, et al. Evolution of cooperation on stochastic dynamical networks[J]. PLoS One, 2010,5(6):e11187.

[68] FRANCISCO C S, FLAVIO L P, TOM L, et al. The role of diversity in the evolution of cooperation[J]. Journal of Theoretical Biology, 2012,299:88–96.

[69] FRANCISCO C S, JORGE M P, TOM L. Cooperation prevails when individuals adjust their social ties[J]. PLoS Computational Biology, 2006,2(10):e140.

[70] FRANCISCO C S, JORGE M P, BRIAN S. Co-evolution of pre-play signaling and cooperation[J]. Journal of Theoretical Biology, 2011,274(1):30–35.

[71] FU F, CHRISTOPH H, MARTIN A N, et al. Reputation-based partner choice promotes cooperation in social networks[J]. Physical Review E, 2008,78(2):026117.

[72] JULIA P, JESUS G G , AREN T, et al. Evolutionary game dynamics in a growing structured population[J]. New Journal of Physics,2009,11(8):083031.

[73] ATTILA S, MATJAZ P. Coevolution of teaching activity promotes cooperation[J]. New Journal of Physics, 2008,10(4):043036.

[74] ATTILA S, MATJAZ P, ZSUZSA D. Making new connections towards cooperation in the prisoner's dilemma game[J]. EPL (Europhysics Letters), 2008,84(5):50007.

[75] LISA M F, NILANJAN C,KATIS S. The evolution of cooperation in self-interested agent societies: a critical study[C]. In The 10th International Conference on Autonomous Agents and Multiagent Systems, 2011(02):685–692.

[76] AREN T, MARTIN A N, JORGE M P. Stochastic dynamics of invasion and fixation[J]. Physical Review E 2006,74(1):011909.

[77] MATJAZ P, ATTILA S. Coevolutionary games—a mini review[J]. BioSystems, 2010, 99(2): 109–125.

[78] MARTIN G Z, VICTOR M E. Cooperation, social networks, and the emergence of leadership in a prisoner's dilemma with adaptive local interactions[J]. Physical Review E, 2005,72(5):056118.

[79] JORGE M P, TOM L, FRANCISCO C S. Evolution of cooperation in a population of selfish adaptive agents[M]. In Advances in Artificial Life. New York, Springer, 2007: 535–544.

[80] JORGR M P, AREN T, MARTIN A N. Active linking in evolutionary games[J]. Journal of Theoretical Biology,2006, 243(3):437–443.

[81] SVEN V S, FRANCISCO C S, TOM L, et al. Reacting differently to adverse ties promotes cooperation in social networks[J]. Physical Review Letters, 2009,102(5):058105.

[82] SVEN V S, FRANCISCO C S, ANN N, et al. The evolution of prompt reaction to adverse ties[J]. BMC evolutionary biology, 2008,8(1):287.

[83] ATTILA S, MARJAZ P, MAURO M. Facilitators on networks reveal optimal interplay between information exchange and reciprocity[J]. Physical Review E, 2014,89(4):042802.

[84] JIN Q, WANG Z, WANG Y L. Strategy changing penalty promotes cooperation in spatial prisoner's dilemma game[J]. Chaos, Solitons & Fractals 2012,45(4):395–401.

[85] YANG G L, HUANG J C, ZHANG W M. Older partner selection promotes the prevalence of cooperation in evolutionary games[J]. Journal of Theoretical Biology, 2014,359:171–183.

[86] YANG G L, ZHANG W M, XIU B X. Neighbourhood reaction in the evolution of cooperation[J]. Journal of Theoretical Biology, 2015,372:118–127.

[87] AREN T, MARTIN A N. Evolution of cooperation by multilevel selection[J]. Proceedings of the National Academy of Sciences, 2006,103(29):10952–10955.

[88] MATTEO C, SEAN S, CORINA E T, et al. Prosperity is associated with instability in dynamical networks[J]. Journal of Theoretical Biology, 2012,299:126–138.

[89] AREN T, NOAM S, MARTIN A N. Analytical results for individual and group selection of any intensity[J]. Bulletin of mathematical biology, 2008,70(5):1410–1424.

[90] VURAL D C, MAHADEVAN L. The organization and control of an evolving interdependent population[J]. Journal of the Royal Society Interface, 2015,12(108):2021–2025.

[91] JACQUES F. Multi-agent systems: an introduction to distributed artificial intelligence[M]. New Jersey, Addison-Wesley Reading, 1999.

[92] REZA O S, ALEX F, RICHARD M M. Consensus and cooperation in networked multi-agent systems[J]. Proceedings of the IEEE 2007,95(1):215–233.

[93] MATTHEW E G, MARIE D. Agent-organized networks for dynamic team formation[C]. In Proceedings of the fourth international joint conference on Autonomous agents and multiagent. New York, ACM, 2005.

[94] ABDALLAH S, LESSER V. Multiagent reinforcement learning and self-organization in a network of agents[C]. In Proceedings of the 6th international joint conference on Autonomous agents and multiagent. New York, ACM, 2007.

[95] ROGER G, ALBERT D G, FERNANDO V R, et al. Optimal network topologies for local search with congestion[J]. Physical Review Letters, 2002,89(24):248701.

[96] ROGER G, STEFANO M, ADRIAN T, et al. The worldwide air transportation network: Anomalous centrality, community structure, and cities' global roles[J]. Proceedings of the National Academy of Sciences, 2005,102(22):7794–7799.

[97] STEFAN B, THIMO R. Topological evolution of dynamical networks: Global criticality from local dynamics[J]. Physical Review Letters, 2000,84(26):6114.

[98] STEFAN B, HEINZ G S. Handbook of graphs and networks: from the genome to the internet[M]. New York, John Wiley & Sons, 2006.

[99] KOTA R, GIBBINS N, JENNINGS N R. Decentralized approaches for self-adaptation in agent organizations[J]. ACM Transactions on Autonomous and Adaptive Systems (TAAS),2012,7(1):1–36.

[100] GLINTON K, SYCARA K, SCERRI P. Agent organized networks redux[C]. Proceedings of the Twenty-Second AAAI Conference on Artificial Intelligence, 2008:83–88.

[101] SANDIP S, GERHARD W. Learning in multiagent systems[M]. Multiagent systems: A modern approach to distributed artificial intelligence, 1999:259.

[102] TEUVO K. Self-organization and associative memory[M]. Self-Organization and Associative Memory. New York: Springs,1988.

[103] MATTHEW E G. Organizational learning and network adaptation in multi-agent systems[D]. Baltimore: University of Maryland at Baltimore County, 2005.

[104] ROBIN G, PAUL S, KATIA S. Agent-based sensor coalition formation[C]. In Information Fusion, 2008 11th International Conference on, 2008,1–7.

[105] BARTON L, ALLAN V H . Information sharing in an agent organized network[C]. In Proceedings of the 2008 IEEE/WIC/ACM International Conference on Web Intelligence and Intelligent Agent Technology, 2007:89–92.

[106] BARTON L, ALLAN V H. Methods for coalition formation in adaptation-based social networks[J]. Cooperative Information Agents , 2007, 285–297.

[107] BARTON L, ALLAN V H. Adapting to changing resource requirements for coalition formation in self-organized social networks[C]. In Proceedings of the 2007 IEEE/WIC/ACM International Conference on Web Intelligence and Intelligent Agent Technology, 2008:282–285.

[108] KOTA R, GIBBINS N, JENNINGS N R. Self-organising agent organisations[C]. In Proceedings of the 8th International Conference on Autonomous Agents and Multiagent Systems,2009:797–804.

[109] YE D, ZHANG M, SUTANTO D. Self-organization in an agent network: A mechanism and a potential application[J]. Decision Support Systems, 2012,53:406–417.

[110] SHERIEF A, VICTOR L. Learning the task allocation game[C]. In Proceedings of the fifth international joint conference on Autonomous agents and multiagent systems,2006:850–857.

[111] VINCENT D, TOBIAS H, RICARDEL H Z, et al. Computing approximations for graph transformation systems[C]. In 2nd International Workshop on Meta Models for Process Languages, 2015.

[112] VINCENT D, TOBIAS H, RICARDEL H Z, et al. Approximations for stochastic graph rewriting. In Formal Methods and Software Engineering[M].New York:Springer, 2014:1–10.

[113] TOBIAS H. A category theoretical approach to the concurrent semantics of rewriting: adhesive categories and related concepts[D]. Universitat Duisburg- Essen, Fakultat fur Ingenieurwissenschaften Informatik und Angewandte Kognitionswis- senschaft, 2010.

[114] VINCENT D, TOBIAS H, RICARDO H Z, et al. Moment semantics for reversible rule-based systems. In Reversible Computation[M]. New York: Springer, 2015:3–26.

[115] JAMES P G, SERGEY M, JONATHAN A W, et al. Accuracy of mean-field theory for dynamics on real-world networks[J]. Physical Review E, 2012,85(2):026106.

[116] JAMES P G. High-accuracy approximation of binary-state dynamics on networks[J]. Physical Review Letters, 2011,107(6):068701.

[117] JAMES P G. Binary-state dynamics on complex networks: pair approximation and beyond[J]. Physical Review X, 2013,3(2):021004.

[118] STEPHEN P E. Pair approximation for lattice models with multiple interaction scales[J]. Journal of Theoretical Biology, 2001,210(4):435–447.

[119] HENRY S. Cardinality of finite topologies[J]. Journal of Combinatorial Theory, 1968,5(1):82–86.

[120] PIERRE C, SERVET M, JAIME S M. Quasi-stationary distributions: Markov chains, diffusions and dynamical systems[M]. New York:Springer Science & Business Media,2012.

[121] STANLEY W. Social network analysis: Methods and applications[M].8th ed. Cambridge: Cambridge university press, 1994.

[122] DUNCAN J W, STEVEB H S. Collective dynamics of 'small-world' networks[J].nature, 1998,393(6684):440–442.

[123] FEDERICO V, PAUL L K, SIDNEY R. Constrained opinion dynamics: Freezing and slow evolution[J]. Journal of Physics A: Mathematical and General, 2003,36(3):L61.

[124] XAVIER C, VICTOR M E, MAXI S M. Ordering dynamics with two non-excluding options: bilingualism in language competition[J]. New Journal of Physics,2006,8(12):308.

[125] FRANCESSCA C, CLAUDIO C, CHRISTINE F C, et al. General three-state model with biased population replacement: Analytical solution and application to language dynamics[J]. Physical Review E, 2015,91(1):012808.

[126] LUCA C, ATTILA C N. The cell cycle switch computes approximate majority[J]. Scientific reports, 2012,2.

[127] DANA A, JAMES A, DAVID E. A simple population protocol for fast robust approximate majority[J]. Distributed Computing, 2008,21(2):87–102.

[128] JAMES A, ERIC R. An introduction to population protocols. In Middleware for Network Eccentric and Mobile Applications[M]. New York:Springer, 2009.

[129] GERD Z. Adaptive-network models of collective dynamics[J]. The European Physical Journal Special Topics, 2012,211(1):1–101.

[130] NIJIA R S, HAITHAM B A, DAAN B, et al. Evolution of cooperation in arbitrary complex networks[C]. In Proceedings of the 2014 international conference on Autonomous agents and multi-agent systems, 2014:677–684.

[131] HURE L, LARS B, RAVI K, et al. Microscopic evolution of social networks[C]. ACM: Proceedings of the 14th ACM SIGKDD International Conference on Knowledge Discovery and Data Mining, 2008:462–470.

[132] MANUEL G R, JURE L, ANDREAS K. Inferring networks of diffusion and influence[J]. ACM: Proceedings of the 16th ACM SIGKDD International Conference on Knowledge Discovery and Data Mining, 2010.

[133] JUSTIN C, LADA A, ALEX P D, et al. Can cascades be predicted[M]. ACM: Proceedings of the 23rd International Conference on World Wide Web, 2014:925–936.

第 **6** 章

网络中的信息阻断

随着信息和通信技术的飞速发展，越来越多以执行特定功能为目标的系统开始在信息网络上建立，构成具有分层网络结构的功能系统，其主要特点是系统的功能执行与通信交流通过不同的网络进行。这类分层网络系统在工业、军事以及其他民用行业得到了广泛的应用，但同时其网络安全问题也成为研究者们关注的重点。

针对普遍存在的各类基础设施、军事体系等大量系统（体系）的多重网络安全攻防问题，本章将首先介绍网络阻断问题的定义以及应用背景；然后介绍其基本假设和基础模型，在此基础上介绍两种精确求解网络阻断问题的方法；再介绍网络阻断问题的延伸和变种问题；最后针对依赖网络中的阻断问题以及动态对抗条件下的阻断问题，进行模型建立和算法求解。本章介绍的相关内容，将会为具有网络间复杂交互关系的体系中的脆弱点分析、目标选择、攻防优化等现实问题提供有效的支持。

6.1 网络阻断问题

网络阻断是指通过妨碍、破坏网络中的某些结点或链路，以达到降低网络的某项或某些性能的行为。通常被表示为具有博弈特点的优化问题。一些相关概念的定义如下：

阻断行为（Interdiction）：美军将军事行动中的"阻断行为"定义为"在友方作战力量进行针对行动或者达到其他目标之前，敌方对友方实施的改变、扰乱、延迟或者破坏敌方的表层能力的行为"。这里阻断行为具体包括：改变（diversion）、扰乱（disruption）、延迟（delay）和破坏（destroy）等不同层次的行动。通常可以将阻断分为部分扰乱和完全破坏两种情况，其最终目的均是使被阻断的目标在功能上失效。

网络阻断（Network Interdiction）：指阻断行动的对象是具有特定功能的网络，而行动的目标是最大化地降低网络的某项功能指标。网络阻断问题通常包含两方：运营方和阻断方，二者在 Stackelberg 博弈中相互竞争。运营方维护一个网络系统以优化其目标函数（如：最短路，最大流，最小费用流等），阻断方则试图阻断其网络中的某些边或节点以降低其网络性能。

最短路网络阻断（Shortest Path Network Interdiction，SPNI）：是一类典型的网络阻断问题，在此问题中，维护方试图在网络中寻找由源节点到目标节点的最短路径，而阻断方试图通过使用有限的资源阻断网络中的某些边或节点以使得其最短路径最大化。

网络阻断是网络安全中的一类重要的问题，它以降低网络的某项性能为优化目标，通过优化方法来制定具体的阻断方案。在网络攻防语境中，"阻断"意味着阻止或妨碍敌方的行动，例如对供应链操作或者对通信进行攻击。网络阻断问题常常被视为主从博弈问题，其中跟随者作为攻击方，希望在网络中求解一个优化问题；领导者则通过采取阻断策略，使得跟随者所能求得的最优解最差。领导者的阻断行为常常是通过影响跟随者的优化目标或可行域来生效的。

6.1.1　网络阻断的应用背景

网络阻断可用于重要网络的攻击和防御问题。近些年，网络阻断模型已经被广泛地应用到各个领域，如 C. Lim[1] 以商品运输为背景，研究阻断者如何在有限的阻断资源下使得商品运输方的利润最小的问题；Scaparra M. P.[2] 用网络阻断建模，研究如何分配利用有限的防御资源，以防止蓄意破坏或恐怖袭击造成分配、供应和应急响应系统的瘫痪；Lusby R. M.[3] 以客运铁路规划问题为背景，研究客运铁路面临中断 (如延迟或故障) 时，如何维持运营的能力；Delgadillo A.[4]、Sundar K.[5] 等研究网络阻断模型在输电网中的应用。由此可见，网络阻断的应用范围非常广泛，特别是在具有对抗性质的场景下，有很好的建模表现和解决实际问题的能力。

6.1.2 网络阻断的基础模型

基础的网络阻断问题有着几个常见的假设:

- 假设一: 攻防双方都知道阻断问题中的所有数据。
- 假设二: 领导者确切地知道其阻断行为对于跟随者问题的效果。
- 假设三: 领导者和跟随者进行零和博弈, 即博弈的价值由跟随者的目标给出, 领导者寻求通过约束优化使跟随者能够达到的最小值最大化 (或最大值最小化)。
- 假设四: 在每一轮阻断博弈中, 领导者和跟随者分别做出一组决策, 领导者在前, 跟随者在后。
- 假设五: 只进行一轮博弈。

满足假设一到假设五的基础网络阻断问题, 根据跟随者的优化目标不同, 有着不同的变体, 其中最常见的是最短路阻断问题和最大流阻断问题。在最短路阻断问题中, 跟随者希望找到一条从指定起点到指定终点的权值最小路径; 而在最大流阻断问题中, 跟随者则希望寻找在指定的起点与终点间具有最大网络流的路径。在某些应用背景下, 跟随者问题不再规定起点终点对, 而是寻求网络结构中的某项指标; 相应地, 领导者则在资源约束下, 通过删除网络中的一些结点或链路, 使得剩余图中跟随者问题的网络指标最大或最小。例如: 使得剩余图中的最大子图最小 (以结点数和边数的某个函数作为评价指标)、最大独立集最小以及最大匹配权值最小等。

假设领导者的决策变量为 $x \in R^{n_L}$, 其中, R^{n_L} 是 n_L 维实向量的集合; 跟随者的决策变量为 $y \in R^{n_F}$, 其中 R^{n_F} 是 n_F 维实向量的集合; n_L 与 n_F 均为正整数。令 $\Theta(x)$ 表示领导者的目标函数, 则阻断问题可以表示为:

$$\max \Theta(x) \tag{6-1}$$

$$\text{s.t. } x \in X \tag{6-2}$$

其中, X 是 R^{n_L} 上的一个非空集合, 用来描述决策变量 x 的约束。目标函数 $\Theta(x)$ 定义如下:

$$\Theta(x) = \min f(x, y) \tag{6-3}$$

$$\text{s.t. } y \in Y(x) \tag{6-4}$$

其中 $f(x, y)$ 表示跟随者的目标函数，$Y(x) \in R^{n_F}$ 表示给定领导者决策变量 x 后，y 的可行域。

下面以最短路阻断问题为例，介绍网络阻断的基础模型。定义网络 $G = (V, A)$，其中 V 为点集，A 为边集。对于边 $(i, j) \in A$，跟随者经过它的代价为 c_{ij}，而当领导者在这条边上部署了阻断措施后，代价将变为 $c_{ij} + d_{ij}$。领导者和跟随者的决策变量的分量 x_{ij} 和 y_{ij} 的取值为 0 或 1，其中值 1 分别表示领导者选择阻断边 (i, j) 以及跟随者选择使用边 (i, j)。假设起点为 s，终点为 t，则跟随者问题可以表示为：

$$\Theta(x) = \min \sum_{(i,j) \in A} (c_{ij} + d_{ij} x_{ij}) y_{ij} \tag{6-5}$$

$$\text{s.t.} \sum_{(k,j) \in A} y_{kj} - \sum_{(i,k) \in A} y_{ik} = \begin{cases} 1, & k = s \\ 0, & \forall k \in V, k \neq s, k \neq t \\ -1, & k = t \end{cases} \tag{6-6}$$

对于给定的阻断策略 x，上面的式子实际上是一个单纯的最短路径问题。一般来说，领导者用于采取阻断策略的资源是有限的，阻断策略受到背包约束等条件的限制。例如，在本例中，我们设定被阻断的边数不超过 R 条，即

$$X = \left\{ x \in \{0, 1\}^{|A|} : \sum_{(i,j) \in A} x_{ij} \leqslant R \right\} \tag{6-7}$$

在式 (6-7) 的资源约束限制下，这个问题描述了在跟随者评价指标下，网络中最重要的 R 条边。在某些应用背景下，资源约束不容易有一个明确的上界 R，领导者往往需要权衡阻断效果与其所需的阻断资源。通过将目标函数设置为与 $\Theta(x)$ 和 R 这两个目标相关的函数，寻求其帕累托最优解，可建立并求解多目标的网络阻断问题。

图 6-1 展示了最短路阻断问题的一个实例，其中跟随者希望寻找从节点 1 到节点 6 的最短路径，领导者则可以阻断最多三条边。边上的数字表示边的权值（长度），括号中的数字表示阻断效果。在阻断前，跟随者所走的最短路径为 1-3-2-4-6，长度为 17；而在阻断之后，最短路径变为 1-3-2-5-6，长度为 21。

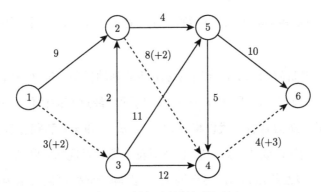

图 6-1　最短路阻断问题示例

　　网络阻断问题被证明是 NP 难问题，随着网络规模的扩大，尤其是在具有庞大网络规模的复杂系统中，精确求解网络阻断问题将会十分困难。对于跟随者问题可以表述为凸优化问题的情况，网络阻断问题有着一些较为成熟的解法。其中，对偶法和本德斯分解法是两种常用的方法。下面仍以最短路阻断问题为例，介绍这两种方法。

1. 对偶法

　　对偶法的核心在于将跟随者的问题采用对偶表示，使得其与外层的领导者问题具有相同的优化方向，即将原本的最大最小值问题（或最小最大值问题）变为最大–最大问题（或最小–最小问题），原问题将从双层优化问题退化为单层优化问题。为简便起见，我们先将 (6-5) 写为向量形式，记为：

$$My = \boldsymbol{b} \tag{6-8}$$

令 π 表示 (6-8) 的对偶变量，则跟随者问题的对偶形式可以写为：

$$\Theta(x) = \max \boldsymbol{b}^{\mathrm{T}} \pi \tag{6-9}$$

$$\text{s.t. } M^{\mathrm{T}} \pi \leqslant \boldsymbol{c} + Dx \tag{6-10}$$

其中 $D = \operatorname{diag}\left(\{d_{ij} : (i, j) \in A\}\right)$。结合上式，领导者问题变为单层形式：

$$\max \left\{ \boldsymbol{b}^{\mathrm{T}} \pi \mid M^{\mathrm{T}} \pi \leqslant \boldsymbol{c} + Dx, x \in X \right\} \tag{6-11}$$

至此，最短路阻断问题化为了可用标准优化求解器求解的形式。对于阻断效果会影响跟随者优化问题可行域的情况（根据 $Y(x)$ 的不同有着不同的形式），对偶法依旧可以使用，但会因为 $Y(x)$ 的引入而产生的新的对偶变量。这些新的对偶变量往往可以通过跟随者问题本身的结构性质来获得上界，而一个相对紧的上界，对于用对偶法求解这类问题十分重要。这类情况常出现在网络流阻断问题中，领导者阻断行为将会削减边的容量。

2. 本德斯分解法

本德斯分解法是一种常用的求解混合整数规划问题的算法，它将一个较为复杂的问题分解为子问题和松弛主问题，并通过迭代求解子问题和松弛主问题来求解原问题的最优解。其基本思路是，使用子问题来寻找合适的约束不断添加到松弛主问题中，子问题和松弛主问题分别给出解的上下界，不断逼近并最终收敛到最优解上。在最短路阻断问题中，问题天然地被分为了两部分，这两部分正好对应着本德斯分解的子问题和主问题。领导者问题对应主问题，在给定跟随者路线的情况下求解阻断方案；跟随者问题对应子问题，在给定领导者阻断方案的情况下求解最优路径。令 Y 表示跟随者问题的可行域，令 $\hat{Y}$ 表示 Y 的所有极点的集合，则主问题可以表示为：

$$\max \quad \theta \tag{6-12}$$

$$\text{s.t.} \quad \theta \leqslant \Sigma_{(i,j)\in A}\left(c_{ij}+d_{ij}x_{ij}\right)\hat{y}_{ij}, \quad \forall \hat{y}\in\hat{Y} \tag{6-13}$$

$$x\in X \tag{6-14}$$

通常来说，$\hat{Y}$ 中的极点个数是指数级的，因此不能直接使用公式 (6-13)。在本德斯分解中，主问题涉及的约束只使用了 $\hat{Y}$ 的一个子集 $\bar{Y}$，即主问题是公式 (6-12) 和 (6-14) 的一个松弛问题。当给定了主问题的一个解 $\hat{x}$ 后，将其代入子问题并求解出当前最优解 $\hat{y}$，然后将 $\hat{y}$ 添加到子集 $\bar{Y}$ 中。子问题表示为：

$$\min \left\{ \sum_{(i,j)\in A}\left(c_{ij}+d_{ij}\hat{x}_{ij}\right)y_{ij} \mid y\in Y \right\} \tag{6-15}$$

主问题和子问题不断交替迭代，直至收敛，本德斯分解的收敛性由 $\hat{Y}$ 的有限性保证。本德斯分解作为一种割平面方法，可以通过一些稳定的手段来加速收敛，例如水平束方法、割选择策略等，当 X 包含整数约束时也可以采用分支定界法来求解。此外，根据问题的结构特性增强本德斯分解的约束，以及广义本德斯分解等方法，也在网络阻断问题中得到使用。

6.1.3　网络阻断的变种类别

1. 同时博弈

在基础的网络阻断问题中，领导者先部署阻断策略，跟随者再根据这个阻断策略选择路径。在同时博弈的网络阻断问题中，双方的行为并没有先后之分，即假设四不再成立。Washburn 和 Wood 提出了这样的一个阻断问题：网络中有逃避者和监视者两方，逃避者希望选择一条路径以避免被发现，而监视者希望通过监控某一条链路来发现逃避者。当监视者在一条链路 (i, j) 上部署监控后，若逃避者选择的路径包含了这条链路，那么他被发现的概率是 p_{ij}。在这个零和博弈中，逃避者试图减少其被发现的概率，而监视者则希望最大化检测概率。在选择路径前，逃避者无法看到监控者的行动，这也意味着双方是同时进行这轮博弈。这种设定使得双方的最优解是混合策略：监视者以概率选择监控网络中的每条边，而逃避者以概率选择网络中的每条路径，双方最终达到一个纳什均衡解。Goldberg 在此基础上对同时博弈问题做了三个主要的修改：p_{ij} 不再是一个固定值，而是一个与监控者投入监控资源有关的非线性函数；逃避者的起点和终点可能有多组；双方的收益与起点–终点对有关，且博弈不一定是零和的。这种情况下，纳什均衡依然存在，并且在某些假设下可以在多项式时间内求解。

2. 随机网络阻断

当阻断问题中涉及到不确定数据时，假设一和假设二有可能不再成立，例如跟随者使用边的成本或者阻断效果不再是确定值，而是随机变量。考虑如下的最短路阻断问题：跟随者使用边的成本为 $\tilde{c}(\boldsymbol{\xi})$，阻断效果为 $\tilde{d}(\boldsymbol{\xi})$，其中 $\boldsymbol{\xi} \in \Xi$ 是一个服从已知联合概率分布的随机向量。需要注意的是，由于不确定性的引入，决策者除了考虑阻断收益的期望，往往还需要考虑决策的风险。此处，我们将最大化最短路的期望长度作为领导者的目标，即：

$$\max_{\mathbf{x} \in X} E[f(x, \boldsymbol{\xi})] \tag{6-16}$$

其中

$$f(x, \boldsymbol{\xi}) := \min \sum_{(i,j) \in A} \left(c_{ij}(\boldsymbol{\xi}) + d_{ij}(\boldsymbol{\xi}) x_{ij} \right) y_{ij} \qquad (6\text{-}17)$$

随机网络阻断问题是随机规划的一种特殊情况，求解随机规划具有一定的挑战性。在公式 (6-16) 的例子中，即使固定了阻断决策变量 x，计算也涉及高维积分。求解随机阻断问题有两种常用的方法：序列近似和样本平均近似。前者先设计出复杂问题的近似模型，使用随机规划中的边界技术，递归地缩紧边界，逼近最优解；后者使用 $\boldsymbol{\xi}$ 的一系列场景中的经验分布来逼近其原始分布，其中计算经验分布的常用方法是蒙特卡洛采样。在计算随机网络阻断问题时，通常采用分解算法而不是对偶法，尤其是当场景的数量很大时，因为分解算法往往可以在并行计算框架中实现，充分利用高性能计算资源。由于阻断决策的可行域 X 通常涉及整数约束，将本德斯分解算法集成到分支定界的框架中效率会更高。

3. 动态网络阻断

动态网络阻断问题的动态性体现在两个方面，一方面是网络本身的结构、属性是变化且具有时序特征的，例如 Rad 提出的动态最大流网络阻断问题中，网络流通过一条链路需要一定的时间；动态性的另一方面体现在假设五不再成立，即双方将进行多轮（或是在时间域上）的博弈。这里简要介绍双方进行多轮博弈的情况。Sefair 和 Smith 研究了一种动态最短路阻断问题，其中假设双方仍具有完全信息，领导者和跟随者轮流采取行动。领导者根据当前跟随者的位置，决定阻断网络中的一组边（也可以选择不阻断），然后跟随者选择经过一条边移动至下一个节点；重复此过程直至跟随者到达目标节点。根据不对称信息的网络阻断。动态最短路阻断可以用动态规划来表示，其中每个状态由到目前为止被阻断的边集和跟随者在网络中的位置组成，状态空间的大小是领导者总阻断资源的指数函数。根据动态网络阻断问题的具体假设不同，问题的复杂性也存在差异。通常来说，动态网络阻断问题是 NP 难问题，但 Sefair 和 Smith 提出的动态最短路阻断问题可以通过两个网络结构相关的变化确定最优解的上下界，状态空间被缩减为一个网络大小的多项式函数，对于阻断资源固定的情况，可以在多项式时间内求解。

4. 不对称信息的网络阻断

在实际情况中，网络的管理者（在攻防情景下往往是防守方、领导者）对网络信息的了解程度一般比进攻方、跟随者要更加准确、深入，此时由于双方对网络信息的认知不同（即不对称信息），导致其有不同的目标函数和优化模型，因而双方的博弈是非零和的。仍以最短路阻断问题为例，阻断者对网络拥有精确的信息和真实的数据，而逃避者仅有在逃逸过程中获得的部分信息。阻断者和逃避者之间的交互仍然是最大最小化问题，尽管双方的目标函数形式可能相同，但是参数上存在差异，这就导致了特殊形式的双层优化问题，上层问题和下层问题之间存在参数的不同。阻断者精确知道边 (i, j) 上的花费 c_{ij} 和阻断影响 d_{ij}，由于信息不对称，逃避者获得的不同的相应参数分别为 $\bar{c}_{ij}$ 和 $\bar{d}_{ij}$，此种不对称信息的最短路阻断问题可以表示为：

$$\max_{x \in X} \sum_{(i,j) \in A} (c_{ij} + d_{ij} x_{ij}) \hat{y}_{ij} \tag{6-18}$$

$$\hat{y}_{ij} \in \arg\min_{y_{i,j}} \left\{ \sum_{(i,j) \in A} (\bar{c}_{ij} + \bar{d}_{ij} x_{ij}) y_{i,j} \right\} \tag{6-19}$$

5. 不完全信息的网络阻断

考虑到与网络阻断相关的数据并不是完全可用的，攻防双方对网络的认知和获得的数据也不同，因此需要从其对手优化问题的历史数据和持续的交互中学习主要的参数。例如在阻断问题中，逃避者对其目标、数据和策略是完全了解的，但阻断者对逃避者的这些信息只有部分认知，因此阻断者需要针对逃避者拥有完备信息的优势，制定较为稳健的策略对其进行阻断。

6.2   依赖网络中的网络阻断

有关网络的研究大多是建立在单一网络的基础之上，而在实际中，网络通常是分层的，且不同层级的网络或不同的网络都与其他网络之间存在着关联关系、依赖关系。因此，网络阻断的应用必须要扩展到依赖网络中，才能更贴近实际情况，更好地解决问题。

例如在智慧城市问题中就存在相互依赖的两个网络：通信网络和电力网络。在这个问题中，电力网络与通信网络相互依赖，为防止网络系统因个别节点失效而造成崩溃，及时对网络节点进行阻断，能够更好地保障网络系统的稳定。

6.2.1　依赖网络及其阻断问题的应用背景

随着智慧城市和信息–物理融合系统的发展，原本相对孤立的网络和系统之间出现了更多的依赖关系。在相互依赖的网络中，一个网络依赖于其他的网络进而实现自身的完整功能，如智能电网[6-7]、交通网络[8-9]和多层通信网络等。而在现实中，一个网络中节点或连边的失效不仅会造成其自身网络功能受影响，还会将影响波及到依赖于该网络功能的其他网络。因此，在依赖网络中的阻断问题将很有意义，从网络瓦解的角度来看，可以找到网络中核心的节点或连边，阻断后将导致该网络和其关联网络同时瓦解；从网络安全的角度来看，可以将保护资源部署到关键的节点或连边上，避免在部分节点或连边失效时，导致过多的节点失效，进而导致多个网络的效能大大降低。

6.2.2　依赖网络中的依赖关系模型

多个网络的依赖关系可以是单向的也可以是双向的，为了简化问题，建模首先考虑单向依赖网络，即需求网络中的节点依赖于供应网络中的节点，这样有助于我们的研究关注于一个网络中的节点失效对另一个网络的影响。定义两个无向网络 $G_1 = (V_1, E_1)$ 和 $G_2 = (V_2, E_2)$，分别表示需求网络和供应网络，其中 V_1 和 V_2 分别表示两个网络的节点集，E_1 和 E_2 分别表示两个网络的边集。需求网络中的每一个节点，都依赖于供应网络中的一个或多个节点，依赖关系由有向边表示，如图 6-2 所示。图 6-2 展示了由于两个供应节点的失效导致了需求节点的失效。

每个供应网络中的节点给需求节点提供相应的支持，而一个需求节点需要至少一个供应节点的支持。这样的模型同样也可以用于描述通信网络和电力网络之间的关系，通信网络 G_1 中的一个节点表示一个路由器，电力网络 G_2 中的一个节点表示一个供电站。一个路由器由一个或多个供电站供电，当给某个路由器供电的所有供电站失效时，则该路由器也失效。

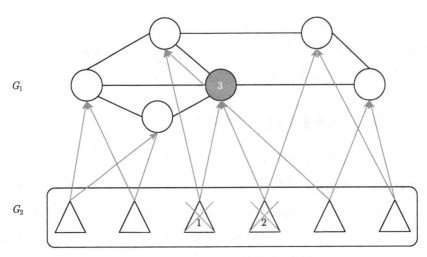

图 6-2　依赖网络中的依赖关系示意图

6.2.3　包含依赖关系的流阻断模型

上一节中，我们介绍了依赖网络中基本依赖关系模型的构建方式，本节以网络中的信息流阻断为背景，介绍包含依赖关系的流阻断模型。

在一个简化的指控系统中，网络分为上下两层，上层网络是通信层网络，分为感知网络、融合网络、指控网络和火力网络四个子网络，节点之间、子网络之间均能以信息流的方式进行信息的传递；下层网络是物理层网络，用于支持上层网络的通信传输，即上层网络中一次节点到节点的信息传递，依赖于下层物理网络中一条或多条边的实际传输。在该网络中存在运营和攻击双方进行对抗博弈，运营方负责选择合适的路由，使得信息从起点以最快速度传递到终点；攻击方则利用有限的攻击资源，对运营方网络进行阻断，使其网络功能受损，具体地说就是阻断其信息传递。

假定运营方的目标是，对于给定起点 s 和终点 t，实现起点到终点通过最短路径传递网络信息，"最短"路径是指传输时间最少的路径，这里的"最短"包括了路径和节点上的传输时延，因此运营方的目标函数可以表示为：

$$\min \left\{ \sum D_{(i,j)} \cdot y_{(i,j)} + \sum D_k \cdot y_k \right\} \tag{6-20}$$

其中 $D_{(i,j)}$ 表示信息流在边 (i,j) 上的传输时间，D_k 表示信息流在节点 k 上的传输时间，$y_{(i,j)}$ 和 y_k 则分别表示运营方选择的路径中包含的连边和节点。

而攻击方可以利用相应资源，对运营方网络的所有节点和边进行攻击，使其网络整体的性能下降和功能失效，该场景中则是使得运营方的网络传输时间变长。因此基于运营方对目标的表示，可以将攻击方的目标表示为：

$$\max \left\{ \min \left[\sum \left(D_{(i,j)} + d_{(i,j)} \cdot x_{(i,j)} \right) \cdot y_{(i,j)} + \sum \left(D_k + d_k \cdot x_k \right) \cdot y_k \right] \right\} \tag{6-21}$$

与运营方的目标函数相比，攻击方的目标函数加上了阻断后对节点性能的影响 $d_k \cdot x_k$ 和链路性能的影响 $d_{(i,j)} \cdot x_{(i,j)}$，同时增加了最大化约束，表示对网络中路径的最大化，实际效果是使得网络中的最短路径最大化。其中 d_k 和 $d_{(i,j)}$ 分别为遭到阻断后，信息流在节点 k 和边 (i,j) 上通信增加的时延，$x_{(i,j)}$ 和 x_k 则分别表示攻击方的阻断方案中包括的连边和节点。

问题的具体场景见图 6-3。运营方控制传感器采集到战争中的数据并传递到情报融合节点进行处理（过程 1-2-3），情报融合节点将生成的情报传递到指控节点（过程 4-5-6），指控节点将生成的决策传递到火力节点（过程 7-8-9），火力节点下达命令，命令传输到作战实体实施攻击（过程 10），以此实现从感知、信息融合、指挥决策到火力攻击的过程；攻击方则是想要通过攻击运营方传输网络中的感知节点、情报融合节点、指挥节点、火力节点，实现阻止运营方攻击行为的目的。

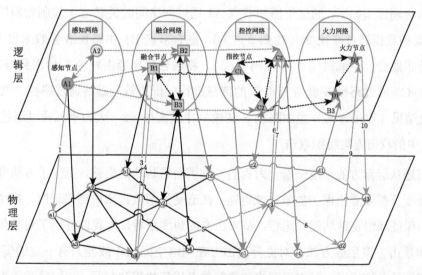

图 6-3　网络场景示意图

通信层（逻辑层）由四类节点以及连接节点之间的有向边组成。其中，节点包括感知节点、融合节点、指控节点、火力节点，各类节点自成一个小网络（感知网络、融合网络、指控网络、火力网络），小网络内的边是双向边，即小网络内节点信息能够双向传递，小网络间的边是单向边，信息传输严格按照感知-融合-指控-火力的逻辑进行传输，即小网络间进行单向信息传递。

物理层由一系列的物理实体节点构成，如传感器、雷达、指挥所、作战实体等实际存在的实体，具有通信传输和发挥各自特定功能的作用；通信层的边都是双向的，即有连边的两个节点之间能够进行双向通信。

通信层和物理层的相互映射关系如下：通信层的感知节点 A1 对应物理层的传感器 a1、a3，A2 对应 a2；融合节点 B1 对应物理层的节点 b1、b3，B2 对应节点 b5，B3 对应节点 b2、b4；指控节点 C1 对应物理层的指挥所 c1，C2 对应 c2，C3 对应节点 c3、c4；火力节点 D1 对应物理层的作战实体 d1，D2 对应节点 d2、d3。因此，通信层和物理层两层网络相互依存，任意一层的节点失效，都会导致另一层相应的节点效能下降甚至失效。例如，通信层感知节点 A1 在遭受攻击失效后，失去了对下层节点的管理、通信能力，会导致物理层节点 a1、a3 失效；若 a1 在遭受攻击失效后，也会导致 A1 的效能下降。

通信传输过程如下：通信层感知节点 A1 通过网络间的关联边 1 控制物理层传感器 a1 将收集的数据通过路径 2 传输到节点 b3，融合节点 B1 由路径 3 接收来自 b3 的数据进行情报融合，并通过路径 4 控制节点 b3 将融合信息经由路径 5 传递到指挥所 c3，指控节点 C3 通过路径 6 获取节点 3 的信息进行分析决策，最终通过路径 7 控制节点 3 将决策结果（攻击方案）经由路径 8 传输到作战实体 d2，火力单元通过路径 9 使用节点 d2 中的攻击方案组织攻击。

该问题从运营方的角度来看，为我们提供了网络防护的思路，提供了方法分析网络中较为重要且需要着重保护的节点或链路，在遭受外部攻击或内部错误时，模拟动态博弈过程，保证网络正常功能的运行；从攻击方的角度来看，为我们提供了对敌体系破击的思路和攻击方案生成方法，对提升攻击方在网络空间的作战能力有一定的促进作用。并且从实际的角度出发，对双层网络的依赖关系进行建模和刻画，很好描述了多层网络中的依赖关系。基于相应的问题场景进行依赖网络信息流的阻断建模，对分析网络的关键节点很有意义。

6.2.4　逻辑–物理双层网络最短路阻断

逻辑–物理双层网络最短路阻断问题（Logical-Physical Network Shortest Path Interdiction，LPNSPI）是一个建立在逻辑–物理双层网络上的二人零和博弈问题，其包括一个进攻方和一个防守方。进攻方的目标为寻找逻辑网络中某两个特定节点之间的路径，并使这条路径的总历经代价最小；防守方的目标为在一定的资源限制条件下，部署阻断策略，使得进攻方寻找到的路径总代价尽可能大。LPNSPI 是经典的单层网络最短路阻断问题在逻辑–物理双层网络上的拓展和延伸，但由于逻辑–物理双层网络的特殊性，适用于单层网络最短路阻断问题的求解方法并不能直接应用到双层的情况中。在 LPNSPI 问题中，防守方在物理层网络中部署阻断策略，而进攻方希望寻找到的最小代价路径位于逻辑层，两个层级的网络间有着实体的对应关系，而路径的代价又需要通过层级间的路径映射关系进行确定。逻辑层和物理层网络的分离使得 LPNSPI 数学模型的目标函数中出现非线性项；同时，双层结构的网络往往具有更大的规模。网络阻断问题一般具有较高的复杂度，即便是单层网络中的最短路阻断问题，其复杂度也是 NP 难的，因此在逻辑–物理双层网络中，最短路阻断问题的求解将面临更大的挑战。

在 LPNSPI 的问题设置中，物理层网络中的每条边 $e_p = (i_p, j_p) \in A_p$ 都具有一定的历经代价（例如时延、能量消耗等），即 c_{e_p}。而当网络的防守方选择在这条边上部署阻断策略时，历经代价将会增加到 $c_{e_p} + d_{e_p}$，即防守方阻断策略的效果为 d_{e_p}。防守方部署该阻断策略需要消耗一定量的资源 r_{e_p}，而其总共具有的阻断资源记为 R。在逻辑层网络中，进攻方经过每条逻辑边 $e_l = (i_l, j_l) \in A_l$ 的历经代价由其所实际经过的物理层路径决定，记为 w_{e_l}。

由于进攻方对于网络有着完全信息，且对于防守方的阻断策略及其效果有着准确的认知，为了最小化总历经代价，进攻方的路径选择将总是按照最小代价路径准则进行。假设防守方在物理层链路 e_p 上的阻断变量为 x_{e_p}，$x_{e_p} = 1$ 表示防守方选择阻断 e_p，$x_{e_p} = 0$ 表示选择不阻断，记 $\{x_{e_p} \mid e_p \in A_p\}$ 的向量形式为粗斜体表示的 $\boldsymbol{x}$。进攻

方在逻辑层链路 e_l 上的路径选择变量为 y_{e_l}，$y_{e_l} = 1$ 表示进攻方选择的路径中包含 e_l，$y_{e_l} = 0$ 表示不包含 e_l，记 $\{y_{e_l} \mid e_l \in A_l\}$ 的向量形式为粗斜体表示的 $\boldsymbol{y}$。

按照最小代价路径准则，进攻方的寻路问题可以表示为：

$$\min_{\boldsymbol{y}} \sum_{e_l \in A_l} w_{e_l}(x) y_{e_l} \tag{6-22}$$

$$\text{s.t.} \quad \sum_{e_l \in FS(v_l)} y_{e_l} - \sum_{e_l \in RS(v_l)} y_{e_l} = \begin{cases} 1, & v_l = s_l \\ -1, & v_l = t_l, \forall v_l \in N_l \\ 0 \end{cases} \tag{6-23}$$

$$y_{e_l} \in \{0,1\}, \forall e_l \in A_l \tag{6-24}$$

其中，式 (6-22) 为进攻方选择的路径总代价，$w_{e_l}(x)$ 表示在给定的防守方阻断策略 x 后，逻辑层链路 e_l 的历经代价。式 (6-23) 为流平衡公式，限制 y_{e_l} 构成一条从 s_l 到 t_l 的逻辑层路径，$FS(v_l)$ 表示以逻辑层节点 v_l 为起点的链路集合，$RS(v_l)$ 表示以逻辑层节点 v_l 为终点的链路集合。式 (6-24) 约束 y_{e_l} 的取值范围为 0 或 1。

在一般情况下，逻辑层链路的历经代价并不固定，因为它只规定了功能上的依赖性，其历经代价由进攻方在物理层所实际经过的路径决定。但在 LPNSPI 问题中，进攻方总是按照最优的路径选择进行攻击行为的规划，即逻辑层链路 $e_l = (i_l, j_l)$ 的历经代价总是取最小值，于是 $w_{e_l}(x)$ 可以表示为：

$$w_{e_l}(x) = w_{(i_l, j_l)} = \min_{k} \sum_{e_p \in A_p} (c_{e_p} + x_{e_p} d_{e_p}) k_{e_l e_p} \tag{6-25}$$

$$\text{s.t.} \quad \sum_{e_p \in FS(v_p)} k_{e_l e_p} - \sum_{e_p \in RS(v_p)} k_{e_l e_p} = \begin{cases} 1, & v_p = i_p \\ -1, & v_p = j_p, \forall v_p \in N_p \\ 0 \end{cases} \tag{6-26}$$

$$k_{e_l e_p} \in \{0,1\}, \forall e_p \in A_p \tag{6-27}$$

其中，式 (6-25) 以物理层最短路径的形式，给出了逻辑链路 e_l 的权值 $w_{e_l}(x)$；$c_{e_p} + x_{e_p} d_{e_p}$ 表示给定防守方阻断策略 $\boldsymbol{x}$ 后，物理层链路 e_p 的历经代价，未被阻断的链路权值依旧为 c_{e_p}，被阻断了的链路权值为 $c_{e_p} + d_{e_p}$；$k_{e_l e_p}$ 为物理层路径选择决策变量，取值范围为 0 或 1；$k_{e_l e_p} = 1$ 表示物理层链路 e_p 位于逻辑层链路 e_l 所对应的最短路径中，$k_{e_l e_p} = 0$ 则表示物理层链路 e_p 不在逻辑层链路 e_l 所对应的最短路径中，记 $k_{e_l e_p}$ 的矩阵形式为粗斜体大写字母 $\boldsymbol{K}$。式 (6-26) 与式 (6-23) 相似，为路径约束的流平衡公式，i_p 和 j_p 分别为逻辑层链路 $e_l = (i_l, j_l)$ 的两个端点所对应的物理层节点；$FS(v_p)$ 表示以物理层节点 v_p 为起点的链路集合，$RS(v_p)$ 表示以物理层节点 v_p 为终点的链路集合。式 (6-27) 规定了 $k_{e_l e_p}$ 的可行域。

记从逻辑层起点 s_l 到逻辑层终点 t_l 的总历经代价为 $V_{s_l t_l}$，则防守方的目的在于最大化 $V_{s_l t_l}$，记其最优解为 $V_{s_l t_l}^*$。则防守方问题，即 LPNSPI 问题，可以表示为如下形式的二层规划问题：

LPNSPI

$$V_{s_l t_l}^* = \max_{\boldsymbol{x}} \min_{\boldsymbol{y}} V_{s_l t_l} = \max_{\boldsymbol{x}} \min_{\boldsymbol{y}} \sum_{e_l \in A_l} w_{e_l}(x) y_{e_l}$$

$$= \max_{\boldsymbol{x}} \min_{\boldsymbol{y}, \boldsymbol{k}} \sum_{e_l \in A_l} \left[\sum_{e_p \in A_p} (c_{e_p} + x_{e_p} d_{e_p}) k_{e_l e_p} \right] \tag{6-28}$$

$$\text{s.t.} \quad \sum_{e_l \in FS(v_l)} y_{e_l} - \sum_{e_l \in RS(v_l)} y_{e_l} = \begin{cases} 1, & v_l = s_l \\ -1, & v_l = t_l, \forall v_l \in N_l \\ 0 \end{cases} \tag{6-29}$$

$$\sum_{e_p \in FS(v_p)} k_{e_l e_p} - \sum_{e_p \in RS(v_p)} k_{e_l e_p} = \begin{cases} 1, & v_p = i_p \\ -1, & v_p = j_p, \forall v_p \in N_p, \forall e_l = (i_l, j_l) \in A_l \\ 0 \end{cases} \tag{6-30}$$

$$x_{e_p} = x_{e_p}^{\leftarrow}, \forall e_p \in A_p \tag{6-31}$$

$$\sum_{e_p \in A_p} x_{e_p} r_{e_p} \leqslant 2R \tag{6-32}$$

$$x_{e_p}, y_{e_l}, k_{e_l e_p} \in \{0, 1\}, \forall e_p \in A_p, \forall e_l \in A_l \tag{6-33}$$

其中，式 (6-28) 为二层规划的目标函数，内层决策变量 y, k 为进攻方的路径选择变量，外层决策变量 x 为防守方的阻断策略变量；目标函数中包含有非线性项，即 $k_{e_l e_p}$ 与 y_{e_l} 的乘积项，这是由网络的双层结构特性导致的。式 (6-29) 和式 (6-30) 为路径约束的流平衡公式，分别约束了逻辑层 s_l 到 t_l 的路径以及所有逻辑层链路对应的最短路径。式 (6-31) 为阻断变量 x 的对称性约束，一条物理层链路 e_p 的上阻断行为对其逆向链路 $\bar{e}_p$ 也生效，这使得表示资源约束的式 (6-32) 中，不等式右边为 $2R$。式 (6-33) 规定了这些决策变量的可行域，可以看出，LPNSPI 是一个二层的整数规划问题。

6.3　动态对抗条件下的阻断

信息物理系统（Cyber-Physical System，CPS）是计算、网络以及物理实现过程的整合，CPS 极大地刺激了当代关键技术的发展，改进了不同领域的基础设施，如能源、通信、运输和制造业[10]。然而，这些整合无意中带来了新的网络安全方面的弱点、威胁和挑战[11-12]。与安全相关的事件越来越多吸引了人们对保护 CPS 的关注。

由于高级持续威胁 (APT) 攻击通常是经过精心的计划和特殊的定制，他们已经成为对 CPS 的防御十分具有挑战性的威胁[13]。具体来说，攻击者在组织严密和充足的资源支援下进行了长期的反复尝试，因而攻击者有能力采取一系列秘密、持续、瞄准特定关键基础设施目标的行动。计算机蠕虫病毒 Stuxnet，是首个被发现用于破坏核电站的病毒，是 APT 攻击[14] 的缩影。由于使用了隐秘和躲闪技术 (例如混淆技术)，这些秘密的恶意软件在攻击过程中起着至关重要的作用。然而，现有的 CPS 安全解决方案通常都是针对 CPS 的，做出以下一些有缺陷的假设，这些假设在实际情况下会成为 CPS 自身安全的阻碍[15-16]：

1）安全问题被建模为一个一次性的攻击和防御场景，违反了功能恶意软件在秘密传播中的持续行为；

2）攻击者只能使用有限的、可确定、相对独立的袭击，这与实际中攻击者利用隐秘的、不同类型的、规避检测的攻击手段有很大差距；

3）防御者的反应操作仅限于清理检测到的威胁和恢复受损节点，忽略了未检测到的潜在威胁。

因此，传统的应对入侵策略，如入侵检测系统，通常不能规避潜在的恶意软件带来的风险和损失。更具体地说，防御者采用传统的应对策略，安全隐患总会在一段没有保护的时间中暴露出来。因此，防御者需要对持续的攻击和防御过程建模，在动态的条件下分析 CPS 防御者和攻击者之间的 Stackelberg 博弈过程。攻击者的目标是渗透入 CPS 中，并以最低的成本 (如时间、精力) 选择最佳的 CPS 网络路径传播。另一方面，防御者使用有限资源，提升检测隐形恶意软件并使其失效的能力。同时，安全要求 CPS 被考虑为防守者的约束形式决策模型，反映了故障安全能力的首要重要性。

6.3.1 网络阻断的动态假设

网络阻断问题涉及到攻防双方，攻防双方面对阻断问题有不同的限制和视角，而动态网络阻断则会带来更多的问题和复杂性，因此关于动态网络阻断问题的建模，在问题假设上一般有如下考虑：

1）防御者的防御部署资源和攻击者的阻断资源都是否是有限的。

2）博弈双方的决策者数量都仅有一个还是多个。

3）博弈双方依据目标函数，判断博弈是零和的还是非零和的。

4）博弈双方进行的博弈是多轮还是单轮。

5）问题是否具有完全信息，问题信息是确定值还是随机变量。

基于以上考虑，对不同场景采取不同的假设往往会导致建模和问题求解的难度和复杂度不同。因此，需要依据不同的研究背景和具体的问题，采取适当的假设才能很好地解决问题。

6.3.2 动态多重网络最短路阻断模型框架[17]

多重网络在实际中普遍存在，其在结构特性、动力学特性等方面与单层网络具有显著差异，而这些网络特性与网络最短路阻断密切相关，因此本节在多重网络结构和动力学特性的基础上进行该问题的建模，在建模过程中将动态多重网络的网间反馈关系进行建模，以反映其对网络阻断问题的影响。

问题描述：网络运营方试图在多重网络中的某一网络层寻找由源节点 s 到目标节点 t 的最短路，而阻断方试图通过使用有限的资源 R 阻断多重网络不同网络层中的某些节点以使得其最短路最大化。

符号规定：记双层网络中的两个网络层分别为有向图 $G_\alpha(N_\alpha, A_\alpha)$ 和 $G_\beta(N_\beta, A_\beta)$，其中 $N_\alpha = \{1, 2, \cdots, n_\alpha\}$，$N_\beta = \{1, 2, \cdots, n_\beta\}$，$A_\alpha = \{(i, j) \mid i, j \in N_\alpha\}$，$A_\beta = \{(i, j) \mid i, j \in N_\beta\}$ 分别表示 G_α 和 G_β 的节点集与边集。记网间耦合边集分别为：$A_{\alpha\beta} = \{(i, j) \mid i \in N_\alpha, j \in N_\beta\}$，$A_{\beta\alpha} = \{(i, j) \mid i \in N_\beta, j \in N_\alpha\}$，若 $(i, j) \in A_{\alpha\beta}$，表示节点 $j \in N_\beta$ 依赖于节点 $i \in N_\alpha$。同时，记此双层网络为 $G^{(2)}(G_\alpha, G_\beta, A_{\alpha\beta}, A_{\beta\alpha})$，多重网络的相关符号依此类推。在多重网络阻断问题中，阻断节点 $i \in N_\alpha$ 所需的资源定义为 $r_{\alpha i}$，$x_{\alpha i}$ 定义为网络层 G_α 上的阻断决策变量，其余符号与前述一致。

以多重网络 $G^{(4)}$ 为例，如图 6-4 在多重网络 $G^{(4)}$ 中，网络 G_α、G_{β_1}、G_{β_2} 和 G_{β_3} 通过网间耦合边相互关联，网络的运营方试图在网络 G_α 中寻找由源节点 s 到目标节点 t 的最短路，网络阻断方试图通过使用有限的资源 R 阻断网络 $G^{(4)}$ 两个网络层中的某些节点以使得其最短路最大化。由于网间耦合边的存在，网络阻断导致的节点失效会在四个网络层间进行传播，这种动态特性将会显著影响该问题的优化决策过程。

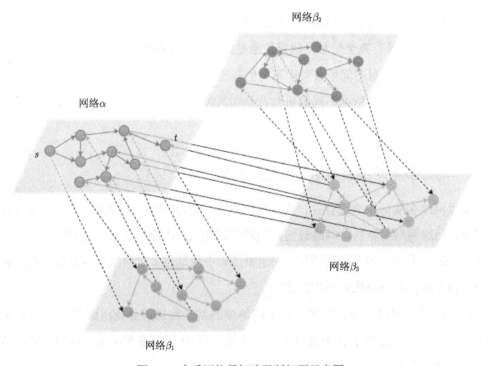

图 6-4　多重网络最短路阻断问题示意图

多重网络阻断问题与单层网络阻断问题相比，具有以下突出的特点：1）网间的耦合边是多重网络依赖关系的载体，直接决定多重网络的动态特性，如：失效传播和级联效应；2）多重网络的动态特性，尤其是与网络阻断相关的特性，是网络阻断优化决策的重要依据；3）在优化问题中考虑多重网络的动态特性，将大幅增大问题的建模和求解难度。

多重网络最短路阻断问题建模的核心是将网络的动态特性引入到规划模型中，在建模过程中通过引入依赖函数的概念，将多重网络的动态特性作为约束引入网络阻断规划模型，从而将多重网络最短路阻断问题转换为单层网络最短路阻断问题，提出动态多重网络最短路阻断问题的模型框架。

定义 6.1　依赖函数　令 $x_\alpha, x_{\beta_1}, x_{\beta_2}, \cdots, x_{\beta_m}$ 分别表示网络阻断方法在网络层 $\alpha, \beta_1, \beta_2, \cdots, \beta_m$ 的阻断决策变量；$\tilde{x}_\alpha$ 为阻断决策变量 $(x_\alpha, x_{\beta_1}, x_{\beta_2}, \cdots, x_{\beta_m})^{\mathrm{T}}$ 在多重网络动态特性影响下，位于网络层 G_α 上的等效阻断决策变量。记 $\tilde{x}_\alpha = f_{\alpha\beta_1\beta_2\cdots\beta_m}(x_\alpha, x_{\beta_1}, x_{\beta_2}, \cdots, x_{\beta_m})$，则称 $f_{\alpha\beta_1\beta_2\cdots\beta_m}$ 为多重网络 $G^{(m+1)}$ 的网间依赖函数。对于双层网络 $G^{(?)}(G_\alpha, G_\beta, A_{\alpha\beta}, A_{\beta\alpha})$，其依赖函数为 $f_{\alpha\beta}$，函数关系为：$\tilde{x}_\alpha = f_{\alpha\beta}(x_\alpha, x_\beta)$

规划模型框架

根据上述问题描述及符号规定，通过将依赖函数关系作为约束条件引入，将原动态多重网络最短路阻断问题（Multilayer Network Interdiction of Shortest Path，MNISP）建模如下。

$$[\mathrm{MNISP-P}\left(G^{(m+1)}\right)] \quad z^* = \max_{x_{ai}, x_{\beta j}, \cdots, x_{\beta mi}} \min_{y_k} \sum_{k \in A} (c_k + x_{\alpha k} d_k) y_k \tag{6-34}$$

$$\mathrm{s.t.} \sum_{k \in FS(t)} y_k - \sum_{k \in RS(1)} y_k = \begin{cases} 1 & i = s \\ 0 & \forall i \in N\setminus\{s,t\} \\ -1 & i = t \end{cases} \tag{6-35}$$

$$\tilde{x}_{\alpha k} = \tilde{x}_{\alpha i} \quad \forall i \in N_\alpha, k \in FS(i) \tag{6-36}$$

$$\tilde{x}_\alpha = f_{\alpha\beta_1\beta_2\cdots\beta_m}(x_\alpha, x_{\beta_1}, x_{\beta_2}, \cdots, x_{\beta_m}) \tag{6-37}$$

$$\sum_{\forall i \in N_a} x_{\alpha i} \cdot r_{\alpha i} + \sum_{\forall i \in N_{\beta 1}} x_{\beta j i} \cdot r_{\beta^i_i} + \cdots + \sum_{\forall i \in N_{\beta_m}} x_{\beta_m i} \cdot r_{\beta_m i} \leqslant R \tag{6-38}$$

$$y_k, x_k, x_{ai}, x_{\beta_i}, \cdots, x_{\beta_{mi}} \in \{0, 1\} \quad \forall i \in \{N_\alpha, W_{\beta_1}, \cdots, N_{\beta_n}\}, k \in A \quad (6\text{-}39)$$

其中，式 (6-34) 为目标函数，即网络层 G_α 中最大化的最短路长度；式 (6-35) 为网络层 G_α 中各节点的流量平衡约束；式 (6-36) 为 G_α 中边阻断与节点阻断转化约束；式 (6-37) 为反映多重网络动态特性的依赖函数约束；式 (6-38) 为资源约束条件；式 (6-39) 为各决策变量的取值约束，此处均为整数 0 或 1。记此模型为 MNISP $-$ P $\left(G^{(m+1)}\right)$，当 $m = 1$ 时即为双层网络最短路阻断问题模型 MNISP-P $\left(G^{(2)}\right)$。

6.3.3　网间反馈关系建模[17]

网间反馈关系（Feedback Relation）是多重网络中的物质、能量、信息在不同网络层间的交替传递过程，是一类重要的网间依赖关系。作为多重网络中普遍存在的一类依赖关系，网间反馈关系是多重网络动力学行为的基础，对于各类网络优化问题具有显著的影响。在网络阻断问题中，这一关系主要表现为节点故障、节点失效在网络间的交替传递。

本文在网络阻断问题中考虑的反馈关系即为节点故障或失效的网间反馈关系，如图 6-5 为双层网络中节点失效反馈关系（"或"型）示意图。双层网络 $G^{(2)}(G_\alpha, G_\beta, A_{\alpha\beta}, A_{\beta\alpha})$ 由网络 G_α 与网络 G_β 通过网间耦合边的联合构成，两个网络层内部均由内部边连接以实现网络各自的功能，本文约定由节点 a_1 指向节点 b_1 的耦合边表示节点 b_1 的正常运转依赖于节点 a_1 的正常运转，即节点 a_1 的失效或者故障将导致节点 b_1 的失效或者故障。如图描述了节点 a_1 失效后，双层网络 $G^{(2)}$ 中节点失效在网间反馈传递的过程：网络 G_α 中节点 a_1 失效后通过耦合边 (a_1, b_1)，传递至 G_β 网络中的节点 b_1，进而通过耦合边 (b_1, a_2)，传递至节点 a_2，继而经过第 0 阶段到第 4 阶段等阶段完成失效在网络 G_α 与 G_β 中的交替传递，并形成失效反馈路径：$a_1 \to b_1 \to a_2 \to b_3 \to a_5$。

根据网间依赖关系在失效或故障传播方面的不同性质，上述反馈关系可以分为两类："或"型反馈关系和"与"型反馈关系，具体定义如下。

定义 6.2　依赖节点　在多重网络 $G^{(m+1)}$ 中，若存在有向边 (a, b)，其中 $a \in N_\alpha$，$b \in N_\beta$，$\alpha \neq \beta$，则称网络层 G_α 中的节点 a 为网络层 G_β 中的节点 b 的依赖节点（Dependent Node）。

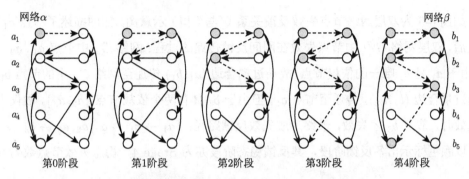

图 6-5 双层网络节点失效反馈关系（"或"型）示意图

定义 6.3 **"或"型反馈关系** 若在多重网络中，某网络层中任意节点的所有依赖节点中有一个节点失效或故障，此时该节点因此失效或故障，则称该多重网络中存在"或"型反馈关系。

定义 6.4 **"与"型反馈关系** 若在多重网络中，某网络层中任意节点的所有依赖节点均失效或故障，此时该节点因此失效或故障，则称该多重网络中存在"与"型反馈关系。

定义 6.5 **混合型反馈关系** 若在多重网络中，某网络层中任意节点的失效与其依赖节点的失效情况的关系为上述"或"、"与"型反馈关系的组合，则称该多重网络中存在混合型反馈关系。

定义 6.6 **反馈阶段，反馈稳态阶段**[18] 令初始状态时多重网络中各个失效（被攻击或故障所致）节点的集合为阶段 0（Stage 0），此后 $\forall s \in \{1, 2, \cdots, S\}$，记反馈阶段 s（Feedback Stage s）为包含属于阶段 $s-1$ 的所有节点及由于阶段 $s-1$ 失效节点的反馈关系而失效的节点集合。同时，根据失效反馈的动力学特性，令 $N(s)$ 表示阶段 s 的节点数目，则有 $N(0) < N(1) < \cdots < N(S-1) < N(S) = N(S+1)$，称 S 为该失效反馈过程的反馈稳态阶段（Stable Feedback Stage），$N(s)$ 为稳态失效节点数。

根据上述定义，图 6-5 中节点 a_2 的依赖节点有两个 $\{b_1, b_2\}$，仅当 b_1 失效或故障时，节点 a_2 失效或故障，因此其网间反馈关系为"或"型反馈关系，图中以颜色标示出各反馈阶段，其反馈稳态阶段为 Stage 4，稳态失效节点数为 5。

如图 6-6 为双层网络节点失效反馈关系（"与"型）示意图，如图描述了节点 a_1、a_3 失效后，双层网络 $G^{(2)}$ 中节点失效在网间反馈传递的过程：网络 G_α 中节点 a_1、a_3 失效后，由于 a_1 是 b_1 唯一的依赖节点，故通过耦合边 (a_1, b_1) 传递至网络 G_β 中的节点 b_1，进而通过耦合边 (b_1, a_2)，传递至节点 a_2，但由于 b_3 具有两个依赖节点 $\{a_2, a_3\}$，故仅当 a_2 也失效时，节点 b_3 才失效，最终形成失效反馈路径：$\{a_1 \rightarrow b_1 \rightarrow a_2; a_2, a_3 \rightarrow b_3 \rightarrow a_5\}$，图中以颜色标示出各反馈阶段，其反馈稳态阶段亦为 Stage 4，稳态失效节点数为 6。

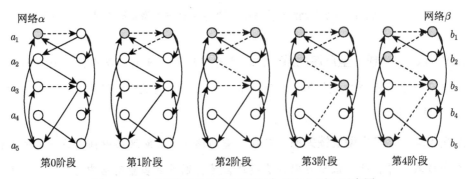

图 6-6　双层网络节点失效反馈关系（"与"型）示意图

为解决存在网间反馈关系的多重网络最短路阻断问题，在本文提出的优化模型框架 $\text{MNISP} - \text{P}\left(G^{(m+1)}\right)$ 基础上，问题的核心转换为定义网间反馈关系的依赖函数。下面根据上述定义，给出双层网络 $\text{MNISP} - \text{P}\left(G^{(2)}\right)$ 相应的依赖函数。

1. "或"型反馈依赖函数

根据此类反馈关系定义，令 $x_{\alpha i}^{(s)} \in \{0, 1\}$ 表示网络层 G_α 中节点 i 在阶段 s 时的状态变量，$x_{\alpha i}^{(s)} = 1$ 表示该节点失效或故障，否则该节点运转正常；节点 $j_1, j_2, \cdots, j_k$ 表示节点 i 在网络层 G_β 中的依赖节点，"|"表示逻辑或算符。可得到如下表征"或"型反馈关系约束关系：

$$x_{\alpha i}^{(s)} = x_{\alpha i}^{(s-1)} | x_{\beta j_1}^{(s-1)} | x_{\beta j_2}^{(s-1)} | \cdots | x_{\beta j_k}^{(s-1)}, \quad \forall s \in \{1, 2, \cdots, S\} \tag{6-40}$$

记"或"型反馈依赖函数为：$\tilde{x}_\alpha = f_{\alpha\beta}^{(F1)}(x_\alpha, x_\beta)$，取 $\tilde{x}_\alpha = x_\alpha^{(S)} = \left(x_{\alpha 1}^{(s)}, x_{\alpha 2}^{(S)}, \cdots, x_{\alpha N_a}^{(S)}\right)^{\text{T}}$，则该函数可表达为如下约束的形式：

$$\tilde{x}_\alpha = x_\alpha^{(S)} = \left(x_{\alpha 1}^{(S)}, x_{\alpha 2}^{(S)}, \cdots, x_{\alpha N_\alpha}^{(S)}\right)^{\mathrm{T}} \tag{6-41}$$

$$x_{\alpha i}^{(s)} = x_{\alpha i}^{(s-1)} | x_{\beta j_1}^{(s-1)} | x_{\beta j_2}^{(s-1)} | \cdots | x_{\beta j_k}^{(s-1)}, \quad \forall s \in \{1, 2, \cdots, S\}, i \in \{1, 2, \cdots, N_\alpha\} \tag{6-42}$$

根据前述定义，式 (6-41) 中 $\tilde{x}_\alpha$ 为阻断决策变量 $(x_\alpha, x_\beta)^{\mathrm{T}}$ 在网络动态特性影响下，网络层 G_α 上的等效阻断决策变量，即在给定初始决策 $\left(x_\alpha^{(0)}, x_\beta^{(0)}\right)^{\mathrm{T}} = (x_\alpha, x_\beta)^{\mathrm{T}}$，经过 S 个反馈阶段后多重网络节点状态达到稳态时，等效的稳态阻断决策为 $\tilde{x}_\alpha = x_\alpha^{(s)}$。式 (6-42) 则用于表征这一动态反馈过程，同时需引入至少 $(N_\alpha + N_\beta) \cdot S$ 个中间决策变量。

2. "与"型反馈依赖函数

根据此类反馈关系定义，令 $x_{\alpha i}^{(s)} \in \{0, 1\}$ 定义同上，节点 $j_1, j_2, \cdots, j_k$ 表示节点 i 在网络层 G_β 中的依赖节点，"&" 表示逻辑与算符。可得到如下表征 "与"型反馈关系约束关系：

$$x_{\alpha i}^{(s)} = x_{\alpha i}^{(s-1)} | \left(x_{\beta j_1}^{(s-1)} \& x_{\beta j_2}^{(s-1)} \& \cdots \& x_{\beta j_k}^{(s-1)}\right), \quad \forall s \in \{1, 2, \cdots, S\} \tag{6-43}$$

记 "与"型反馈依赖函数为：$\tilde{x}_\alpha = f_{\alpha\beta}^{(F^2)}(x_\alpha, x_\beta)$，取 $\tilde{x}_\alpha = x_\alpha^{(S)} = \left(x_{\alpha 1}^{(S)}, x_{\alpha 2}^{(s)}, \cdots, x_{\alpha N_a}^{(S)}\right)^{\mathrm{T}}$，则该函数可表达为如下约束的形式：

$$\tilde{x}_\alpha = x_\alpha^{(S)} = \left(x_{\alpha 1}^{(S)}, x_{\alpha 2}^{(S)}, \cdots, x_{\alpha N_\alpha}^{(S)}\right)^{\mathrm{T}} \tag{6-44}$$

$$x_{\alpha i}^{(s)} = x_{\alpha i}^{(s-1)} | \left(x_{\beta j_1}^{(s-1)} \& x_{\beta j_2}^{(s-1)} \& \cdots \& x_{\beta j_k}^{(s-1)}\right), \quad \forall s \in \{1, 2, \cdots, S\}, i \in \{1, 2, \cdots, N_\alpha\} \tag{6-45}$$

同理，式 (6-44) 中 $\tilde{x}_\alpha$ 为等效的稳态阻断决策 $x_\alpha^{(s)}$。式 (6-45) 则用于表征这一动态反馈过程，同时需引入至少 $(N_\alpha + N_\beta) \cdot S$ 个中间决策变量。

3. 混合型反馈依赖函数

实际中可能出现由 "或"、"与" 两种反馈关系组合的混合型反馈关系，此时其依赖函数亦可表达为一系列逻辑约束的形式，具体形式与式 (6-42)，(6-45) 类似，区别在于各依赖节点的中间决策变量间的逻辑符根据反馈关系的组合形式而定，记为 $\tilde{x}_\alpha = f_{\alpha\beta}^{(\mathrm{FMixed})}(x_\alpha, x_\beta)$。

4. 逻辑约束的线性化

由于式 (6-42)、式 (6-45) 中存在逻辑约束，此类约束本身具有非线性特征，因此需要将逻辑约束进行适当的转换才有利于后续规划模型的求解。在本文中，采用将逻辑约束转换为线性不等式约束的方法，实现规划模型的线性化。

对于逻辑或约束 $\forall a_0, a_1, \cdots, a_k \in \{0,1\}$，若 $a_0 = a_1 | a_2 | \cdots | a_k$，则可知如式 (6-46) 所示约束关系与之等价：

$$
\begin{cases}
a_0 \geqslant a_1 \\
a_0 \geqslant a_2 \\
\quad \vdots \\
a_0 \geqslant a_k \\
a_0 \leqslant a_1 + a_2 + \cdots + a_k
\end{cases}
\tag{6-46}
$$

对于逻辑与约束 $\forall a_0, a_1, \cdots, a_k \in \{0,1\}$，若 $a_0 = a_1 \& a_2 \& \cdots \& a_k$，则可知如式 (6-47) 所示约束关系与之等价：

$$
\begin{cases}
a_0 \leqslant a_1 \\
a_0 \leqslant a_2 \\
\quad \vdots \\
a_0 \leqslant a_k \\
a_0 \geqslant a_1 + a_2 + \cdots + a_k - (k-1)
\end{cases}
\tag{6-47}
$$

对于混合型约束，根据组合情况，可得到混合情况的等价线性约束。

根据对网间反馈关系的建模，可以得到具有网间反馈关系的多重网络最短路阻断问题优化模型，以双层网络为例，记为 MNISP-F $\left(G^{(2)}\right)$，模型如下：

$$
\left[\text{MNISP} - \text{F}\left(G^{(2)}\right)\right] \quad z^* = \max_{x_{\alpha i}, x_\beta} \min_{y_k} \sum_{k \in A} \left(c_k + x_{\alpha k} d_k\right) y_k
\tag{6-48}
$$

$$
\text{s.t.} \quad \sum_{k \in FS(i)} y_k - \sum_{k \in RS(i)} y_k =
\begin{cases}
1 & i = s \\
0 & \forall i \in N \backslash \{s,t\} \\
-1 & i = t
\end{cases}
\tag{6-49}
$$

$$\tilde{x}_{\alpha k} = \tilde{x}_{\alpha i} \quad \forall i \in N_\alpha, k \in FS(i) \tag{6-50}$$

$$\tilde{x}_\alpha = f_{\alpha\beta}^{(F)}(x_\alpha, x_\beta) \tag{6-51}$$

$$\sum_{\forall i \in N_a} x_{\alpha i} \cdot r_{\alpha i} + \sum_{\forall i \in N_\beta} x_{\beta i} \cdot r_{\beta i} \leqslant R \tag{6-52}$$

$$y_k, x_k, x_{\alpha i}, x_{\beta j} \in \{0, 1\} \quad \forall i \in N_\alpha, j \in N_\beta, k \in A \tag{6-53}$$

其中,式 (6-51) 中反馈依赖函数取 $f_{\alpha\beta}^{(t1)}(x_\alpha, x_\beta), f_{\alpha\beta}^{(r-2)}(x_\alpha, x_\beta)$ 或 $f_{\alpha\beta}^{(\text{FMixed})}(x_\alpha, x_\beta)$。

6.3.4 动态网络阻断模型

在动态网络阻断问题中,攻击者使用最少的资源,通过选择最优的网络路径潜入 CPS 中,进行信息窃取或者病毒扩散等;而防御者则用有限的检测能力去探测网络中的潜在恶意软件,通过最优的检测资源分配策略,尽可能地减缓恶意软件在 CPS 中的传播,最大化地保证 CPS 的安全。同时,CPS 的安全需求也需要以约束的形式考虑在防御者的决策模型中。由于防御者需要在持续的攻击–防御过程中做出实时的决策,我们首先提出动态最短路径树阻断问题,然后介绍建模方法和求解算法。

在静态的网络阻断模型中,攻防双方都仅进行一次决策,用于应对所有的情况。动态网络阻断问题与此不同,攻防双方可以进行自适应的观察或响应,即当一次新的入侵被检测到时,防御者将针对这一次入侵,采取特定的反制手段;而攻击者则基于观测到的防御者采取措施,重新规划其入侵的策略。因此,提出动态最短路径树阻断博弈(Dynamic Shortest-Path Tree Interdiction Game, DSPTI),其形式化表达如下:

$$\gamma_D = \left(N_p, V_g, E_g, s_g, (V_{gi})_{i \in N_p}, O, u \right) \tag{6-54}$$

表达式是一个七元组,其中,N_p 是参与者的有限集(包括防御者和攻击者),(V_g, E_g, s_g) 构成了由 s_g 为根节点的树,s_g 由初始入侵节点 v_s 决定。$(V_{gi})_{i \in N_p}$ 是一个节点集的分割,表示参与者 i 的一个决策节点。O 表示所有可能的博弈结果构成的集合,u 则是与一个博弈结果中的所有叶子节点关联的效用函数。对每一个博弈结果,该函数累积了由初始入侵节点 v_s 到所有节点的路径长度。

可以证明 DSPTI 问题是 NP 难的,这里不再作出证明。除此之外,由于不完整的恶意软件检测和缺乏未来数据的不确定性,在博弈结束之前,不可能实现防御者的

Stackelberg 平衡。传统的指数状态向后递归逼近方法对于其他类型的多阶段阻断问题，如动态最短路径阻断问题的动态规划算法，无法解决实时问题，即不存在提前获得未来的观测信息，然后用于向后递归的过程。因此，我们提出一个关于 DSPTI 的 MPC（Model Predictive Control）策略，以满足实时决策的需求。恶意软件监测系统作为 MPC 策略中的系统模型，优化器被定义为以滚动视线方式解决局部贪心 SSPTI 问题（LG-SSPTI）。

当一个新的感染设备被检测到时，攻击者和防御者之间将会开始新的决策回合。防御者在阶段 t 的近似策略由求解下述 LG-SSPTI 问题得到。

$$u^*(t) = \max_{X^t} \min_{y^t} u\left(X^t, y^t\right) \tag{6-55}$$

$$y^t \in Y \tag{6-56}$$

$$\sum_{e \in E} \omega_e x_e^t \leqslant R^t \tag{6-57}$$

$$\sum_{e \in NS(i)} \omega_e x_e^t \leqslant r_i^t, \forall v_i \in V \tag{6-58}$$

其中，$X^t, y^t \in \{0,1\}^{|E|}$，$u^*(t)$ 是该博弈的 Stackelberg 平衡。约束 (6-56) 表示恶意软件的传播应遵循树形结构模式；式 (6-56)、式 (6-57) 是阶段 t 的功能保证约束，其中 R^t 和 r_i^t 分别表示阶段 $t-1$ 之后剩余可用的资源总量和个别资源量。

令 $V_s(t)$ 表示在阶段 t 中被感染的节点集，$V_d(t)$ 表示在阶段 t 中新检测到的被感染节点集，解决 DSPTI 问题的 MPC-DSPTI strategy 算法如下所示。

MPC-DSPTI 算法：求解 DSPTI 问题的 MPC Strategy 算法

1: 初始化 $Y \leftarrow \phi, \underline{z} \leftarrow -\partial, x \leftarrow 0, t \leftarrow 0$

2: **while** $|V_s| < |V|$ **do**

3:    恶意软件检测：得到集 $V_d(t)$

4:    **if** $V_d(t) \neq \phi$ **then**

5:        防守者决策：求解 LG-SSPTI(t) 得到 x^t

6:        恶意软件拦截：根据 x^t 分配对策

7:　　攻击者决策：解决 $[Sub(x^t)]$ 得到 y^t

8:　　恶意软件传播：基于 y^t 渗透

9:　　$t \leftarrow t+1$

虽然 LG-SSPTI 问题是 NP 难的，但是通过引入本地贪心分配约束能够带来两个好处：（1）决策变量 x 的数量减少很多，不会随着图 G 规模的增长而直接增加，从而解决问题的规模；（2）由于目前阶段只有紧急阻断需求，即需要对攻击者马上将入侵的环节采取应对策略，大部分资源仍然可用于未来的阻断。也就是说，使用这种 MPC 策略，防御者可以自适应地采取观察和响应决策，有助于防御者由于恶意软件的分布不确定性而降低决策风险，这对于避免策略资源浪费和实现更好地决策至关重要。

6.3.5　动态网络阻断模型实验验证

考虑了三个不同的动态策略如下，这里 safety 是对于非故意的意外事件的保护，security 是对于有目的、有意的进攻的保护：

（1）A fail-safe strategy（FSA）：当一个设备在暴露期被感染并同时被检测到时，将会从 CPS 中被剔除，尽管它的邻居可能也被感染，但不会对其采取轻量化的措施，以尽可能保持故障安全能力。

（2）A fail-secure strategy（FSE）：当一个设备在暴露期被感染并同时被检测到时，该节点自身及其邻居将会同时从 CPS 中被剔除，以避免更多的节点被感染，因此 FSE 是防御者选择优先级最高的策略。

（3）The MPC strategy（MPC）：当一个设备在暴露期被感染并同时被检测到时，将会从 CPS 中被剔除，同时，通过求解 LG-SSPTI 问题，轻量化的防御措施将会被最优地分配到其邻居节点上。事实上，这种策略是为了实现在 CPS 中 FSE 和 FSA 两种策略的平衡。三个动态防御策略在栅格网络、ER 网络和无标度网络中的表现分别如图 6-7～图 6-9 所示。

由图 6-7～图 6-9 的 a 比较分析，提出的 MPC 策略和 FSE 可以有效减轻恶意软件的传播，所有感染顶点的比例被抑制在 0.2 以下，而 FSA 不能防止恶意软件的渗透。同时，无论防御者采取何种防御策略，无标度网络往往对恶意软件传播更为脆弱。由

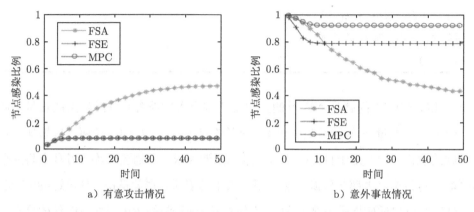

a）有意攻击情况　　　　　　　　b）意外事故情况

图 6-7　动态防御策略在栅格网络 $|E| = 563$，$T_d = 5$ 中的表现

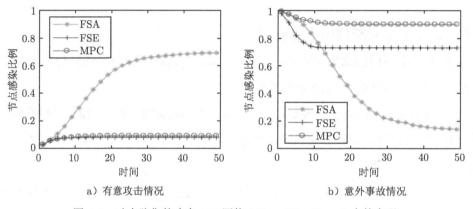

a）有意攻击情况　　　　　　　　b）意外事故情况

图 6-8　动态防御策略在 ER 网络 $|E| = 526$，$T_d = 5$ 中的表现

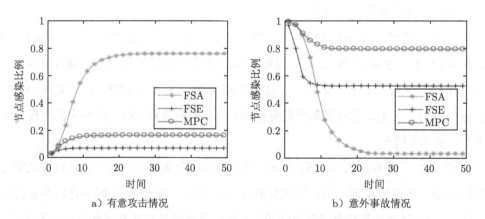

a）有意攻击情况　　　　　　　　b）意外事故情况

图 6-9　动态防御策略在无标度网络 $|E| = 526$，$T_d = 5$ 中的表现

图 6-7 ～ 图 6-9 的 b 比较分析，MPC 在三种动态策略中保持了最高比率的最大连通子图。虽然 FSA 旨在尽可能保持安全性并减少系统功能的损失，但由于未被发现的威胁和未受保护暴露的存在，未来将会感染更多的节点。而 FSE 虽然可以控制恶意软件的传播，但是在早期阶段比率出现了急剧下降。因此，在三种策略中，MPC 策略可以很好地提升 CPS 的安全性。

6.4 应用：动态双层网络最短路阻断实验[17]

动态双层网络阻断实验中，首先以仿真网络数据为基础，对比分析不同算法在网络规模、阻断资源总数变化时的性能和特点；其次分析网间耦合边密度对于算法性能的影响；最后，分别对存在网间"或"型、"与"型反馈关系的实际案例网络进行实验，分析阻断资源总数与耦合边密度对算法性能的影响。

6.4.1 动态双层网络实验数据

在多重网络阻断问题的实验设计中，本文参考多重网络中其他优化问题（多重网络条件下的最小覆盖问题、考虑级联效应的电网–通信网鲁棒性优化）的仿真和案例数据，设计了相关的仿真网络数据生成方法，同时结合阻断问题的需要，对实际案例数据进行了抽象。

1. 仿真数据

仿真生成的双层网络由两个单层的格子网络及两层网络间的耦合边构成，其中单层格子网络的构造方式与参数假设与前节中规定一致。反馈关系耦合边的生成依据下列规则。

网络层 G_α 中任意节点 a_i，取 m 个网络层 G_β 中的节点构成 a_i 的局域世界 $\{b_1, b_2, \cdots, b_m\}$，节点 a_i 以 q_1 的概率与局域世界 $\{b_1, b_2, \cdots, b_m\}$ 中各个节点建立指向网络层 G_β 依赖边，若建立耦合边 (a_i, b_j)，则表示节点 a_i 是 b_j 的依赖节点。同理，网络层 G_β 中的节点建立指向网络层 G_α 的依赖边。其中，局域世界的耦合边建立原则是基于实际双层网络中依赖关系存在的特点而设计的。

2. 实际数据

真实网络数据是通信网络与电力网络构成的双层网络。假定最短路阻断问题在通信网络层，阻断行动可以针对双层网络中的任意通信节点和电力节点。同时，通信节点通过网间耦合边获得电力支持，电力节点的运转依赖于通信节点的控制，因此构成相互依赖的双层网络。

实验中假定通信网络边长 c_k 为通信时长的近似整数值，假定节点打击的资源消耗 r_i 为节点的度数，所用数据集为：

- 意大利电力–通信耦合网络，其中电力网具有 310 个节点，361 条边；通信网具有 39 个节点，102 条边；耦合边共 169 条。
- Midwestern US 电力–通信耦合网络，其中电力网（IEEE 118 Bus）具有 118 个节点，179 条边；采用仿真通信网具有 100 个节点，179 条边；由于此实际数据中的耦合边是通过随机生成方式产生，本文选取 5 组不同耦合边数的数据进行实验。

以上算法利用 MATLAB MIP toolbox YALMIP 实现，利用了 CPLEX 12.5 callable library。实验在 Windows7 (32) computer with 2.40GHz Intel(R) Core i5 CPU and 3.0G RAM 的计算机上进行。

6.4.2 实验分析

1. 仿真数据实验分析

首先，对存在网间"或"型反馈关系的双层网络阻断问题，分析网络规模变化时，对偶算法（MNISP-D）、本德斯分解算法（MNISP-B）、通过增加稳态阶段上界改进的对偶改进算法（MNISP-DE）与本德斯分解改进算法（MNISP-BE）的性能进行比较。如表 6-1 所示，随着网络规模（节点数 N、网内边数 A_{intra}、网间耦合边数 A_{inter} ）的增大，问题的求解时间逐步增大至无法在给定时间内求解。其中，由于采用了基于反馈稳态阶段上界的改进，算法 MNISP-DE 与 MNISP-BE 能够求解规模更大的问题，且采用对偶原理的算法 MNISP-DE 所能求解的问题规模最大，运行时间的方差也最小。

表 6-1 不同网络规模下算法性能比较

格子网络：$c_m = 10$，$d_m = 10$，$R = 30$，$p = 30$，$p = 0.6$，$q = 0.1$，$M = 5$

网络规模				MNISP-D		MNISP-B			MNISP-DE		MNISP-BE		
N	A_{intra}	A_{inter}	$\bar{S}^*$	T	σ	T	σ		T	σ	T	σ	
50	171	27	5	43	1	117	86	3	3	1	7	4	3
200	846	96	6	[0]	—	[0]	—	—	23	6	262	104	8
450	1961	217	6	[0]	—	[0]	—	—	72	24	[0]	—	
800	3575	396	8	[0]	—	[0]	—	—	269	94	[0]	—	
1250	5566	652	9	[0]	—	[0]	—	—	[M]	—	[0]	—	

其中，"[M]"表示本文实验条件下，内存不足。

其次，分析阻断资源总量变化时上述算法的性能，由于算法 MNISP-D 与 MNISP-B 能解决的问题规模较小，故仅讨论算法 MNISP-DE 与 MNISP-BE。由表 6-2 可以看出，随着阻断资源总数的增加，对偶算法 MNISP-DE 的求解时间无明显变化，说明其对资源总数变化不敏感；而分解算法 MNISP-BE 的求解时间逐步增大，同时注意到其迭代次数也随之增加。这是由于资源总数增加将导致分解迭代的步骤增多，从而增加算法的运行时间。

表 6-2 不同阻断资源总量下算法性能比较

格子网络：$N = 200$，$c_m = 10$，$d_m = 10$，$p = 0.6$，$q = 0.1$，$M = 5$

阻断资源		MNISP-DE		MNISP-BE		
No.	R	T	σ	T	σ	I
1	5	14	2	28	17	3
2	10	26	16	135	16	5
3	20	23	6	206	90	7
4	40	21	6	335	169	9
5	80	21	5	425	120	12
6	160	16	3	522	248	15

此外，对于网络层内边 A_{intra} 与网间耦合边 A_{inter} 对问题求解的复杂程度的影响进行分析，在网络节点数固定的情况下，分别改变网内边和网间耦合边的连边概率，测试算法 MNISP-DE 与 MNISP-BE 的性能。表 6-3 所示为网内边密度对算法性能的影响情况，可以看出网内连边密度的改变基本不影响两种算法的运行时间，算法 MNISP-DE

性能仍然明显优于算法 MNISP-BE。

表 6-3　不同网内边连边密度下算法性能比较

		格子网络：$N=200$, $c_m=10$, $d_m=10$, $R=30$, $q=0.1$, $M=5$							
		网内连边密度			MNISP-DE			MNISP-BE	
No.	p	A_{intra}	A_{inter}	$\bar{S}^*$	T	σ	T	σ	I
1	0.4	596	98	5	17	6	144	89	7
2	0.5	709	103	6	21	5	319	111	9
3	0.6	846	96	6	23	6	262	104	8
4	0.7	961	97	6	22	8	321	200	8
5	0.8	1100	101	6	23	13	396	361	8

根据表 6-4 中实验数据，网间耦合边的密度将显著影响问题求解的复杂程度。可以看出，随着耦合边连边概率的提高，耦合边数增多导致反馈稳态阶段上界值不断增大，模型中的耦合约束数量不断增加，因而算法 MNISP-DE 与 MNISP-BE 的求解时间随之增大。但相比之下，算法 MNISP-DE 表现出更好的性能。

表 6-4　不同网间耦合边连边概率下算法性能比较

		格子网络：$N=200$, $c_m=10$, $d_m=10$, $R=30$, $p=0.6$, $M=5$							
		网间耦合边概率			MNISP-DE			MNISP-BE	
No.	q	A_{intra}	A_{inter}	$\bar{S}^*$	T	σ	T	σ	I
1	0.10	846	96	6	23	6	262	104	8
2	0.15	834	148	11	48	22	[2]	-	-
3	0.20	845	196	12	55	16	[0]	-	-
4	0.25	826	250	56	794	441	[0]	-	-
5	0.30	846	282	68	1115	474	[0]	-	-

此外，存在"与"型及混合型反馈关系网络的双层网络阻断问题，其问题特点与"或"型反馈关系网络类似，相关算法的性能具有相同的结论。

2. 实际案例实验分析

首先，对存在网间"或"型反馈关系的意大利电力–通信耦合网络进行实验，对比在给定不同阻断资源总数时相关算法的性能。由表 6-5 可知，当阻断资源总数增大时，优化目标值（最大化最短路）先增大后保持不变，说明当资源大于等于 20 时，该阻断问题已饱和，此时优化目标值为 49，同时算法 MNISP-DE 与算法 MNISP-BE 的运行时间先增大，当阻断饱和后，由于冗余资源数不会增加问题的求解难度，反而减少了分支定界过程中组合方式的数量，从而运行时间减小。

表 6-5 意大利电力–通讯耦合网络阻断实验

意大利电力–通讯耦合网络: $N_\alpha = 39$, $N_\beta = 310$, $A_{intra} = 412$, $A_{inter} = 169$, $\bar{S} = 6$					
	阻断资源		MNISP-DE		MNISP-DE
No.	R	*objective*	T	T	I
1	5	38	39	38	2
2	10	40	43	110	3
3	15	48	49	114	3
4	20	49	48	84	3
5	25	49	38	84	3
6	30	49	37	84	3

其次，对存在"与"型反馈关系的 Midwestern US 电力–通信耦合网络进行实验，分析 5 组不同耦合边数量的数据条件下算法的性能，如表 6-6 所示。可知，随着网间耦合边数的增加，反馈稳态阶段上界增大，算法 MNISP-DE 与算法 MNISP-BE 的运行时间也随之增加。相比之下，算法 MNISP-DE 运行时间较短，在给定时间内能解决的问题规模较大。

表 6-6 Midwestern US 电力–通讯耦合网络阻断实验

Midwestern US 电力–通讯耦合网络: $N_\alpha = 100$, $N_\beta = 118$, $A_{intra} = 514$					
	网间耦合边		MNISP-DE		MNISP-DE
No.	A_{inter}	$\bar{S}$	T	T	I
1	107	4	16	156	8
2	141	6	24	407	10
3	150	9	36	985	10
4	162	13	64	—	—
5	181	21	133	—	—

由上述实验可知，对于多重网络最短路阻断问题，改进型对偶算法 MNISP-DE 性能优于其他算法。

6.5 本章小结

本章主要介绍了网络中基于信息的阻断问题，首先从问题的定义出发，然后介绍了网络阻断问题的应用背景。在给出网络阻断的一般模型的基础上，还对其变种问题进行了介绍，并罗列了网络阻断问题的一般求解方法。随之结合实际情况，讨论了在现实中依赖网络的背景下，如何建模刻画多层网络之间或多个网络之间的依赖关系，并给出了基于信息流传递的网络阻断模型作为建模示例。最后分析了传统的静态网络阻断问题中的不足，说明了在动态对抗条件下研究阻断问题的必要性，然后给出了建模解决问题时的主要假设，并提出动态网络的阻断模型，并在栅格网络、ER 网络和无标度网络中进行了实验，对比了 MPC、FSA、FSE 三种策略的表现，实验表明我们提出的 MPC 策略能够很好地提升 CPS 的安全性。

参考文献

[1] LIM C, SMITH J C. Algorithms for discrete and continuous multicommodity flow network interdiction problems[J]. IIE Trans, 2007, 39(1): 15–26.

[2] SCAPARRA M P, CHURCH R L. A bilevel mixed-integer program for critical infrastructure protection planning[J]. Computers & Operations Research, 2008, 35(6): 1905–1923.

[3] LUSBY R M, LARSEN J, BULL S. A survey on robustness in railway planning[J]. European Journal of Operational Research, 2017, 266(1).

[4] DELGADILLO A, ARROYO J M, ALGUACIL N. Analysis of electric grid interdiction with line switching[J]. IEEE Transactions on Power Systems, 2010, 25(2): 633–641.

[5] SUNDAR K, COFFRIN C, NAGARAJAN H, et al. Probabilistic n-k failure-identification for power systems[J]. Networks, 2018, 3(71): 302–321.

[6] ROSATO V, ISSACHAROFF L, TIRITICCO F, et al. Modelling interdependent infrastructures using interacting dynamical models[J]. International journal of critical infrastructure, 2008, 4(1-2): 63–79.

[7] PARANDEHGHEIBI M, MODIANO E. Robustness of interdependent networks: The case of communication networks and the power grid[J]. IEEE, 2013: 2164–2169.

[8] GU C G, ZOU S R, XU X L, et al. Onset of cooperation between layered networks[J]. Physical Review E, 2011, 84(2 Pt 2): 026101.

[9] YAGAN O, QIAN D, ZHANG J, et al. Optimal allocation of interconnecting links in cyber-physical systems: Interdependence, cascading failures and robustness[J]. IEEE Transactions on Parallel & Distributed Systems,2012, 23(9): 1708–1720.

[10] GAO J, BULDYREV S V, STANLEY S V, et al. Networks formed from interdependent networks[J]. Nature Physics, 2012, 8(1): 40–48.

[11] BULDYREV S V, PARSHANI R, PAUL G, et al. Catastrophic cascade of failures in inter-dependent networks[J]. Nature, 2010, 464(7291): 1025.

[12] GUANYU W U, SUN J, CHEN J. A survey on the security of cyber-physical systems[J]. Control Theory & Technology, 2016, 14(001): 2–10.

[13] SINGH S, SHARAMA P K, MOON S Y, et al. A comprehensive study on apt attacks and countermeasures for future networks and communications: challenges and solutions[J]. Journal of Supercomputing, 2016, 75(8): 1–32.

[14] KARNOUSKOS S. Stuxnet worm impact on industrial cyber-physical system security[C]. New York: IEEE, 2011: 4490–4494.

[15] HU P, LI H, HAO F, et al. Dynamic defense strategy against advanced persistent threat with insiders[C]. New York: IEEE, 2015.

[16] RYAN J. Leading issues in cyber warfare and security. Academic Conferences Limited, 2011.

[17] 肖开明. 动态多重网络最短路阻断问题研究 [D]. 长沙, 国防科技大学, 2015.

[18] 朱承, 江小平, 肖开明, 等. 基于动态多重网络的目标体系建模与分析 [J]. 指挥与控制学报, 2016, 2(004): 296–301.

第 7 章

网络中的群体演化

众所周知，生物、社会、生态等领域中结构化群体的生存与可持续发展依赖于合作群体和对抗群体之间的演化博弈，期间伴随着个体状态的自适应演化与网络结构的自适应调整。在经典的囚徒困境博弈环境下，合作者需要为群体的收益付出一定的代价，而对抗者则坐享其成，无须付出，因此在混合均匀的条件下对抗策略是纳什均衡的主导。然而，在许多自然选择的情形下，合作者与对抗者通过一定的自适应网络结构和状态演化耦合作用，能够带来群体合作水平的剧烈变化[1]。起始于处于完全合作状态的结构性群体，若其中一个节点改变状态为对抗，那么该变化将可能会导致整个合作群体的崩溃，揭示对抗策略将成为群体的主导。这种状态跃迁通常会迅速形成，且往往具有突发特性[2]。尽管人们已经认识到造成合作群体瓦解的因素众多，但究其根本仍难以揭示由对抗者引入造成演化群体大规模出现状态跃迁的缘由。在本章，我们将深入研究自然选择（或全局选择）作用下的自适应群体如何通过状态演化和结构调整的耦合动态行为影响整个群体的主导状态，特别是由于某些参数的改变形成的群体状态临界跃迁。另外，我们还将这种状态临界跃迁与一些结构性或非结构性的预警信号关联，基于此预测群体未来的走向。有趣的是，演化博弈群体呈现的临界跃迁与一些信号呈现了高度的相关性，为人们进行临界跃迁预测提供了契机。

7.1 背景介绍

在生物、社会、经济、生态等诸多领域，人们会发现许多群体的可持续生存与发展依赖于其内部个体之间的交互作用以及整体呈现的涌现特性[3]。进一步说，一个群体是否具有强大的生命力与其中持有合作状态的个体数量及位置息息相关[4]。正如人们所认识的那样，尽管合作策略有助于维持并促进整个群体的利益，但是从总体角度来看对抗策略却是其最佳选择。在合作策略主导的群体中，对抗个体的出现极大地改变了整个群体的发展趋势，在自然选择框架下的群体演化博弈中，甚至一个对抗者就能在整个合作群体中快速传播蔓延开来，最终导致主导状态的跃迁[3]。

由对抗者的出现导致合作策略失败的案例数不胜数，人们可以从文献 [5-8] 中找到具体的示例。在这些研究中，一个长期存在的问题是是否存在一种机制能够有利于合作者战胜对抗者的先天优势，并在整个群体中占据主导地位[4]。为揭示这一与纳什均衡相悖的现象，许多理论研究和实验研究就此展开[4,9]，其中人们发现在自然选择下的状态策略演化与群体网络结构的自适应调整[10] 对群体合作策略的胜出具有重要意义[10-13]。例如，人们已经意识到不仅群体中对抗者的数量能够左右最终群体的稳定状态，而且这些对抗者在网络中的位置及其邻居结构都对群体演化产生重要影响[1]。群体演化与网络结构之间的彼此交互、共同作用决定了合作团簇的形成和突然瓦解[3]。尽管人们已经通过各种方式解释了对抗个体的引入对合作群体造成的级联失效，然而，在大多数情况下由于群体演化的复杂性以及网络结构的动态性，人们仍旧无法准确预测一个微小的变化是否会导致大规模的状态跃迁[14-15]。综上所述，面向演化博弈群体，针对合作主导和对抗主导的情形，能否及时通过一些预警信号来预测可能发生的状态跃迁是一项紧迫的研究课题。

临界跃迁[2] 揭示了由条件渐变导致状态突变的转移现象。近期人们对生物、化学、生态、经济领域的临界跃迁行为做大量研究，结果显示基于系统的动态属性，人们能够挖掘一些通用预警信号来预测状态突变的临界点。这些信号具有普遍适用性，不随所处系统的变化而变化，但是其可通过分支节点附近的临界降速（Critical Slowing Down，CSD）现象来描述[16-17]。一个分支节点意味着系统发生稳态转移的临界位置，外界条件的渐变驱动系统稳态在此处发生突变。趋近于分支节点时，出现临界降速现象（CSD），即系统在随机扰动作用下将耗费更长时间才能恢复到稳定状态[2,18]。一个恢复缓慢的系统带来的直接结果就是稳态的不确定性[19]，以及在状态突变时展现的高度自相关性[20]。换言之，突增的不确定性和自相关性可作为接近临界转移或状态突变的通用信号[2,21]。

本章试图将演化博弈论（Evolutionary Game Theory，EGT）与自适应网络结合起来，以解释演化群体中合作策略在引入对抗者的情况下是如何失去主导地位的，以及是否存在有效的预警信号预测系统状态的临界跃迁。为实现上述目的，本研究基于 Matteo 等人[1] 于 2012 年提出的结构性群体演化博弈模型，分析合作和对抗两种策略交替占据主导地位。在合作群体中引入对抗个体或在对抗群体中引入合作个体，在其过程中，群体组成及网络结构都将极大影响系统的稳定状态的持续时间和扰动作用下的恢复速度。归根到底，演化博弈群体的动态性是由于合作者或对抗者优胜劣汰不断竞争作用导致的，正如 Moran 过程中体现的个体新生或淘汰现象。需要指出的是个体的新生或淘汰过程中往往还伴随着群体组成和交互结构的调整，即自适应群体的状态继承（新生个体在无变异条件下模仿父代状态）和结构重构（新生个体嵌入到已有群体或淘汰个体从群体中移除都改变群体内部的交互结构）。正是上述两类动态特性导致了合作或对抗两种主导策略的交替出现，分别对应着合作团簇的形成与瓦解。有趣的是，新生个体嵌入到已有群体的方式极大影响着网络合作策略的成功，也就是说网络结构的自适应调整决定了群体中持有不同状态的个体的竞争力，反之群体状态组成又影响了网络结构形态，这种相互作用、相互影响的机制充分体现了自适应网络耦合动力学过程[1]。具体而言，新生个体嵌入网络的方式与父代节点的位置相关，且受嵌入系数的控制。嵌入系数反映了新生个体与父代个体及其邻居相连的紧密程度，嵌入系数越大，新生个体越容易复制父代个体的网络结构。持续增长的嵌入系数能够带来紧密的合作团簇，但是也更容易引发对抗个体的入侵，从而导致合作的瓦解（对抗者从大量的合作交互中获取极大的收益，因而在群体中具备极高的适应度）。

在本章，我们将重点关注在合作群体中引入对抗者时系统展现的韧性，以及这种韧性受嵌入系数影响下的临界跃迁，即由合作主导向对抗主导发生转变。为有效预测合作群体的脆弱性，本章将设计一系列结构性或非结构性的预警信号，作为临界跃迁的早期判断。结果显示，这些预警信号的变化能够与系统的动态演化过程高度相关，但是其预测能力却表现不一，与演化机制、选择强度和信号本身都息息相关。

7.2 演化群体模型

将博弈理论与演化群体相结合，人们提出了演化博弈理论（Evolutionary Game Theory，EGT）用以研究群体中各个个体博弈与进化的耦合动态过程，如图 7-1 所示。总体上讲，演化博弈论个体状态与网络结构共同发展变化，其驱动力为群体自然选择作用。博弈规则与交互结构决定了个体的收益，个体基于各自收益网络进行复制和消失，进而导致网络结构的变化。

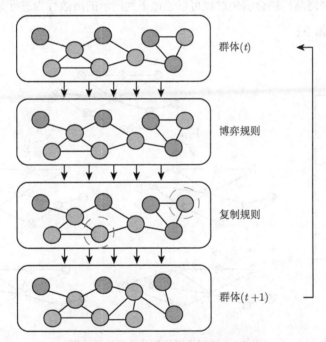

图 7-1 演化博弈论一般性框架

Matteo 等人[1] 研究了结构化群体中竞争个体之间的博弈与演化过程，其聚焦于群体状态与网络结构的耦合演化过程。具体而言，我们将在 Matteo 等人模型的基础上，研究网络群体的耦合演化过程，并提出预测群体状态临界跃迁的有效信号。

本研究中网络群体节点规模为固定值，节点与节点之间的关联关系随着节点个体的新生与消失不断变化。在囚徒困境背景下，每个网络个体持有合作（cooperation）策略或对抗（defection）策略。合作者 C 为每个邻居付出代价 c 使其获得收益 b，其中 $b > c > 0$。然而，对抗者 D 不需付出代价也不提供收益给邻居。例如，一个合作者有 m 个合作邻居，n 个对抗邻居，那么该节点的收益总和为 $m(b-c) - nc$；反之，一个对抗者有 m 个合作邻居，n 个对抗邻居，那么该节点的收益总和为 mb。网络群体交互收益矩阵表示为：

$$\boldsymbol{\Pi} = \begin{matrix} C \\ D \end{matrix}\begin{matrix} C & D \\ \begin{pmatrix} R & S \\ T & P \end{pmatrix} \end{matrix} = \begin{matrix} C \\ D \end{matrix}\begin{matrix} C & D \\ \begin{pmatrix} b-c & -c \\ b & 0 \end{pmatrix} \end{matrix} \tag{7-1}$$

个体状态与网络结构耦合演化过程可以通过下列所示的离散行为进行刻画（图 7-2）。具体模型执行过程如下：

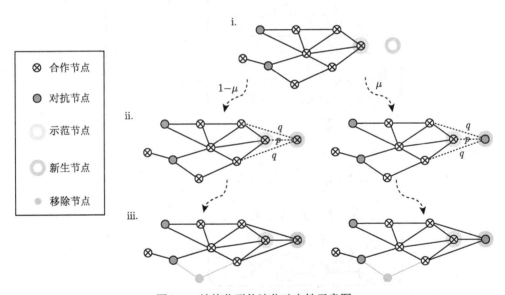

图 7-2   结构化群体演化动态性示意图

1）以正比于个体有效收益的概率选取一个示范节点（Role-Model）进行节点复制，生成一个新的节点；

2）新生节点以概率 $1 - \mu$ 继承父代的状态，以概率 μ 产生变异，以概率 p 与父代节点相连，以概率 q 与父代节点的邻居进行相连；

3）随机选取一个节点从网络中移出。

具体而言，每一时刻节点 i 根据其适应度（或有效收益）f_i 进行个体复制，其中适应度计算公式为：

$$f_i = (1 + \delta)^{\pi_i} \tag{7-2}$$

这里 $\delta \geqslant 0$，为选择强度系数，π_i 为节点与相邻节点进行博弈的收益。当 $\delta = 0$ 时，网络中所有个体以同等概率进行选择，当 δ 增加时，拥有较高收益的节点越有可能进行节点复制产生新的个体。与此同时，随机选取一个已有个体从网络中移出，以此保持网络规模的一致。

我们还假设新生个体以概率 $1 - \mu$ 继承父代节点的状态，以概率 μ 进行变异，其中 μ 满足 $1 \gg \mu \geqslant 0$，为一个非常小的实数，称为变异概率。在新生个体嵌入到网络的过程中，其分别以概率 p 和 q（二者被称为嵌入概率）与父代及其邻居进行相连，以此继承父代的网络关系[1]。

7.2.1 无博弈演化

当 $\delta = 0$ 时，对于网络中的个体我们都可获得 $f_i = 1$，也就是说群体演化与博弈条件和网络结构无关。在该特殊情况下，我们求解由状态 $([C]_t, [D]_t)$ 发生的转移概率分别为：

- $([C]_t + 1, [D]_t - 1)$：概率为 $p^+ = \dfrac{[C]_t}{N}(1 - \mu)\dfrac{[D]_t}{N} + \dfrac{[D]_t}{N}\mu\dfrac{[D]_t}{N}$；
- $([C]_t - 1, [D]_t + 1)$：概率为 $p^- = \dfrac{[C]_t}{N}\mu\dfrac{[C]_t}{N} + \dfrac{[D]_t}{N}(1 - \mu)\dfrac{[C]_t}{N}$；
- $([C]_t, [D]_t)$：概率为 $1 - p^+ - p^-$。

下面，我们进一步推导演化群体中某类状态个体的均值变化情况，例如合作者数目 $[C]$ 的微分方程形式（ODE）为：

$$\begin{aligned}
\frac{\mathrm{d}}{\mathrm{d}t}[C]_t &= \frac{[C]_t}{N}(1 - \mu)\frac{[D]_t}{N} + \frac{[D]_t}{N}\mu\frac{[D]_t}{N} - \\
&\quad \frac{[C]_t}{N}\mu\frac{[C]_t}{N} - \frac{[D]_t}{N}(1 - \mu)\frac{[C]_t}{N} \\
&= \mu\frac{[D]_t^2 - [C]_t^2}{N^2} = \mu\frac{N^2 - 2N[C]_t}{N^2}
\end{aligned} \tag{7-3}$$

由此可见，在稳态条件下合作者与对抗者的均值保持一致，都为 $E([C]) = E([D]) = N/2$。特别是，我们得到在大规模群体中合作者数目 $[C]$ 的理论解析形式：

$$[C]_t = Ae^{-2\mu t/N} + N/2 \tag{7-4}$$

其中参数 A 通过公式 $A = [C]_0 - N/2$ 求解。如果初始网络状态为 $[C]_0 = N$，那么参数 $A = N/2$；反之如果初始网络状态为 $[C]_0 = 0$，那么 $A = -N/2$。如图 7-3 所示，系统稳态收敛速度随着变异系数 μ 变化呈指数衰减的趋势，变异系数越小，收敛越慢。

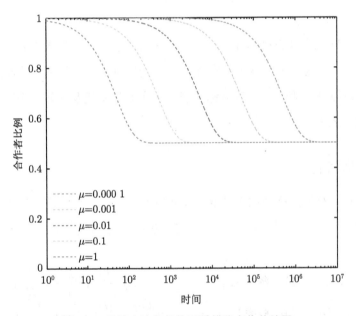

图 7-3　无博弈演化条件下系统稳态收敛结果

尽管收敛速度有所不同，稳态条件下网络中合作者的均值最终都趋于 0.5。当变异系数较小时，系统在 $[C] = 0$ 与 $[C] = N$ 之间上下转换，导致了双稳态现象。当变异系数较大时，系统在 $[C] = N/2$ 附近上下波动，呈现单稳态现象（图 7-4）。

为更进一步探索群体演化动态性，特别是随着变异系数 μ 的增长合作者数目的变化情况，图 7-5 显示了群体演化过程中合作者的数目分布情况，特别是随着变异系数的增长由双稳态形式转变为单稳态形式，即合作者在演化过程中其数目的分布在变异系数取值较小时，新生个体愈加保持与父代同样的状态，整个系统在两个极端上下跳变呈现双稳态现象；然而在变异系数取值较大时，新生个体愈加采取与父代相异的状态，系统围绕一半合作者一半对抗者上下波动呈现单稳态现象。例如，当群体规模为 $N = 100$，选择强度 $\delta = 0$，对于不同的变异系数 μ，合作者在时长 $t_{max} = 10^8$ 的演化过程中分布如图 7-5 所示。

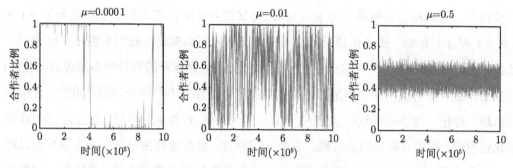

图 7-4　不同变异系数条件下的合作者数目变化情况

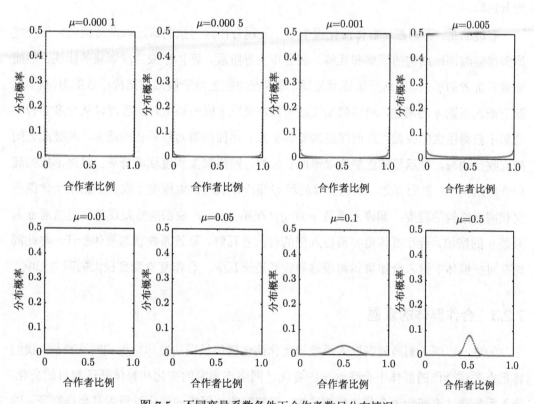

图 7-5　不同变异系数条件下合作者数目分布情况

7.2.2　长期连续演化过程

当演化博弈群体采取囚徒困境（PD）模式进行交互时，我们设定其收益矩阵参数满足 $b/c = 3$，群体演化选择强度记为 $\delta = 0.01$。考虑到演化过程中的状态变异行为，变异系数为一个取值很小实数，记为 $\mu = 0.000\,1$。至于新生个体嵌入到网络的方式，我们设定其与父代相连的概率记为 $p = 0.6$，与父代的邻居相连的概率分别记为 $q = 0.8$，$q = 0.9$ 和 $q = 0.95$。图 7-6 显示了这三种情况下的网络演化过程和典型拓扑结构。初始条件下，网络规模为 $N = 100$，当变异系数很小时，合作者的数目分布呈现双峰特性，即在合作主导与对抗主导之间来回切换。群体演化过程总体上可分为四个阶段：合作主导阶段，合作–对抗转移节点，对抗主导节点以及对抗–合作主导阶段。在上述三个典型演化过程中，我们可以看出随着嵌入系数 q 的增加，系统逐渐由以合作为主导变为以对抗为主导，而且系统在两个极限状态之间的转移次数呈现非单调性质，其随着 q 的增加先升后降。

有趣的是，我们在该群体演化模型中还发现合作向对抗的跃迁以及对抗向合作的复原都伴随着网络结构的聚集和瓦解。在合作主导阶段，群体形成高度聚集的团簇，然而随着对抗者的引入，网络开始逐渐瓦解，最终在对抗主导阶段形成结构松散的对抗群体。随着嵌入系数 q 的增加，网络聚集性质明显，变异生成的新生对抗者可以从众多的合作邻居中获得巨大的收益，进而促进其复制扩张。然而随着对抗群体的增多，其彼此之间交互收益锐减，对示范节点的选取形成负反馈，网络聚集程度逐渐降低，最终形成稀疏的网络结构[1]。总而言之，演化群体的稳态保持和跃迁很大程度上取决于新生个体继承父代网络结构的程度，即嵌入系数 p 和 q。在图 7-6 中，我们能够发现特别是随着嵌入系数 q 的增加，合作群体更容易被入侵的对抗者瓦解，导致系统状态整体跃迁，与此同时在对抗群体中引入合作群体却很难导致其迅速瓦解，合作复原受到极大的阻力影响。

7.2.3　合作群体的衰退

为进一步深入刻画随着嵌入系数的变化演化群体呈现的整体特性和网络特征，我们将重点关注合作的群体中合作水平的变化、网络连通度的变化和整体跃迁数目的变化。嵌入系数通过改变新生个体的局部结构，深刻影响着网络的演化过程以及全局特征。以群体平均合作者数目比例、网络平均度以及合作–对抗跃迁次数为例，图 7-7 展示了上述指标随嵌入系数 q 的增长而变化的情况。其中，当 q 增长到较大值时，群体合作水平呈现大幅衰退，对抗策略成为主导。

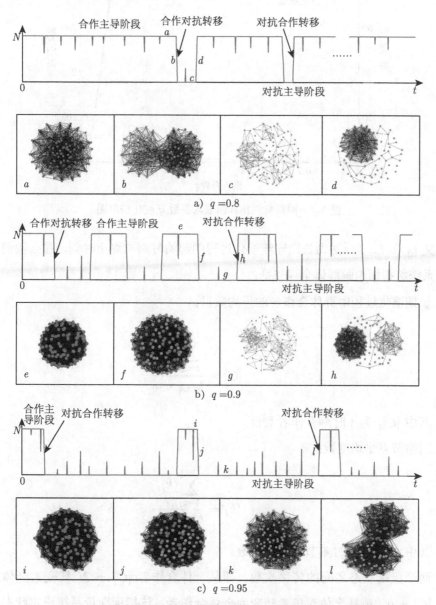

图 7-6　不同嵌入系数下的群体演化过程与典型网络结构示意图

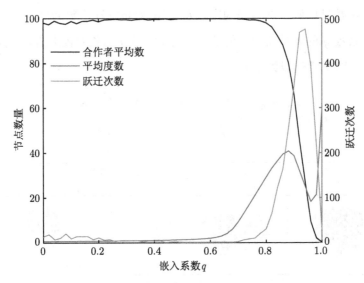

图 7-7　网络特性指标随嵌入系数 q 变化情况图

定义 t_0 和 $t_{\max}$ 分别为长期连续演化过程的起始时刻与终止时刻，那么我们可以获得以下系统级指标刻画群体全局特征：

- 长期演化过程中群体合作者的平均数目：

$$[C] = \frac{\sum_{t=t_0}^{t_{\max}} [C]_t}{t_{\max} - t_0} \tag{7-5}$$

其中 $[C]_t$ 为 t 时刻合作者数目。

- 网络节点平均度数：

$$\langle k \rangle = \frac{\sum_{t=t_0}^{t_{\max}} \langle k \rangle_t}{t_{\max} - t_0} \tag{7-6}$$

其中 $\langle k \rangle_t$ 为 t 时刻节点平均度数。

- 两个极端状态之间的转移次数，即从全体合作者 $[C] = N$ 转变为全体对抗者 $[C] = 0$，或从全体对抗者转变为全体合作者。该指标衡量系统稳定状态的持久性，转移次数越大，系统越不稳定；反之，转移次数越小，系统越稳定。

例如，在 $N = 100$ 的网络群体中，交互收益矩阵参数设为 $b/c = 3$，演化选择强度为 $\delta = 0.01$，变异系数为 $\mu = 0.000\ 1$，给定嵌入系数 $p = 0.6$，变化另一个嵌入系数 $q \in [0, 1]$。图 7-7 展示了群体全局特性随参数 q 的变化情况。对于每一 q 取值，进行长达 10^8 步仿真计算获取各个指标。

在图 7-7 中，我们可以看出仅仅通过一个单一的参数（即嵌入系数 q）变化，就能导致网络群体特性的巨大变迁。具体而言，随着嵌入系数 q 的增长，网络长期的连通性（即节点平均度数）逐渐攀升，并在 $q = 0.85$ 附近达到局部最大值，网络结构高度聚集。其后随着 q 值进一步增长，网络结构十分适合对抗者的入侵和蔓延，系统开始由合作主导向对抗主导跃迁，群体合作者数目比例逐步下降，而网络结构也随之开始破裂，节点平均度数开始下降。与此同时，从合作主导到对抗主导的跃迁次数开始增多，意味着系统在两个极限状态不断变换，呈现了极度的不稳定性。当嵌入系数 q 取值进一步提升并趋近于 1 时，新生个体几乎无差别地继承父代的交互关系，甚至对抗者之间也能形成高度关联的团簇，导致合作者不能从其中获得足够的收益，进而无法得以复原，届时系统进入对抗主导阶段，两个极限状态之间的跃迁次数逐步减少。在图 7-7 中，我们还可以看出稳定的合作主导状态维持在较小的嵌入系数 q 取值区间内，且网络连通度极低。随着嵌入系数 q 的增长，群体合作者比例在某区域内急剧下降，而网络连通度和状态跃迁次数都呈现非单调性。因此，演化群体中状态与结构的耦合动态特性不能单纯依赖合作者比例来衡量，还需要其他指标来揭示系统的连通度和稳定性，正如节点平均度数和状态跃迁次数一样。

除了嵌入系数 q，另一个重要的影响因素就是演化群体的选择强度 δ，其控制着群体节点的适应度 $f_i = (1 + \delta)^{\pi_i}$。为揭示选择强度对群体演化的影响，图 7-8 展示了不同选择强度下，群体合作水平（即合作者数目平均比例）随嵌入系数的变化情况。在 $N = 100$ 的网络群体中，交互收益矩阵参数设为 $b/c = 3$，变异系数为 $\mu = 0.000\ 1$，给定嵌入系数 $p = 0.6$，变化另一个嵌入系数 $q \in [0, 1]$，演化选择强度分别为 $\delta = 0.001$、0.005、0.01、0.05、0.1 和 0.5。有趣的是，当选择强度由弱变强时，群体合作者数目平均比例加剧下降，然而当选择强度极其小时（例如 $\delta = 0.005$），随着嵌入系数的增加合作者数目由单稳态分布趋向于双稳态分布，群体状态合作水平呈现先增后降的非单调特性。

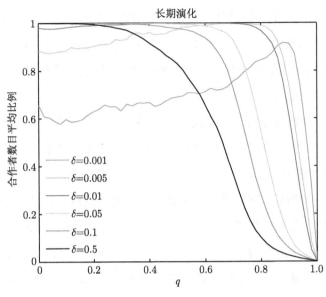

图 7-8　不同选择强度下合作者数目平均比例情况图

当演化群体选择强度较弱时，合作者数目平均比例呈现非单调特性：嵌入系数 q 取值较小时，合作者数目平均比例随 q 的增长而不断攀升，并在一较大 q 取值时达到峰值，随后开始迅速下跌，对抗策略成为主导。这一非单调特性是由个体相对均匀的适应度分布造成的，但 δ 与 q 取值都非常小时，网络连通度较低，个体适应度大小区分不大，此时变异的对抗者进入合作群体时造成的影响与变异的合作者进入对抗群体造成的影响大体相当，群体稳态为合作者与对抗者共存的混合状态。当嵌入系数 q 进一步增加时，网络连通度逐渐增强，合作者彼此之间提供正反馈能够形成团簇进而利于合作状态的保持，但是这种连通度较高的团簇在对抗者入侵时又显得十分脆弱，初始引入的对抗者凭借其相对较高的适应度开始在网络中迅速扩散。特别是，嵌入系数增长到更大数值时，合作群体开始迅速瓦解，对抗者成为主导策略，且其形成的对抗群体具有很强的稳定性，合作者不能在强连通的对抗群体中形成合作团簇，最终合作复原无法得以实现。

反之，当演化群体选择强度较强时，合作者数目平均比例随着嵌入系数的增长呈现单调递减的特性。甚至当 q 取值较小时，强选择强度（大 δ 取值）能够在合作群体中给变异的对抗者带来较高的适应度，进而造成网络的瓦解破碎。这样一来，一些合作者就能远离对抗者而得以保存，其后在彼此正反馈作用下不断形成连通紧密的团簇。随着

q 取值的进一步增加，变异的对抗者能够在强连通群体和高选择强度下获得足够高的适应度以引发系统状态的跃迁，扩散的对抗者最终成为群体的主导。

由此可见，在网络群体演化博弈过程中，一些参数的改变确实能够带来整个系统特性的巨大变化，特别是整个群体的合作水平随着嵌入系数的增长会呈现状态跃迁，这种性质在许多现实场景中（例如系统瘫痪、生态变化、病毒扩散等）都具有重大的研究价值。

7.3　扰动作用下的合作群体瓦解

系统临界转移意味着当外界条件达到某临界值时其由一个稳定状态快速切换为另一个稳定状态[2,22]。在临界转移附近，微小的扰动所造成的状态跃迁概率将大大提升，也就是说系统韧性在此处极易遭到破坏而变得不稳定[23]。许多现实世界中都存在着各种临界转移现象。

7.3.1　扰动实验

在演化群体中，合作主导群体可能随着对抗者的入侵而变得不稳定，甚至整体瓦解。由于演化过程中的变异作用，合作者与对抗者会同时出现在群体中，二者相互竞争努力使各自成为主导策略。合作群体在对抗者引入时可能会迅速瓦解，系统转入对抗主导状态，随后伴随着合作状态的复原。考虑到在长期连续演化过程中人们很难通过解析分析手段刻画网络群体的临界状态转移，在本章我们探索采用扰动（perturbation）实验的方式通过大量独立重复仿真来研究合作的瓦解与复原情况。

在稳定群体中实施扰动即意味着将状态相异节点引入到持有状态稳定的群体中。在本章讨论的演化博弈模型中，我们将对抗者引入到合作群体中或将合作者引入到对抗群体中以分析系统展现的韧性。具体而言，给定一个初始网络化群体，经过长时间的演化逐渐形成稳定的网络结构，此时将状态相异的个体引入其中作为新生个体，随后整个群体在这个相异个体的扰动下进行无变异的演化，即在基于适应度的选择下合作者父代产生合作者子代，对抗者父代产生对抗者子代。持续上述演化过程直至达到两个终止条件：（1）状态复原（recovery），相异状态个体从网络中消失，群体恢复到初始状态；（2）状态跃迁（transition），相异状态个体不断发展壮大，逐步成为群体主导策略，最终全部个体持有与初始状态相异的状态。初始状态的消失，意味着扰动实验的成功。以合作群体为初始状态，图 7-9 展示了 t_0 时刻加入对抗者扰动的条件下系统演化至两个冷却状态的过程以及典型网络结构。群体演化参数设置分别为嵌入系数 $p = 0.6$、$q = 0.8$，选择强度 $\delta = 0.01$。

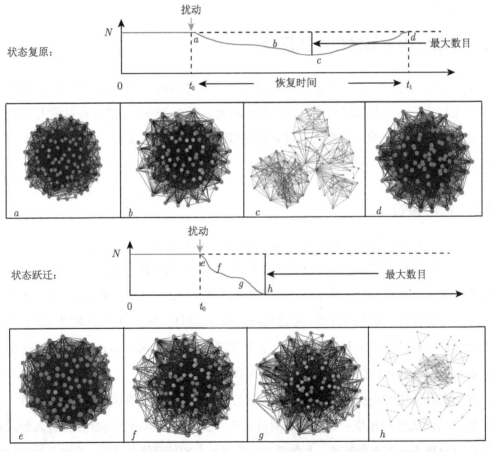

图 7-9　扰动作用下的系统状态复原与跃迁示意图

由此可见，在给定同等初始条件下，相同的扰动可能会带来不同的结果，如果系统以合作为主导，那么对抗者的扰动将趋向于复原；反之，如果系统以对抗为主导，那么对抗者的扰动将趋向于跃迁。如果扰动带来了相近的复原和跃迁数量，那么此时系统的稳定性较差，处于临界转移状态。

7.3.2 合作的韧性

下面，我们将在不同的选择强度和嵌入系数下以数值仿真的方式计算扰动成功的概率，即引入相异个体造成的跃迁次数占整个扰动次数的比例。对于给定参数 p、q 和 δ，跃迁数目比例计算为：

$$\phi = \frac{\#\text{transitions}}{\#\text{perturbations}} \tag{7-7}$$

其中定义 $\phi(C \to D)$ 为在合作群体中引入一个对抗者造成系统状态跃迁的比例；类似定义 $\phi(D \to C)$ 为在对抗群体中引入一个合作者造成系统状态跃迁的比例。

起始于一个合作者相互关联的合作群体，我们定义合作的韧性（Persistence Of Cooperation）为引入对抗者后系统状态复原的次数与扰动总次数之比。该比例刻画了系统在受到扰动（$[C] < N$）时合作者成功复原（$[C] = N$）的能力。具体而言，合作群体的韧性计算公式为：$1 - \phi(C \to D)$。

另一方面，合作的复原能力（Restoration Of Cooperation）定义为在对抗群体引入合作者后系统转移到合作主导状态的次数与扰动总次数之比。该比例刻画了系统由对抗主导状态（$[D] = N$）向合作主导状态（$[C] = N$）跃迁的能力。具体而言，合作群体的复原能力计算公式为：$\phi(D \to C)$。

从合作者的角度而言，我们发现当嵌入系数 q 到达某临界值时，一个简单的对抗者扰动就能造成合作群体的瓦解，系统跃迁到对抗主导状态，如图 7-10 a 所示。该临界嵌入系数随着选择强度 δ 的变化而不同，一旦嵌入系数超过其对应的临界值，那么一个对抗者扰动就能迅速造成合作水平的衰减，合作者逐步丧失群体中的主导地位。这种合作瓦解模式与临界状态转移极其相似，可以通过相近的方法进行研究，探索演化群体随嵌入系数变化产生的临界转移。在图 7-10 中，我们刻画了在不同选择强度下合作的韧性与复原能力，其中 $\delta = 0.005, 0.01, 0.05, 0.1$，嵌入系数 $q \in [0,1]$。对于某给定取值的选择强度 δ 与嵌入系数 q，我们采取 20 000 次重复独立的扰动实验测试合作群体在对抗者入侵条件下展现的韧性，以及对抗群体在引入合作者后系统复原到合作主导状态的能力。由图 7-10 可知，当选择强度取值较小时（见嵌入小图），合作的韧性呈现先增后降的趋势，即在大规模衰减之前到达最高值；然而当选择强度取值较大时，合作韧性的变化呈现单调下降趋势。另外，对于合作韧性而言，选择强度越小，韧性越强；然而对于合作的复原能力而言，选择强度越大，复原能力越高。

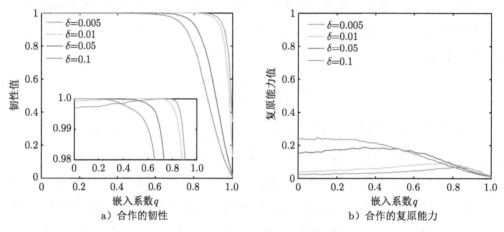

图 7-10   合作的韧性与复原能力

对于一次扰动实验，在相异状态个体入侵过程中，相异状态个体能够达到的最大数目（max-size）可以用来刻画其入侵的深度。因此，从演化初始时刻 t_0 到终止时刻 t_{end} 相异状态个体的最大数目记为：

$$\text{max-size} = \max\{[M]_t \mid t_0 \leqslant t \leqslant t_{\text{end}}\} \tag{7-8}$$

其中 $[M]_t$ 是相异状态个体在时刻 t 时的数目。在合作群体中引入对抗者扰动时，相异状态个体为对抗者，于是 $[M]_t = [D]_t$。当扰动实验取得成功实现状态跃迁时，相异状态个体最大数目为 N。

在规模为 $N = 100$ 的群体中，给定新生个体与父代连接的嵌入系数 $p = 0.6$，群体演化选择强度记为 $\delta = 0.01$，当嵌入系数从 $q = 0.75$ 到 $q = 1.0$ 变化时，我们获得对抗者最大数目的分布状况如图 7-11 所示。随着 q 的增长，入侵个体最大数目分布逐渐由小增大，意味着合作群体受到扰动时展现的韧性不断衰退，对抗者的入侵能力不断提升。与之前条件类似，每个 q 取值我们采取 20 000 次独立重复扰动实验获取最大数目分布情况。

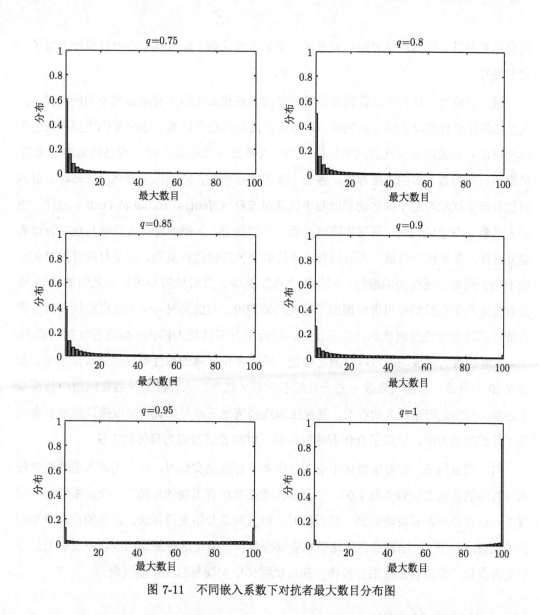

图 7-11　不同嵌入系数下对抗者最大数目分布图

　　为了更加清楚地阐释群体合作水平的跃迁与复原，我们还讨论了在对抗群体中引入合作者观察其复原能力。在图 7-10b 中，合作者成功在对抗群体中复原的概率随着嵌入系数 q 的增加而降低，但是其无法达到一个较高的水平。该现象意味着一旦合作者丧失了主导地位，其将很难得以复原，而且不存在临界状态转移。在这种情况下，对抗群体展现了极强的韧性以抑制合作者的复原。当选择强度较高且嵌入系数较小时，对抗群体中的合作者有机会远离对抗者而自我形成一定的合作团簇，此时合作者的复原能力有了一定的提升。

进一步分析，我们可以看到合作者和对抗者在扰动实验中有着截然不同的韧性，其主要由演化群体的动态特征所决定，具体而言就是示范个体基于适应度的选择和新生个体根据嵌入系数继承父代的网络结构。当嵌入系数 q 取值较小时，网络结构连通稀疏，网络中只有为数不多的连接存在，各个个体的收益相近，特别在选择强度较弱时，引入对抗者产生扰动对整个群体的影响与中性随机漂移（Neutral Random Drift）无异。当嵌入系数 q 取值较大时，网络连通度得到一定的提升，入侵的对抗者能够与众多合作者建立连接，带来较高收益，进而拥有较高的概率被选择进行复制，但是对抗者的复制扩散不利于网络连通结构的维持，网络随之逐步瓦解，且对抗者与对抗者之间的 DD 连接对彼此产生负反馈作用进而削弱了彼此的适应度。与此同时，一些远离对抗者的合作者能够通过建立连接对彼此产生正反馈，进而提升其被选为模仿个体进行复制的概率。于是，对抗者入侵成功的概率将随之降低，届时合作群体的韧性得以达到较高水平，如图 7-10 a 所示。当嵌入系数 q 进一步增长为较大值时，入侵的对抗者在网络中获得众多连接，并为之带来巨大的收益，甚至在弱选择情况下亦是如此。高度关联的对抗者促进了其扩散的力度，导致了合作群体的瓦解，对抗者进而成为群体的主导。

与之相反的是，在对抗群体中引入合作者进行扰动实验时，只有当嵌入系数取值较大时网络的连通度较强（图 7-9）。一个合作者在对抗者围绕的环境下，收益极低而无法复原。只有当嵌入系数降低到一定程度时，对抗网络开始变得稀疏，新生的合作者与对抗者收益区分不大，因而合作策略有机会实现复原，但是这种复原的成功率没有发生本质上的变化，也没有生成临界转移，在对抗群体中实现复原注定要失败。

7.3.3 扰动规模的影响

上述扰动实验中，在 t_0 时刻初始相异状态个体数目往往只有一个。随着群体演化的深入，相异状态个体数目规模（即扰动规模）将不断扩大，当其到达一定数量时，我们可以定义这种基于特定扰动规模的群体跃迁或复原能力。例如，当相异状态个体在整个群体密度为 ρ 时，其能够带来系统状态跃迁的数目比例计算公式为：

$$\phi_\rho = \frac{\#\text{transitions}}{\#\text{perturbations reaching } \rho} \tag{7-9}$$

该计算公式探索了相异状态个体需要达到何种规模才能实现系统整体状态跃迁。在上节内容中，我们已知在对抗群体中合作者扰动很难取得成功，特别是当对抗群体中节点之间连接紧密时，引入的合作者无法从中获得足够多的收益进行复制扩张，除非合作者的规模（通过扰动规模 ρ 描述）已经达到了某种程度。如图 7-12 所示的场景中，我们刻画了在不同的嵌入系数 q 和扰动规模 ρ 条件下，系统的合作韧性与合作复原能力情况。其中，在合作群体中合作的韧性计算公式为 $1 - \phi_\rho(C \to D)$，在对抗群体中合作的复原能力计算公式为 $\phi_\rho(D \to C)$。在初始群体中引入相异个体，随着演化其规模比例到达 ρ 时，扰动造成的系统状态跃迁比例记为 ϕ_ρ。

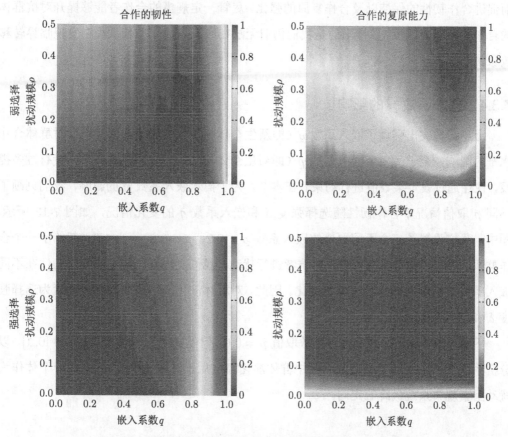

图 7-12　合作韧性与复原能力随嵌入系数和扰动规模变化情况

　　在图 7-12 中，我们考虑了两种选择强度：弱选择情景（$\delta = 0.005$）和强选择情景（$\delta = 0.1$）。有趣的是，我们发现随着扰动规模 ρ 的增长，合作群体的韧性在弱选择和强选择两种情景下都没有呈现剧烈的变化（如图 7-12 左列两图所示）。由于在合作群体引入对抗者的扰动过程中，对抗者的最大数目能够达到很大的数值（见图 7-11），因此扰动规模的变化不会对其造成很大的影响。然而，在对抗群体中引入合作者的扰动过程中，随着合作个体数目达到一定规模，其造成由对抗主导跃迁到合作主导的可能性将大大提升。例如在图 7-12 右列两图中我们看到，随着合作者扰动规模由 $\rho = 0$ 增长到 $\rho = 0.5$ 时，合作的复原能力越来越强，特别是当选择强度较高时，合作者一旦形成有效的聚集团簇（即扰动规模 ρ 达到一定数量时），其将完全实现由对抗主导向合作主导的跃迁。上述结果表明，在群体演化过程中，合作者的抱团行为能够形成正反馈作用，进而促进合作韧性的保持以及合作复原的强化。尽管一定规模的合作者能够提升对抗群体的合作复原能力，但需要指出的是我们仍旧无法在嵌入系数 q 增长过程中发现临界转移迹象。

7.3.4　嵌入系数 p 的影响

　　上述研究突出强调了嵌入系数 q（即新生个体与父代邻居相连的概率）对群体合作水平的影响，至于另一个嵌入系数 p（即新生个体与父代建立连接的概率）没有过多提及，往往通过设定某数值进行约束。在本节，为了揭示嵌入系数 p 的影响，我们刻画了不同 p 取值情况下合作韧性随选择强度 δ 和嵌入系数 q 的变化情况，如图 7-13 所示。图中，我们设置了三个不同取值的嵌入系数 $p = 0.2$、$p = 0.6$、$p = 1.0$。起始于一个合作群体，演化到稳定状态后引入对抗者进行扰动，我们发现系统最终的合作韧性在不同嵌入系数 p 情况下几乎没有发生变化。因此，对群体演化产生重要影响的因素为选择强度 δ 和嵌入系数 q。

　　下面小节，我们将固定嵌入系数取值 $p = 0.6$，但是变化另一嵌入系数 $q \in [0, 1]$，以分析系统合作水平的衰减情况，其中群体演化稳定后于时刻 t_0 引入状态相异个体作为扰动因素观察系统最终的走向。

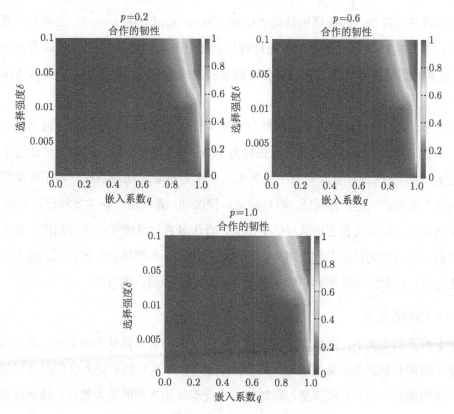

图 7-13　嵌入系数 p 对合作韧性的影响

7.4　应用：合作群体瓦解预测

入侵对抗者的快速增长（特别是当嵌入系数 q 超过临界值时）意味着合作韧性的变化呈现非线性特征。在明确选择强度 δ 和嵌入系数 q 的情况下，人们可以准确计算对抗者入侵合作群体后成为主导策略的概率。然而，在许多现实场景中，人们根本无法获取如此细节性的信息，因此需要通过间接的方式提取有效的预警信号预测合作群体的瓦解。

7.4.1　预警信号挖掘

人们用于预测临界状态转移[2]的信号通常可以分为两类：一是基于群体状态的动态性进行评价，即所谓的非结构性信号（Non-Structural Indicators）；二是基于群体结构的动态性进行评价，即所谓的结构性信号（Structural Indicators）。二者的主要区别体现在：非结构性信号主要体现在通过对抗者与合作者的数目预测系统即将发生的跃迁；而结构性信号主要体现在通过群体内部彼此之间的交互结构预测系统整体可能发生的变化。

在本节，我们将设计一系列结构性与非结构性信号来刻画扰动作用下群体演化的动态性。与之前扰动实验场景类似，当规模为 N 的合作群体演化一段时间到达稳定状态后，在 t_0 时刻父代进行复制时发生变异引入一个对抗者，随后系统开始不断演化，最终可得两个结果：一是状态跃迁，即对抗者入侵成功，系统由合作主导跃迁为对抗主导；二是系统复原，即对抗者逐步从群体中消失，合作者群体继续保持主导地位。对于单次扰动实验，t_0 时刻为扰动的起始时刻，即对抗者进入合作群体的时刻；t_{end} 时刻为扰动的终止时刻，即对抗者从群体中消失或合作者从群体中消失的时刻。

1. 非结构性信号

考虑到扰动实验中，两种博弈状态的相对大小影响着群体状态的变化。基于此，我们设计了两项典型的非结构性信号：（1）复原速率，即从对抗者进入合作群体到最终消失时耗时的倒数；（2）入侵深度，即对抗者从扰动开始达到的最大数目。具体而言，二者计算公式如下。

- 合作群体的复原速率定义为：

$$\text{return rate} = \frac{1}{\text{return time}} \tag{7-10}$$

其中 return time 意味着系统从扰动开始后返回到初始状态（即 $[C] = N$）时的演化时间，通常用仿真步数来表示[2]。

因此，如果对抗者扰动不成功，系统复原到合作主导状态，恢复时间计算公式为：$t_{\text{end}} - t_0$，复原速率为 $1/(t_{\text{end}} - t_0)$；如果对抗者扰动成功，复原速率为 0。

- 入侵最大深度是指在合作群体中对抗者入侵达到的最大数目，其记为：

$$\text{max-size} = \max\{[D]_t \mid t_0 \leqslant t \leqslant t_{\text{end}}\} \tag{7-11}$$

其中 $[D]_t$ 是时刻 t 对抗者数目。当对抗者扰动成功时，其入侵最大数目为 $\text{max-size} = N$。

2. 结构性信号

对于预测演化群体状态跃迁的结构性信号，我们可以通过观测网络节点平均度数来衡量群体的连通度，通过观测结构系数 σ^* 来衡量群体的分布状况，其中 σ^* 可由各个状态之间的连接数目进行表示。

- 网络节点平均度数为合作群体受到扰动过程中每个个体平均拥有的邻居数目，其计算公式为：

$$\langle k \rangle = \frac{\sum\limits_{t=t_0}^{t_{\text{end}}} \langle k \rangle_t}{t_{\text{end}} - t_0} \tag{7-12}$$

其中 $\langle k \rangle_t$ 为 t 时刻网络节点平均度数。

- 结构系数 σ^* 用于衡量网络中有益连接（即 Cooperator-Cooperator）数目与有害连接（即 Cooperator-Defector）数目的相对大小，其计算公式为：

$$\sigma^* = \frac{\sum\limits_{t=t_0}^{t_{\text{end}}} [CC]_t}{\sum\limits_{t=t_0}^{t_{\text{end}}} [CD]_t} \tag{7-13}$$

其中 $[CC]_t$ 为 t 时刻网络中 CC 连接数目，$[CD]_t$ 为 t 时刻网络中 CD 连接数目。

该系数反映了网络结构中不同状态个体的分布情况，有益连接越集中，有害连接越稀疏，则网络越容易实现合作者与对抗者的隔离，合作群体韧性就越强；反之有益连接越少，有害连接越多，则网络越容易被瓦解，合作群体脆弱性越明显。关于结构系数的具体阐释，人们可通过文献 [24-25] 查询更多有关细节。

7.4.2 预警信号的动态模式

基于上述四种典型信号，我们将分析其在合作群体瓦解过程中是否能够起到早期预警作用。为全面刻画群体动态特征，扰动实验在不同的嵌入系数 q 和选择强度 δ 下进行。对于给定参数设置，合作群体接受 20 000 次重复独立扰动实验以检验其在对抗者入侵时表现的韧性。具体而言，在弱选择 $\delta = 0.005$ 和强选择 $\delta = 0.1$ 两种条件下，

图 7-14 展现了合作的韧性（黑色曲线）随嵌入系数 q 变化情况，并且着重勾勒了当合作韧性下降至 50% 以下的区域（图右侧灰色区域）。同时，图 7-14 还展示了四种预警信号的变化情况，其中左列两图为非结构性信号，右列两图为结构性信号。

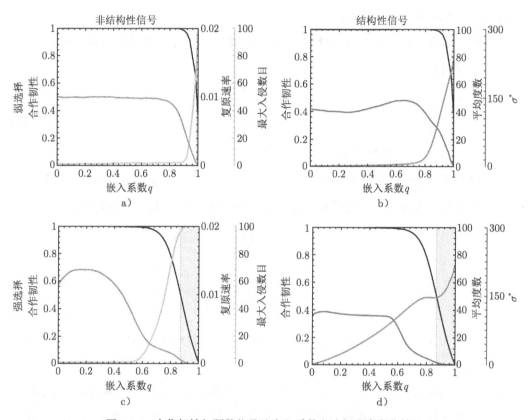

图 7-14   合作韧性与预警信号随嵌入系数和选择强度变化情况

由图 7-14 可见，本研究提出的结构性或非结构性信号对合作韧性的变化都展现出了高度的相关性，在合作群体瓦解之前这些信号或多或少能够对未来的变化趋势提供可感知性预判。为更好地度量合作衰减的程度与条件，我们定义 $q(0.5)$ 为合作韧性下降到 50% 时对应的嵌入系数取值，即临界转移中所谓的临界点或引爆点（Tipping Point）。特别是我们发现，合作群体的复原速率与临界转移中的临界降速（Critical Slow Down，CSD）现象高度吻合，且其在临界点之前已有明显的下降趋势（如图 7-14 a、c 所示），由此推断合作群体的瓦解随嵌入系数的增长呈现为临界转移。另外，各种预警信号的表现还高度依赖群体演化的选择强度 δ，其中强选择比弱选择更能体现这种早期预警作用的显著性。

在图 7-14 所示的各个信号随嵌入系数变化的过程中，在每个 q 取值对应的结构性信号或非结构性信号为 20 000 次扰动实验结果的中位数值。为更进一步挖掘这 20 000 次扰动实验得到的数据分布，我们在图 7-15 中刻画了各个信号的中位数结果（灰色实线）以及 25% 百分位数与 75% 百分位数结果（灰色虚线）。从嵌入系数 $q = 0$ 到 $q(0.5)$ 区间内每个 q 取值对应的预警信号可能从 20 000 次扰动实验结果中选取，这一过程不可避免地带来一些误导性信息。但是在百分位数图 7-15 中，我们发现预警信号的整体分布仍包含了有价值的动态模式。特别是，复原速率和结构系数 σ^* 在嵌入系数 q 取值较小时，其分布范围比较广，然而随着 q 的增长，在合作衰减的临界值 $q(0.5)$ 之前，其逐步收敛到中位数附近。相反，对于最大入侵数目和网络节点平均度数而言，其在临界值 $q(0.5)$ 附近开始逐步发散。这两个截然不同的现象有效预测了合作群体瓦解的趋势。

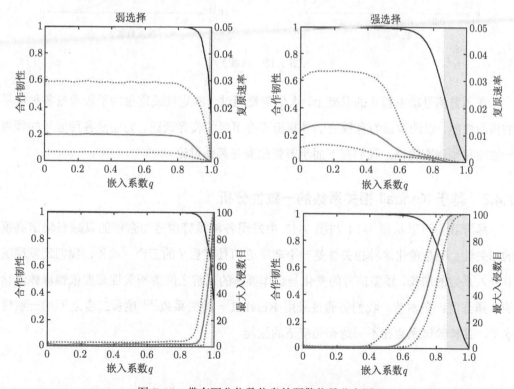

图 7-15 带有百分位数信息的预警信号分布图

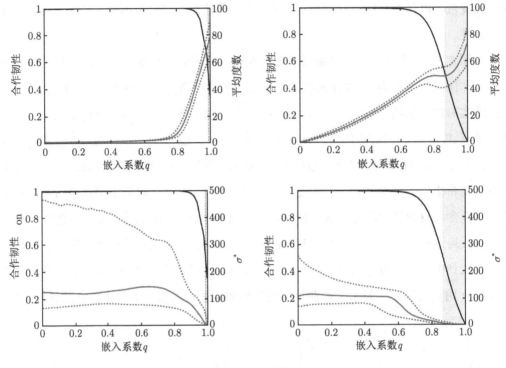

图 7-15　（续）

在预警信号动态模式的基础上，人们需要通过一些定性或定量的手段衡量各种信号的预测性能，以选取最为有效的信号判断即将出现的临界跃迁。为衡量各种信号的预测一致性和预测准确性，我们在下面小节就此展开具体讨论。

7.4.3　基于 Kendall 相关系数的一致性分析

尽管我们可以从图 7-14 与图 7-15 中发现各种预警信号与合作的衰减呈现出高度的相关性，但是量化这种相关性是一个非常迫切且有意义的工作。此外，我们还发现随着嵌入系数的增长，预警信号的变化与合作群体的瓦解之间的相关性高度依赖群体演化的选择强度。在本节，我们将通过采用 Kendall τ 相关系数[26] 度量二者之间的一致性水平，并检验该系数在不同选择强度下的性能。

1. Kendall τ 相关系数定义

Kendall τ 相关系数通常用于衡量两组变量的关联程度。对于两组数据 (x_i, y_i) 和 (x_j, y_j)，我们可以根据二者表现的一致性与否定义其为：

- 一致性点对

    如果 $x_i > x_j$ 且 $y_i > y_j$ 或者 $x_i < x_j$ 且 $y_i < y_j$。

- 非一致性点对

    如果 $x_i > x_j$ 且 $y_i < y_j$ 或者 $x_i < x_j$ 且 $y_i > y_j$。

假设我们在二维数据空间中现有 n 组观测数据 $(x_1, y_1), (x_2, y_2), \cdots, (x_n, y_n)$，那么我们通过两两比较可以获得一致性点对的数目 cp 和非一致性点对的数目 dp，基于二者我们可求解 Kendall τ 相关系数：

$$\tau = \frac{cp - dp}{n(n-1)/2} \tag{7-14}$$

其中 n 是数据空间的大小。显而易见，Kendall τ 相关系数服从 $-1 \leqslant \tau \leqslant 1$。当 $\tau > 0$ 时，其意味着两组数据呈正相关特性；当 $\tau < 0$ 时，其意味着两组数据呈负相关特性。特别是，当 $|\tau| \to 1$ 时，两组数据的相关性极强。

2. Kendall τ 相关系数分布

在群体扰动实验中，我们同样拥有两组相关数据，一是随嵌入系数 q 的增长合作韧性的变化（见图 7-10），另一个是随嵌入系数 q 的增长各个预警信号的变化（见图 7-15）。需要特别指出的是，对于同一个参数条件，20 000 次独立重复扰动实验可为我们提供同样数目的预警信号。当嵌入系数从 $q = 0$ 增长到临界值 $q(0.5)$ 时，我们在每个 q 处进行预警信号的随机采样，这样就获得了一组信号数据 $\{s_{q0}, s_{q1}, s_{q2}, \cdots, s_{qn}\}$；与此类似，我们同样可得到该区间内合作韧性的数据，即 $\{c_{q0}, c_{q1}, c_{q2}, \cdots, c_{qn}\}$，不过该数据直接通过扰动失败次数比例计算可得，无须进行采样。在合作韧性数据和预警信号数据的基础上，我们就可以计算得到一个对应该采样数据的 Kendall τ 相关系数。图 7-16 勾勒了在 $q = 0$ 到 $q(0.5)$ 区间内 Kendall τ 相关系数的计算过程。

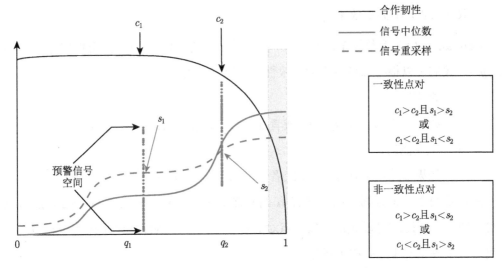

图 7-16　Kendall τ 相关系数计算示意图

　　对于某预警信号，若计算其与合作韧性之间的 Kendall τ 相关系数，我们需要在 $q = 0$ 到 $q(0.5)$ 区间内通过采样构造一组信号数据，即在每个 q 取值处从对应的 20 000 个信号空间中随机选取一个样本，然后再与合作韧性数据两两比对，得到一致性点对数目与非一致性点对数目，进而可计算相对应的 Kendall τ 相关系数。重复多次上述过程，我们通过自助法（Bootstrapping Sampling）的方式不断获得新的信号采样序列，随之即可获得相同数量的 Kendall τ 相关系数。这些相关系数形成一定的分布，可更好展现其与合作韧性之间的相关性。具体而言，大量 Kendall τ 相关系数的获取方式为：

- 在每个 q 取值处从对应的 20 000 个信号空间中随机选取一个样本，构造信号序列。
- 计算信号序列与合作韧性之间的 τ 相关系数。
- 重复上述过程获得大量 τ 值。
- 将获得的大量 τ 值拟合为 Gaussian 分布。

　　图 7-17 刻画了群体在弱选择 $\delta = 0.005$ 和强选择 $\delta = 0.1$ 两种情况下的 Kendall τ 相关系数分布，其中我们可以看出大多数信号的 Kendall τ 相关系数随着选择强度的增强显著性明显提高。通常而言，随着选择强度的变化，如果预警信号的 Kendall τ 相关系数分布都出现在同一侧（或为正相关，或为负相关），那么其与合作韧性的一致性就非常显著。然而我们发现网络节点平均度数在不同选择强度下出现了相位偏移的情景，

其中在弱选择情况下，其与合作韧性正相关，在强选择情况下，其又表现出了极强的负相关性。

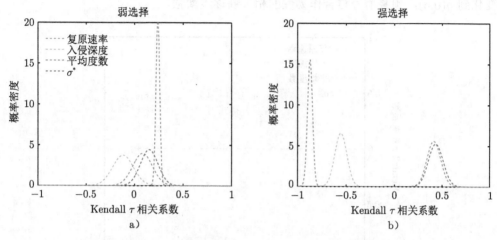

图 7-17　强弱选择下 Kendall τ 相关系数分布

为进一步揭示选择强度对预警信号一致性的影响，图 7-18 刻画了非结构性信号（包括复原速率和入侵深度）和结构性信号（包括平均度数和结构系数）的 Kendall τ 分布均值和标准差随选择强度 δ 变化的情况。特别是，入侵深度（Max-Size）和结构系数 σ^* 与合作韧性的变化呈现了较高的相关性，且随着选择强度的变化一致性效果显著。另一方面，尽管网络节点平均度数在强选择条件下表现出了极强的相关性，但是其所表现的一致性较弱，其在弱选择和强选择条件下的相关性不一致。上述现象强调了演化群体的动态性由众多参数共同决定，我们无法通过少数信号对其进行准确预测，一些信号在特定条件下具有很强的相关性，然而其随外部条件的变化会出现不一致的信息，给人们带来一定程度的误判。

3. 临界值的影响

上述相关性检验的数据范围为 $q = 0$ 到 $q(0.5)$（即合作韧性下降到 0.5 时对应的嵌入系数），其通常被定义为由合作主导向对抗主导临界转移的临界值。当人们需要更早期的预警信号时，该临界值需随之做出调整。例如，$q(0.75)$ 和 $q(0.95)$ 分别表示合作韧性下降到 0.75 和 0.95 时各自对应的嵌入系数。为进一步分析不同临界值对预警信号相关性和一致性的影响，图 7-19 提供了弱选择（$\delta = 0.005$）和强选择（$\delta = 0.1$）条件下的 Kendall τ 相关系数分布，从中我们可以看出随着临界值从 $q(0.95)$ 变化到 $q(0.75)$，再变化到 $q(0.5)$，预警信号与合作韧性的相关性逐步增强。

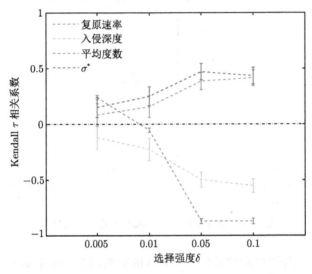

图 7-18   预测信号在不同选择强度下的一致性结果

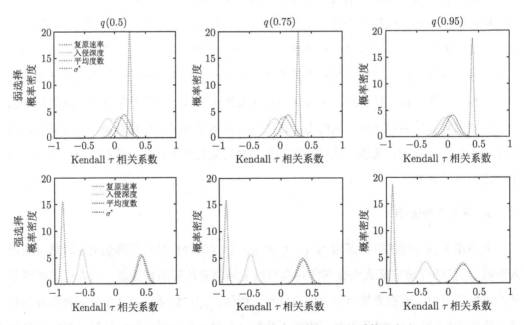

图 7-19   不同临界点作用下的 Kendall τ 相关系数分布

上述结果表明，一些信号（例如网络平均度数）与合作韧性的相关系数呈现的不一致性可能会导致临界预测的偏差，侧面也反映了演化群体的复杂动态性。当选择强度较弱时，合作群体瓦解的风险只存在于当嵌入系数 q 较大时，期间网络连通度较高，有利于对抗者入侵。另外，在弱选择条件下，合作韧性呈现先增后降的非单调变化特性。当选择强度较强时，合作韧性单调递减，预警信号与其相关性明显增强。因此，找到一种在任何条件下都具有高相关性和高一致性的信号是一项极具挑战的工作，其必须随着嵌入系数和选择强度的变化呈现相关且非单调变化趋势。另外，上述预警信号还对深刻理解系统潜在的动态机理提供了有价值的参考，并帮助人们推断演化群体的外部作用条件（例如嵌入系数大小、选择强度强弱）。

7.4.4 预警信号的准确性分析

除了上述相关性与一致性的检验，我们还需要进一步分析各种预警信号在合作韧性衰减预测中的准确性。在本研究中，预警信号的准确性通过受试者工作特征曲线（Receiver Operating Characteristic Curves, ROC）[27] 来衡量，其根据一系列不同的二分类方式以真阳性率（True Positive Rates, TPR）和假阳性率（False Positive Rates, FPR）来绘制。一般而言，ROC 曲线的横坐标为 FPR，纵坐标为 TPR，通过图示可观察分析信号预测的准确性。预警信号由于阈值的设定会得到不同的 FPR 和 TPR，将每个阈值对应的（FPR，TPR）坐标都画在 ROC 空间里，就构成了 ROC 曲线。

不同的信号 ROC 曲线可能会不同，因而预测能力就存在一定的差异。如果两条 ROC 曲线没有相交，我们可根据其相对位置判定各自性能，曲线越靠近左上角的信号准确性越高；反之越靠近右下角，准确性越低。如果两条 ROC 曲线发生相交，那么我们需要通过曲线下方的面积即 AUC 进行比较。AUC 是衡量二分类模型优劣的评价指标，表示正例排在负例前面的概率，AUC 越大，性能越好。当 ROC 曲线为右上角到左下角的直线时，AUC = 0.5，其表示随机猜测，信号没有预测价值。如果 AUC 小于 0.5，意味着预警信号的预测能力比随机猜测还差，完全不具备提供群体瓦解信息的价值。

1. ROC 曲线

受试者工作特征曲线（即 ROC 曲线）在不同判别阈值下获得二分类问题的真阳性

率和假阳性率，基于此，我们将其扩展到通过预警信号预测演化群体合作韧性衰减这一问题。预警信号为模型预测，合作衰减为实际结果，二者都存在真、假两种情况，那么综合起来即为四种组合：

- 真阳性（TP）：信号预测与实际结果都为阳性。
- 假阳性（FP）：信号预测为阳性，实际结果为阴性。
- 真阴性（TN）：信号预测与实际结果都为阴性。
- 假阴性（FN）：信号预测为阴性，实际结果为阳性。

真阳性率 TPR，亦称召回率，是指在真正例中预测判定为正例的概率，可用以刻画其敏感性，其计算公式为：

$$TPR = \frac{\#TP}{\#TP + \#FN} \tag{7-15}$$

假阳性率 FPR，即真负例中预测判定为正例的概率，其计算公式为：

$$FPR = \frac{\#FP}{\#FP + \#TN} \tag{7-16}$$

对于某给定阈值 θ，我们获取一对 TPR 和 FPR。当阈值由小向大逐渐变化时，我们就可获得一系列（FPR，TPR），进而连线构成 ROC 曲线。在图 7-20 所示的示意图中，从 $(0,0)$ 到 $(1,1)$ 的对角线代表随机猜测线，位于该线左上方的点对代表优于随机的信号预测，而位于该线右下方的点对代表劣于随机的信号预测。图中灰色区域记为 AUC，即代表预测的正例排在负例前面的概率。

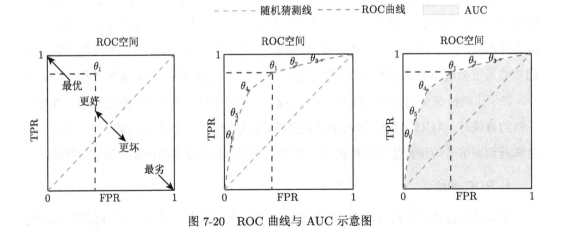

图 7-20　ROC 曲线与 AUC 示意图

在演化群体合作韧性衰减预测中，各种预警信号的准确性需在特定观测窗口内进行判别，研究设定观测窗口起始于 $q = 0$，终止于 q'，其中 $q' \leqslant q(0.5)$。在 $[q = 0, q']$ 观测窗口内，随机选取两个嵌入系数 q_1, q_2，并在对应位置随机选取两个预警信号 s_1 和 s_2，以及对应的合作韧性值 c_1 和 c_2。预警信号 s_1 和 s_2 通过阈值 θ 进行调节进而提供信号预测结果，合作韧性 c_1 和 c_2 提供实际衰减情况。

给定观测窗口和判别阈值下，我们可以定义预警信号与合作韧性之间的真假正例和真假反例。鉴于预警信号变化趋势的不确定性，我们需要构造两种判别条件：

条件（1）：信号上升为正例

- 如果 $(1 + \theta)s_1 < s_2$ 且 $c_1 \geqslant c_2$，那么其为真阳性（TP）。
- 如果 $(1 + \theta)s_1 < s_2$ 且 $c_1 < c_2$，那么其为假阳性（FP）。
- 如果 $(1 + \theta)s_1 \geqslant s_2$ 且 $c_1 < c_2$，那么其为真阴性（TN）。
- 如果 $(1 + \theta)s_1 \geqslant s_2$ 且 $c_1 \geqslant c_2$，那么其为假阴性（FN）。

条件（2）：信号下降为正例

- 如果 $(1 + \theta)s_1 \geqslant s_2$ 且 $c_1 \geqslant c_2$，那么其为真阳性（TP）。
- 如果 $(1 + \theta)s_1 \geqslant s_2$ 且 $c_1 < c_2$，那么其为假阳性（FP）。
- 如果 $(1 + \theta)s_1 < s_2$ 且 $c_1 < c_2$，那么其为真阴性（TN）。
- 如果 $(1 + \theta)s_1 < s_2$ 且 $c_1 \geqslant c_2$，那么其为假阴性（FN）。

给定观测窗口 $q = 0$ 到 q'，在每个嵌入系数 q 取值处都有大量的预警信号样本，因此我们可以通过自助方式生成大量的信号点对 (s_1, s_2) 和相应位置的合作韧性值 (c_1, c_2)。基于上述两种条件，我们分别可以计算获得对应条件下的 TP、FP、TN 和 FN。基于上述数值我们即可计算预警信号的敏感性（Sensitivity）和特异性（Specificity）：

$$\text{Sensitivity} = \text{TPR}$$

$$\text{Specificity} = 1 - \text{FPR}$$

在不同判别阈值下，将一系列（TPR，FPR）相连即可构成 ROC 曲线。需要指出的是，在判别条件（1）和判别条件（2）下，人们可获得两种不同的 ROC 曲线，且其以随机猜测线为轴对称。为充分利用各种信号的最优性能，我们选取在最大观测窗口下（即 $q' = q(0.5)$）能够带来较大 AUC 的判别条件作为该信号的有效判别条件。具体而言，对于最大入侵深度（Max-Size）和平均度数，其有效判别条件为条件（1），然而对于复原速率和结构系数 σ^*，其有效判别条件为条件（2）。综合上述信息，我们在图 7-21 中提供了强弱两种选择下（$\delta = 0.005$ 和 $\delta = 0.1$）各种信号的 ROC 曲线，其中观测窗口选为最大，即从 $q = 0$ 到 $q(0.5)$。

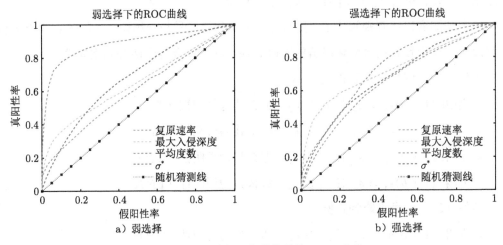

图 7-21　强弱选择下各种信号的 ROC 曲线

2. 观测窗口的影响

上述讨论针对的观测窗口通常为最大情况，即从 $q = 0$ 到 $q(0.5)$。由于不同的观测窗口包含的信号信息是不同的，观测窗口越大，预警信号信息越充分。在本节我们将考虑不同大小的观测窗口，分析其对预警信号准确性的影响。

给定窗口初始位置 $q = 0$，不断变化其终止位置 q'，在图 7-22 中我们获得不同观测窗口下各个信号的 AUC。其中，在控制观测窗口大小的 q' 从 $q = 0.2$ 变化到 $q(0.5)$ 过程中，除了网络节点平均度数外，其他信号预测准确性都有一定的提升。具体来说，在弱选择情况下（$\delta = 0.005$），复原速率、最大入侵深度、结构系数 σ^* 的性能较差，特别是当观测窗口较小时，其 AUC 接近于 0.5（见图 7-22 a）。需要指出的是，平均度数具有较高的假阳性率，但是当观测窗口较大时，其性能优于其他预警信号，这种误导性信息不利于我们合理利用其进行合作韧性衰减预测。另一方面，在强选择强度情况下（$\delta = 0.1$），随着观测窗口的扩大，所有预警信号的性能都有所提升，能够在远离临界点的位置为人们提供正确的预警信息（见图 7-22 b）。上述结论表明，在强选择条件、大观测范围下，演化群体预警信号的准确性能可实现有效提升。

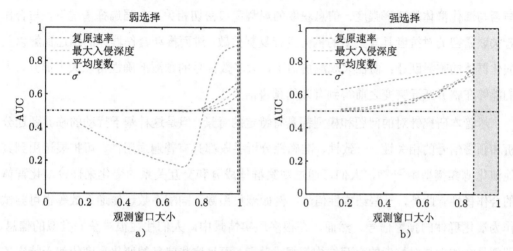

图 7-22 不同观测窗口和选择强度下的预警信号准确性 AUC

7.5 本章小结

本章我们讨论了自适应网络中的演化博弈现象，特别是针对合作以及对抗两种策略如何使其成为群体主导这一问题展开了深入的研究。将演化博弈论与自适应网络相结合，有助于揭示许多因网络动态变化而导致的群体涌现行为，其中如何提前发现对抗者入侵并预测可能出现的合作韧性衰减一直以来都是该领域的一项重要研究内容[3,15,28]。在本章所述的研究中我们尝试通过不同的角度探索演化群体结构和状态的耦合动力学行为，用以推断可能出现的临界跃迁和合作群体瓦解。特别是在本研究中我们发现合作群体瓦解呈现了一些临界跃迁性质，在外界嵌入系数的变化下群体由合作主导迅速转移为对抗主导，尽管人们很难通过理论解析手段证明这种变化的科学性和完备性。为进一步揭示合作群体瓦解的动态性，本研究通过对抗者扰动实验发现系统复原速率在临界值附近急剧下降，而且这种临界降速行为发生在系统临界跃迁之前，这一发现进一步证实了演化群体合作衰减的临界转移性质。

本研究还设计了一系列结构性和非结构性信号对合作群体的迅速瓦解提供预警信

息，其中结构系数、复原速率等信号与合作韧性衰减变化具有很高的相关性与一致性，可作为预测对抗者入侵、合作者瓦解的有效信息。另外，本研究还指出预警信号的成功与否与演化群体的选择强度、信息获取的观测窗口密切相关。在强选择情况下，与合作者关联紧密的对抗者具有更多的机会进行复制扩散，进而推动合作群体的迅速瓦解以及演化群体的临界跃迁；而在大观测窗口下，大多数信号的预测准确性得以大大提升，人们能够在临界跃迁突变之前得到有效的预警信号。

尽管本研究针对的问题和模型都具有特定的背景，但是这种基于扰动的临界跃迁分析和预警信号的相关性、一致性、准确性分析手段都具有普遍适用性，可扩展运用到其他演化博弈模型中[24,29]，人们可通过观察群体成分和交互关系的变化来评价演化群体的合作韧性。此外，一些结构性信号，例如聚集系数、同配系数、传递系数等也可尝试作为演化群体的预警信号。然而，在很多现实情景中，人们往往很难获取类似的信息，即便是合作者与对抗者的交互结构都很难获取，而且这些信息的变化高度依赖于特定的条件和场景（包括选择强度、嵌入系数、交互收益矩阵等）。因此，在基于模型的演化分析基础上进一步拓展进行基于数据的演化分析是一项极具挑战的工作。或许本研究最有意义的地方在于将预警信号与合作衰减联系起来，为众多现实网络系统提供有益的借鉴价值。

参考文献

[1] MATTEO C, SEAN S , CORINA E T, et al. Prosperity is associated with instability in dynamical networks[J]. Journal of Theoretical Biology, 2012, 299: 126–138.

[2] MARTEN S, JORDI B, WILLIAM A B, et al. Early-warning signals for critical transitions[J]. Nature, 2009, 461(7260): 53–59.

[3] LEVIN S A. Fragile dominion: Complexity and the commons[J]. Agriculture and Values, 2001, 18(2), 239-240.

[4] MARTIN A N. Five rules for the evolution of cooperation[J]. Science, 2006, 314(5805): 1560–1563.

[5] PAUL B R, KATRINA R. Evolution of cooperation and conflict in experimental bacterial populations[J]. Nature, 2003, 425(6953): 72–74.

[6] ROMAN P, SHANIKA A C, MARCO M, et al. Quorum-sensing and cheating in bacterial biofilms[J]. Proceedings of the Royal Society B: Biological Sciences, 2012, 279: 4765–4771.

[7] MICHAEL T, GREGORY J V. Strategies of microbial cheater control[J]. Trends in microbiology, 2004, 12(2): 72–78.

[8] ANDREW G H, et al. Rethinking the financial network. Speech delivered at the Financial Student Association[M]. Amsterdam: Springer 2009: 1–26.

[9] HISASHI O, CHRISTOPH H, EREZ L, et al. A simple rulefor the evolution of cooperation on graphs and social networks[J]. Nature, 2006, 441(7092): 502–505.

[10] MATJAZ P, ATTILA S. Coevolutionary games–a mini review[J]. BioSystems 2010, 99(2): 109–125.

[11] LUCAS W, CHRISTOPHER H. Origin and structure of dynamic cooperative networks[J]. Scientific reports, 2014, 4.

[12] DAVID G R, SAMUEL A, NICHOLAS A C. Dynamic social networks promote cooperation in experiments with humans[J]. Proceedings of the National Academy of Sciences, 2011, 108(48): 19193–19198.

[13] ALVARO S, JEFF G. Feedback between population and evolutionary dynamics determines the fate of social microbial populations[J]. PLoS biology, 2013, 11(4): e1001547.

[14] ELINOR O. Understanding institutional diversity[M]. Princeton: Princeton university press, 2009.

[15] SAMUEL B, HERBERT G. A cooperative species: Human reciprocity and its evolution[M]. Princeton : Princeton University Press, 2011.

[16] STEVEN H S. Nonlinear dynamics and chaos: with applications to physics, biology, chemistry, and engineering[M].Colorado: Westview press, 2014.

[17] WISSEL C. A universal law of the characteristic return time near thresholds[J]. Oecologia 1984, 65(1): 101–107.

[18] EGBERT H V, MARTEN S. Slow recovery from perturbations as a generic indicator of a nearby catastrophic shift[J]. The American Naturalist, 2007, 169(6): 738–747.

[19] CARPENTER S R, BROCK W A. Rising variance: a leading indicator of ecological transition[J]. Ecology letters, 2006, 9(3): 311–318.

[20] HERMANN H, THOMAS K. Detection of climate system bifurcations by degenerate finger-printing[J]. Geophysical Research Letters, 2004, 31(23).

[21] VASILIS D, STEPHEN R C, WILLIAM A B, et al. Methods for detecting early warnings of critical transitions in time series illustrated usingsimulated ecological data[J]. PloS one, 2012, 7(7): e41010.

[22] MARTEN S, STEVEN C, JONATHAN A F, et al. Catastrophic shifts in ecosystems[J]. Nature, 2001, 413(6856): 591–596.

[23] CRAWFORD S H. Resilience and stability of ecological systems[J]. Annual review of ecology and systematics, 1973: 1–23.

[24] CORINA E T, HISASHI O, TIBOR A, et al. Strategy selection in structured populations[J]. Journal of Theoretical Biology 2009, 259(3): 570–581.

[25] MARTIN A N, CORINA E T, TIBOR A. Evolutionary dynamics in structured populations[J]. Philosophical Transactions of the Royal Society B: Biological Sciences, 2010, 365(1537): 19–30.

[26] HERVE A. The kendall rank correlation coefficient[J]. Encyclopedia of Measurement and Statistics. Sage, Thousand Oaks, 2007: 508–510.

[27] CARL B, ALAN H. Quantifying limits to detection of early warning for critical transitions[J]. Journal of The Royal Society Interface, 2012, 9(75): 2527–2539.

[28] SIMON L. Crossing scales, crossing disciplines: collective motion and collective action in the global commons[J]. Philosophical Transactions of the Royal Society B: Biological Sciences, 2010, 365(1537): 13–18.

[29] EREZ L, CHRISTOPH H, MARTIN A N. Evolutionary dynamics on graphs[J]. Nature, 2005, 433(7023): 312–316.

第 **8** 章

网络中的智能协同

在由众多独立智能体彼此交互构成的网络化分布式系统中，如何驱动这些智能体相互协同、应对外界环境变化、共同完成复杂任务一直是复杂自适应系统领域的重要研究课题。在本章，我们将构造一种通用的工作–学习–调节（Work Learn Adapt，WLA）机制实现自适应系统协同合作，共同完成复杂任务。在多智能体任务协同合作过程中，基于 WLA 机制各个智能体能够实时应对环境的变化，以分布式交互方式感知外界信息，并从中学习有效的状态或结构调整策略，最终提升整个系统的任务完成水平。在这种情况下，多智能体系统的组织性能高度依赖具备各种能力的智能体以及这些个体的交互结构，在没有集中控制的条件下，各个智能体独立获取外界局部信息，并在一定时间内进行信息融合，形成有益的行动策略。这种信息获取并形成知识的过程是长期存在且持续进行的。与此同时，这些智能体还基于获得的知识调整自身状态和相邻网络结构，以便获取更高的个体收益或群体利益。正是这种多智能体的分布式协同，促成了整个系统在面对不确定外界环境时展现的鲁棒特性，以及各个个体的有效分工、各司其职。WLA框架满足多智能体系统进行分布式操作、局部信息获取、定量的策略学习，可广泛应用于众多现实世界中，例如计算资源自适应分配、无人系统协同、机器人足球比赛等。

8.1 背景介绍

前面章节我们探讨了自适应网络中的信息传播和演化博弈，其中网络个体状态演化和结构调整呈现的耦合动力学特性分别在比对模仿和自然选择作用下进行。具体而言，对于比对模仿，相邻个体彼此模仿对方策略，进而实现状态扩散；而对于自然选择，越是适应度高的个体则越易被选择进行策略扩散。在本章，我们将在比对模仿和自然选择的基础上进一步扩展，研究分布式智能体学习驱动的自适应行为，其中网络中每个个体只具备局部视野和部分历史信息，基于此进行经验总结和信息融合，最终形成指导状态演化和结构调整的有用知识。需要指出的是，这种分布式智能体学习能够有助于网络个体在没有集中控制的条件下实现彼此协同，并且可以有效应对外界环境的实时变化，彰显了高度的系统鲁棒性。

如何提升自适应系统的组织性能并实现效益最优一直以来是人们试图解决的主要问题。考虑到信息通信和同步带来的交互代价，以及潜在的脆弱性，集中式控制已不再是大规模多智能体系统的设计模式。随着网络个体规模越来越庞大、外界环境越来越多变、攻击频率越来越频繁，人们开始尝试通过多智能体分布式控制，基于一系列个体学习和自适应调整，来实现全局性能优化与代价可控。

众所周知，有效的网络结构能够极大地提升系统的整体性能，而这种网络结构通常不是一成不变的，而是会随外界环境以及任务需求进行自组织变化或自适应调整[1]，这些现象已经在生物、经济、化学及社会领域被人们广泛认识[2]。例如，在自然界中，鸟类、鱼类、蚂蚁等生物的迁徙移动往往都伴随着自组织行为以实现群体结构的鲁棒性，进而在复杂恶劣的环境中得以生存。自组织这一术语在许多不同的领域有着不同的定义和要点，但是其基本原则普遍遵循以下几种性质：局部性（locality）、功能性（functionality）、涌现性（emergence）、自适应性（adaptability）、鲁棒性（robustness）以及可扩展性（scalability）[2]。另外，越来越多的智能系统（例如无人飞行棋、水下潜航器）需要众多的个体自适应调整其工作状态和交互结构，以应对不确定的外界环境和自身意外失效的情况。因此，通过分布式自适应机制提升系统的鲁棒性和组织性能成为复杂多智能体系统的重要研究内容。人们已经认识到自发的局部行为能够以极小的代价促成整体组织性能的提升，以及全局协同涌现，但是与之相关的许多难点问题都仍在探索之中，其中最重要的一点就是如何孕育促成有效的局部个体行为。

近期，在多智能体系统（MAS）领域人们开发了一些用以解决网络化组织在动态和复杂任务环境下实现个体协同的框架，这些框架使得网络个体在持续的任务执行过程中，不断收集局部和历史数据（如交互信息、任务信息、环境信息等），基于此形成指导组织自适应调整的决策[3-4]。在本章，我们将依据这一思路，提出一种更为简单实用的自适应框架，即 WLA 框架，以指导自适应网络中个体的状态演化和结构调整行为。其中，每个网络个体都是具有一定学习能力的智能体，在连续的任务执行过程中其不断获取信息、形成知识，最终促成有利的组织拓扑结构和功能配置，进而实现多智能体的协同。

下面我们将用一个通用视角刻画 WLA 机制的运行机理。众多具有不同功能的智能体嵌入在一个具有一定结构交互的系统中，形成一个网络，个体之间通过交互关系实现信息的传输和任务的协作。与此同时，每个网络个体还可实时获取并融合局部以及个体历史信息，不断感知环境与任务的变化趋势，并逐步形成用以指导自适应调整的决策。在这之后，依据智能体形成的决策，网络结构与个体状态将出现一定程度的动态调整，这种调整同样将反馈到智能体执行任务的过程中。以此不断循环迭代，逐步实现组织性能的最优化。图 8-1 勾勒了上述 WLA 运行机制示意图，主要包含：工作（work）、学习（learn）和调节（adapt）三个模块。

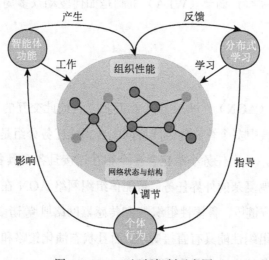

图 8-1　WLA 运行机制示意图

为进一步阐释 WLA 框架的运行机理，本章将以智能体任务分组为案例介绍不同功能的个体是如何实现协同，完成复杂任务的。在该模型中，一系列复杂的任务需要众多具有特定功能配置且结构连通的智能体来完成，智能体状态的演化反映了其在任务分组过程中角色的变化，而其结构的调整反映了交互关系的重塑（在一定通信代价约束下）。特别地，我们将社交领域一种常见的领导–下属（Leader-Follower）机制引入到模型中，促进了任务分组过程中各种劳动力的角色分工（Division Of Labour）。在任务执行过程中，每个智能体还实时进行分布式学习，基于学习获得的策略执行状态演化和结构调整。另外，本研究还提供了大量的理论分析和数值实验，结果显示分布式学习率、任务规模、技能种类等都对组织性能（主要体现在任务完成率和资源浪费率上）产生重要的影响。

8.2　智能体网络任务分组

越来越多的应用场景表明基于状态演化与结构调整的自适应动态性能够为众多网络化系统带来巨大的成功，由各个智能体通过局部交互建立起来的自适应组织具有灵活高效的特点，且对外界环境的变化具有很强的鲁棒性。在本章我们以智能体任务分组为研究对象，探索工作–学习–调节（WLA）机制是如何驱动众多局部个体实现整体性能优化的。

8.2.1　研究动机

智能体组织网络（AON）[5] 是由多个相互独立且彼此交互的智能体通过一定的组织结构形成的群体，其中多个智能体之间协同配合完成任务分组是 AON 研究的一项重要内容。通常情况下，一个任务小组包含多个相互连接且各自具备特定功能的智能体，其约定成组以共同实现复杂的外界任务。智能体组织网络 AON 在现实世界中可应用于商业联盟[6]、动态供应链[7]、鲁棒性组织[8] 和传感器网络[9] 等诸多领域。AON 研究显示有效的网络结构对组织性能具有直接影响，而且状态演化策略和结构调整策略对组织性能的提升、分组任务的完成也具有重要意义。

智能体任务分组聚焦于多个合作智能体之间的自适应协同，其局部行为决定了最终的组织性能。众所周知，许多运筹优化方法[6,10-13]已被人们广泛应用于网络中的任务分配。然而，由于功能节点的不足或不可达造成的资源阻塞（特别是在网络结构不利的情况下）仍是制约组织性能提升的重要因素。具体而言，我们可以通过下面两个示例进行说明。其中，任务 T_1 和任务 T_2 各自分别需要两个（浅色节点和深色节点）任务小组提供功能服务来完成。图 8-2 a 展示了由资源不足导致的阻塞（blocking），其中任务 T_1 需要资源 S_1, S_2, S_2 相互连通才能完成，而任务 T_2 也需要资源 S_1, S_2, S_2 相互连通才能完成，然而在网络中资源 S_2 对应的节点数量不足，当两个任务都尝试竞争所需的资源时，二者都不能成功。然而，当其中一项任务退出竞争，则另外一项任务则会成功完成。图 8-2 b 展示了由于空间阻塞导致所需资源不可达，其中一项任务形成的分组阻断了另一项任务所需节点的连通性。如果任务分组之间能够合理分配资源，那么这种资源阻塞就可以避免，任务完成率也将得以提升。因此，在 AON 智能体任务分组中我们需要围绕劳动力有效分工（Division Of Labour）来避免有限资源的阻塞问题。

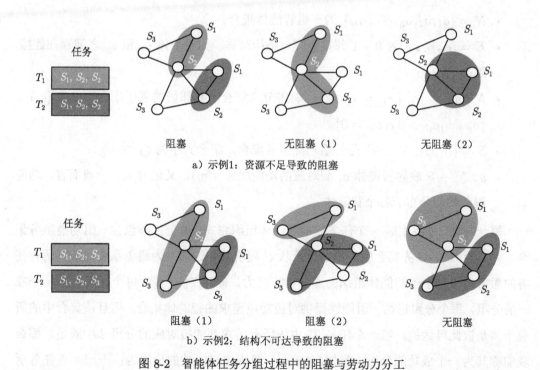

图 8-2 智能体任务分组过程中的阻塞与劳动力分工

由于外界开放环境中的任务流通常服从一定的分布，而且还会随着时间动态变化，因此固定的网络结构对智能体分组完成任务而言不具有灵活性和高效性。近期，人们提出了各种网络结构自适应调整策略用以动态重组智能体交互关系[5,14-16]以实现更高的组织性能。相关工作可参考 Gaston 等人的研究成果[5,17]，其提出了多种结构重连策略以提高分组的灵活性。另外，一些拓展研究[9,18-21]从结构重连的代价、效益、可行性等角度出发进行了深入的思考。然而，围绕智能体任务分组的核心问题，即如何以较小的代价实现较大的收益，仍需进一步探索以应对复杂、动态、开放的外部环境。

8.2.2　模型定义

基于 Gaston 等人之前的研究成果[5,17]，我们对多智能体任务分组模型进行如下定义。智能体组织网络 AON 通过有标签的无向图表示，其中网络节点代表众多智能体个体，节点标签代表相应个体具备的功能服务。给定规模大小的智能体网络可用于执行各种状态演化和结构调整的自适应算法。

- $N = \{a_1, a_2, a_3, \cdots, a_N\}$ 为一组智能体集合。
- $\boldsymbol{E} = (e_{ij})_{N \times N}$ 为 $0-1$ 邻接矩阵，结构对称。如果个体 a_i 和 a_j 之间存在连接，那么 $e_{ij} = 1$。
- $NB(a_i) = \{a_j \mid e_{ij} = 1\}$ 是 a_i 邻居节点集合，其邻居的邻居集合为 $NB^2(a_i) = \{a_k \mid e_{ij}e_{jk} > 0 \wedge e_{ik} = 0\}$。
- $S = \{S_1, S_2, \cdots, S_\xi\}$ 是一组功能服务集合，集合大小为 ξ。
- $s : N \to S$ 映射智能体 a_i 到对应的功能服务 $s(a_i)$，又记为 s_i。一般而言，功能服务均匀分布于各个智能体。

每一时刻，外界生成 γ 个任务需被智能体组织完成，每个任务包含一组功能服务集合，大小为 $|T|$，任务集合中的每个元素从 S 随机均匀选取。为避免系统过载，所有任务的服务需求需小于智能体组织的服务供应能力，即 $\gamma|T| < N$。每个任务对应一个唯一的分组，每个分组包括一组能够提供对应功能需求的智能体集合，而且该集合中的所有个体是彼此可达的。当一个任务 T_i 中的所有需求都能被对应的分组 M_i 满足，那么我们称其为一个成功的分组。类似，Gaston 等人定义成功的分组为：一组具备任务所

需功能且结构联通的智能体[17]。上述智能体任务分组流程可由图 8-3 表示，其中不同的虚线圆代表不同的分组。

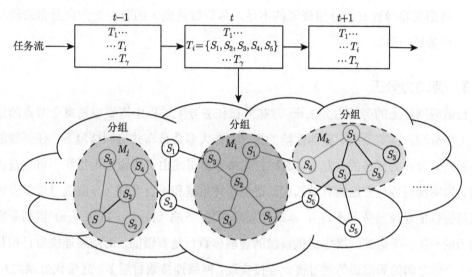

图 8-3 智能体任务分组示意图

为评价智能体组织的性能，我们通过下面两个指标衡量其工作效率和工作成本：一是任务成功率，二是资源浪费率。

- **任务成功率**（Task Success Rate，TSR）定义为成功完成的任务数目 (CT) 与需要完成的任务总数 (TT) 之比在较长时间内的均值。其具体计算公式如下，其中 $CT(u)$ 为时刻 u 完成的任务数目，$TT(u)$ 为时刻 u 需要完成的任务数目。

$$\text{TSR} = \lim_{t \to +\infty} \frac{1}{t} \sum_{u < t} CT(u)/TT(u) \tag{8-1}$$

- **资源浪费率**（Team Waste Rate，TWR）定义为各个分组的服务资源冗余率，即实际具备的智能体数目与任务需要的服务数目冗余与任务大小的平均比值。其具体计算公式如下：

$$\text{TWR} = \lim_{t \to +\infty} \frac{1}{t} \sum_{u < t} \left(\frac{\sum_i m_i(u)}{\sum_i |T_i|(u)} - 1 \right) \tag{8-2}$$

其中 $m_i(u)$ 是分组 M_i 在时刻 u 的大小，其相应的任务为 T_i。这一衡量指标意味着在总体资源有限的情况下，一个任务分组所包含智能体数目不能太大，否则其将导致其他分组资源的不足，尽管数目庞大的分组会为自身带来较高的任务成功率。

8.2.3　劳动力分工

自适应网络上的劳动力分工[22] 意味着在任务分配过程中需要根据每个节点的角色进行工作分配，以实现组织整体性能的提升。在大多数分布式协同情境下，任何智能体能够通过竞争作为任务的发起者，这种方式极容易引发由于资源的不足和不可达造成的阻塞。为实现任务与分组的有效匹配，避免各种阻塞和不良竞标（分组数目过多而每个分组可提供的功能服务又不足），本研究采用领导–下属（Leader-Follower）机制来实现劳动力的分工。考虑到网络中提供资源的智能体数目是有限的，而网络连接数目也是有限的（个体之间的局部通信通过彼此连接实现，网络连接数目越多，通信代价越大），采用领导–下属机制会促使网络重构成多个星形辐射簇（Hub-And-Spoke Clusters），每个簇的中心位置为领导节点，四周位置为下属节点，只有领导节点可以充当任务的发起者，下属节点可以根据当前所在分组的情况保持或者离开，这样就形成了高效的任务–分组匹配机制[17]。具体而言，这种劳动力分工的方式可阐述如下：

在之前智能体组织网络 AON 模型的基础上，我们进一步扩展，加入个体角色（role）这一属性，表示智能体在任务竞标和招募组员过程中不同的功能。

- $r: N \to \{\text{leader}, \text{follower}\}$ 将智能体映射到其角色上，$r(a_i)$ 或者 r_i 表示智能体 a_i 所承担的角色。

每个智能体或为领导节点，或为下属节点。领导节点集合定义为 L，其大小意味着在网络中存在多少个任务分组。给定一个领导节点 $a_i \in L$，该节点领导的下属节点为其邻居中角色为 follower 的个体。具体公式为：

$$F(a_i) = \{a_j \mid a_j \in NB(a_i) \wedge r_i = \text{leader} \wedge r_j = \text{follower}\}$$

一个领导节点和其下属节点形成一个任务分组，提供其具备的功能服务以完成任务需求。例如，一个由节点 a_i 领导的任务分组定义为 $M_i = \{a_i\} \cup F(a_i)$。需要指出的是，在网络中一个下属节点可能与多个领导节点存在连接，那么该节点将随机选取其中一个分组加入。于是一个由领导节点 a_i 建立的任务分组 M_i 有效规模记为：

$$m_i = 1 + \sum_{a_j \in F(a_i)} 1/d(a_j) \tag{8-3}$$

其中 d_j 是与下属节点 a_j 相邻的领导节点数目。至于式 (8-3) 中加 1 的原因是领导节点自身也会提供其对应的功能服务。

为减少无序的任务竞标，人们设定只有领导节点能够作为任务发起者组织招募成员形成分组完成任务。这就是说，每一时刻外界任务被网络中的领导节点随机均匀选取执行，这种方式可以避免不具备资源优势的个体加入竞争，提高了任务完成的成功率。另一方面，这种领导–下属机制还有助于固化网络交互结构关系，减少由于结构重组造成的代价。本研究在工作–学习–调节（WLA）框架下，将上述领导–下属模式引入到智能体任务分组中，进行任务竞标、组员招募和任务执行。考虑到外部环境的动态性和不确定性，组织个体还将基于局部信息进行智能学习行为，以指导状态和结构的自适应调节。

8.3 基于分布式学习的自适应动态性

为应对外部环境的动态变化，提升组织完成任务的成功率，智能体组织网络必须具备一定的自适应特性，以实时调整节点状态和交互关系。具体而言，在智能体任务分组过程中我们需明确（1）网络中应该存在多少领导节点用以任务竞标；（2）每个领导节点及其下属节点应如何调节彼此的交互关系以实现分组与任务的匹配。

8.3.1 节点角色演化

正如上节描述的那样，参与任务竞标的领导节点数目不应过多或过少，其中领导节点数目过多意味着分组数目较多，每个分组拥有的节点数目较少，单个分组完成任务的成功率较低；反之领导节点数目过少意味着分组数目较少，每个分组拥有的节点数目较多，单个分组完成任务成功率较高，但任务整体完成率较低。另外，领导节点数目较少时，智能体组织网络的脆弱性较差，中心节点受到攻击之后会导致大规模的失效。因此，为提高任务完成的成功率、降低资源浪费率，智能体任务分组过程中需满足领导节点数目与外部任务数目的匹配，进而实现所有任务都有对应的分组，每个分组都有足够的功能个体。

许多现实情况中，由于通信、认知、管理等方面的代价，每个任务分组的规模以及节点之间的交互连接数目都应该控制在一定的范围内。综合考虑分组代价和结构韧性，我们需要确保领导节点数目（即网络分组数目）远小于网络节点数目，即 $m \ll N$。同时我们还需确保所有的任务都有相应的分组，即 $m > |T|$。因此，为实现性能与代价的平衡，我们设定领导–下属机制中分组数目需与任务数目相等，即 $|L| = \gamma$，这样网络中就有足够的分组完成任务，且每个分组拥有足够的功能个体。

对于任一领导节点 $a_i \in L$，存在一个任务载荷参数 $\lambda : L \to \mathbb{R}$ 用以刻画该节点一段时间内承担的任务数目。由于分组数目和任务数目都是动态变化的，而所有任务必须由网络中的领导节点成功竞标，这就可能导致一个分组需完成多个任务。为刻画各个分组的任务载荷，我们采用加权移动平均方法来迭代计算其 λ 值：

$$\lambda_i \leftarrow \alpha\lambda_i + (1-\alpha)x_t \tag{8-4}$$

其中 x_t 是时刻 t 节点 a_i 承担的任务数目。

这一近似方法能够对一段时间内的承担任务数目做平滑处理，同时准确勾勒其动态变化趋势。一个较小的 α 取值更加注重近期的信息，而忽略以往历史信息；反之一个较大的 α 取值更加注重综合所有历史信息。通过这一简单策略获得的任务载荷 λ_i 能够反映当前分组是否存在过载现象（$\lambda_i > 1$，分组任务饱和）或者欠载现象（$\lambda_i < 1$，分组任务不饱和）。

智能体组织网络中个体状态的演化记为智能体角色的变化，即从领导节点变为下属节点，或从下属节点变为领导节点。这种节点状态演化是基于任务载荷参数 λ 进行的。具体而言，每一时刻以一个很小的演化概率 p_e 进行节点角色的转换：leader $\leftrightarrows$ follower。对于每个领导节点 a_i，其根据自身的载荷 λ_i 提升相邻下属节点成为领导节点，或将自身角色由领导节点变换为下属节点（见图 8-4）。当 $\lambda_i \geqslant 1$ 时，任务过载，需要生成更多的领导节点；当 $\lambda_i \leqslant 1$ 时，任务欠载，需要减少领导节点。

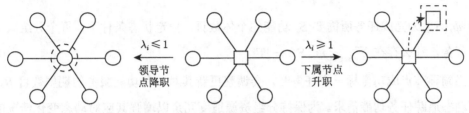

图 8-4　基于任务载荷的节点状态演化

为实现上述目的，我们定义如下演化概率：

- 如果 $\lambda_i \geqslant 1$，领导节点以概率 $\min(\lambda_i - 1, 1)$ 随机选取一下属邻居节点提升为领导节点；
- 如果 $\lambda_i \leqslant 1$，领导节点以概率 $1 - \lambda_i$ 将自身角色变为下属节点。

上述角色状态的变化在自适应网络中通过分布式方式进行，有助于智能体组织网络根据外部环境实时变化。在稳态条件下，对任意领导节点 $a_i \in L$，存在 $\lambda_i = 1$，使得需要完成的任务数目与网络分组数目保持一致，进而确保所有任务得以被竞标的同时每个任务能够被足够规模的分组所完成。

8.3.2　风险规避学习

一般而言，真正意义上的劳动力分工不仅关注网络中分组的数目还需关注每个分组的功能组成。换言之，一个任务分组提供的功能服务需与外部任务需求保持一致。考虑到任务的动态性，每个领导节点都需实时更新其任务需求目标，并且根据该目标调整网络结构建立有效的任务分组。

为刻画一个理想任务分组的功能组成，对于每个领导节点，我们定义大小为 ξ 的向量 $\boldsymbol{\theta}$ 作为其对各种功能服务的期望数目。如果 a_i 是一个领导节点，那么 $\boldsymbol{\theta}_i$ 定义为：

$$\boldsymbol{\theta}_i = [\boldsymbol{\theta}_i(S_1), \boldsymbol{\theta}_i(S_2), \cdots, \boldsymbol{\theta}_i(S_\xi)]$$

其中 ξ 是功能服务集合的大小，$\boldsymbol{\theta}_i(S_j)$ 代表分组中对具有功能 S_j 的个体期望数目。

每一时刻，由 a_i 成功竞标的任务可通过各个功能需求表示：

$$\boldsymbol{\psi}_i = [\boldsymbol{\psi}_i(S_1), \boldsymbol{\psi}_i(S_2), \cdots, \boldsymbol{\psi}_i(S_\xi)]$$

其中 $\boldsymbol{\psi}_i(S_i)$ 为完成任务所需要 S_i 功能的个体数目。稳定状态条件下，每个分组只承担一个任务，那么存在 $\sum_{S_i \in S} \boldsymbol{\psi}_i(S_i) = |T|$。

当领导节点成功竞标一个任务时，会调整更新其对各种功能服务的期望数目 $\boldsymbol{\theta}$，由此可动态追踪任务功能需求。为保持分组资源适度冗余以增强其应对动态变化情况的鲁棒性，我们基于 "Win or Learn Fast" (WoLF)[23] 策略进行风险规避学习，获得分组对各种功能服务的期望数目 $\boldsymbol{\theta}$。具体而言，我们需要通过 $\boldsymbol{\theta}$ 追踪外部任务的动态变化，而 $\boldsymbol{\theta}$ 需根据实际任务和当前期望数目的相对大小进行更新。实时更新的 $\boldsymbol{\theta}$ 值是对任务功能组成和数目的有效预测，用于指导智能体分组的动态调整。

在 WoLF 策略中，处于各个分组中心位置的领导节点通常会对低估任务需求 $\boldsymbol{\theta}_i(S_j) < \boldsymbol{\psi}_i(S_j)$ 表现出较高的灵敏度，而对高估任务需求 $\boldsymbol{\theta}_i(S_j) \geqslant \boldsymbol{\psi}_i(S_j)$ 则灵敏度较低，意味着各个任务分组都会努力保持一定的冗余以防供不应求，体现了风险规避的思想。因此，在每一时刻，任一领导节点 a_i 将比较其对各个功能个体期望数目 $\boldsymbol{\theta}_i$ 与当前任务需求数目 $\boldsymbol{\psi}_i$，然后对 $\boldsymbol{\theta}_i$ 进行更新以实时感知外界任务变化：

- 若 $\boldsymbol{\theta}_i(S_j) \geqslant \boldsymbol{\psi}_i(S_j)$，则

$$\boldsymbol{\theta}_i(S_j) \leftarrow \boldsymbol{\theta}_i(S_j) + \eta_-[\boldsymbol{\psi}_i(S_j) - \boldsymbol{\theta}_i(S_j)]$$

- 若 $\boldsymbol{\theta}_i(S_j) < \boldsymbol{\psi}_i(S_j)$，则

$$\boldsymbol{\theta}_i(S_j) \leftarrow \boldsymbol{\theta}_i(S_j) + \eta_+[\boldsymbol{\psi}_i(S_j) - \boldsymbol{\theta}_i(S_j)]$$

这里 $j \in \{1, 2, 3, \cdots, \xi\}$ 为功能服务的编号，在 $\boldsymbol{\theta}$ 更新过程中用到两个不同的学习率，即 $0 < \eta_- \leqslant \eta_+$。这一设置使得任务分组避免个体功能欠缺情况的发生，以规避供不应求的风险[17,24]。对于个体功能不足的情景，$\boldsymbol{\theta}$ 值会快速增长，相反对于个体功能过剩的情景，$\boldsymbol{\theta}$ 值会缓慢下降。较大的 η_-/η_+ 比例会导致相对较大的分组以及较高的局部成功率，但是不可避免地造成资源浪费的情形。

上述风险规避学习行为由各个领导节点分布式执行，可以较好地对外界任务进行合理估计。稳定状态下，每个领导节点会生成该分组功能个体期望 $\boldsymbol{\theta}$，基于该期望进行网络结构的调整，以提升任务成功率、降低资源浪费率。

8.3.3　网络结构调整

令 ϕ_i 为 ξ-向量，代表由节点 a_i 领导下的分组当前可提供的各种功能服务数目，反映了当前分组功能组成情况：

$$\phi_i = [\phi_i(S_1), \phi_i(S_2), \cdots, \phi_i(S_\xi)]$$

其中 $\phi_i(S_j)$ 为分组中持有功能 S_j 的个体数目。分组中领导节点对各种功能服务的期望数目 θ 与当前分组实际具备的各种功能服务数目 ϕ 之差暗示了网络结构的调整动向，即招募欠缺功能个体，替换冗余过多个体，实现分组功能与任务需求的匹配。

换言之，我们需要在 θ 和 ϕ 的作用下驱动网络结构向理想的配置演化。为实现这一目的，本研究基于热力学方法[25]自适应调整网络结构，其中定义非线性能量 energy 刻画当前网络结构的优劣。随着网络结构的调整，相对应的网络能量实时发生变化，能量越低，结构越好。具体来说，一个网络分组的能量由当前分组功能组成和分组功能期望的匹配程度来衡量，能量越大表明该分组对功能服务的数目需求较大，反之则较小。考虑到指数形式自然特性，本研究以其作为能量计算的一般形式，那么领导节点 a_i 所在的分组网络结构能量定义为：

$$e_i = \sum_{j=1}^{\xi} \exp^{\theta_i(S_j) - \phi_i(S_j)} \tag{8-5}$$

对于整个网络的能量 $\mathcal{E}$，其由所有分组的能量之和获得：

$$\mathcal{E} = \sum_{a_i \in L} e_i = \sum_{a_i \in L} \sum_{j=1}^{\xi} \exp^{\theta_i(S_j) - \phi_i(S_j)} \tag{8-6}$$

在上述非线性能量定义下，网络中各个分组的功能个体组成就能够以定量方式实现合理分布。功能个体加入到需求迫切的分组中会使得网络能量大幅下降，而加入到需求资源相对充足的分组中网络能量下降较缓。不失一般性，我们假设 $0 < x_1 \leqslant x_2$，对于一个微小变化 $\delta \leqslant (x_2 - x_1)$，可获得如下不等式关系：

$$\exp^{x_2} - \exp^{x_2 - \delta} \geqslant \exp^{x_1} - \exp^{x_1 - \delta}$$

另外，这种非线性能量形式还有助于网络资源在不同分组中均匀分配，例如一些功能个体会从资源相对冗余的分组中重连至资源相对欠缺的分组中，因为后者较前者拥有较低的网络能量：

$$\exp^{x_1} + \exp^{x_2} \geqslant \exp^{x_1+\delta} + \exp^{x_2-\delta}$$

为更加形象地阐释上述定义，图 8-5 所示案例比较了非线性能量与线性能量对网络资源分配的影响。对于线性定义的网络能量，领导节点 a_i 所在分组的初始能量为 $\boldsymbol{\theta}_i - \boldsymbol{\phi}_i = \boldsymbol{\theta}_i - 3$，领导节点 a_j 所在分组的初始能量为 $\boldsymbol{\theta}_j - 1$，网络整体能量为 $\boldsymbol{\theta}_j + \boldsymbol{\theta}_j - 4$。通过图中所示重连之后，网络整体能力维持不变。对于非线性定义的网络能量，领导节点 a_i 所在分组的初始能量为 $e^{\theta_i - 3}$，领导节点 a_j 所在分组的初始能量为 $e^{\theta_j - 1}$，网络整体能量为 $e^{\theta_i - 3} + e^{\theta_j - 1}$。通过图中所示重连之后，网络整体能量变为 $e^{\theta_i - 2} + e^{\theta_j - 2}$，相较之前能量有所下降，体现了重连之后的网络结构更加有助于资源合理利用。

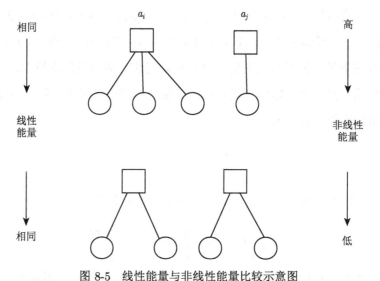

图 8-5　线性能量与非线性能量比较示意图

在非线性能量定义的基础上，如何根据其指导网络结构的调整是一项重要的内容。众所周知，Metropolis[26] 等人提出了基于马尔可夫链的连续状态转移理论，其状态平衡方程公式为：

$$p(G)W(G \to G') = p(G')W(G' \to G) \tag{8-7}$$

其中 G 和 G' 分别代表网络状态空间中的两种结构状态，$p(G)$ 表示状态为 G 发生的概率，$W(G \to G')$ 表示由状态 G 向状态 G' 的转移速率。

利用 Boltzmann 理论刻画上述网络状态分布，我们可获得：

$$p(G) = \frac{\exp^{-\beta\mathcal{E}(G)}}{Z} \tag{8-8}$$

其中 $Z = \sum_G \exp^{-\beta\mathcal{E}(G)}$，$\beta$ 参数代表温度的倒数。

因此，$G \to G'$ 和 $G' \to G$ 的状态转移率之比记为：

$$\frac{W(G \to G')}{W(G' \to G)} = \frac{p(G')}{p(G)} = \exp^{-\beta(\mathcal{E}(G')-\mathcal{E}(G))} \tag{8-9}$$

在该模型中，我们定义由状态 G 向 G' 转移的速率为：

$$W(G \to G') = \min(1, \exp^{-\beta\Delta\mathcal{E}}) \tag{8-10}$$

其中 $\Delta\mathcal{E} = \mathcal{E}(G') - \mathcal{E}(G)$。如图 8-6 所示的案例中，能量驱动的网络结构的调整可以通过各个领导节点和相应分组分布式实施，网络能量的下降促使有效网络结构的生成，进而可提升组织任务性能。

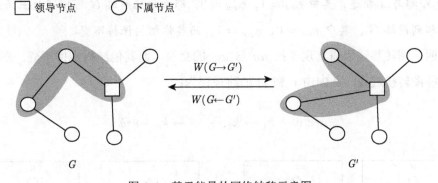

图 8-6　基于能量的网络转移示意图

至于具体的网络结构调整策略，本研究采用三角形重连法则（triangle rewiring）[17] 以确保网络结构的连通度保持不变。三角形重连法则中，一个节点断开当前邻居，但与该邻居的邻居相连。基于三角形重连法则，人们可以将任意连通网络 G 转移为连通网络 G'，二者的区别在于连接 $a_i a_j$ 存在于 G 但不存在于 G'，而另一连接 $a_k a_l$ 存在于 G' 但不存在于 G。

总之，上述基于能量的三角形重连事件每一时刻以概率 p_a 发生，期间随机选取连接 $a_i a_j$ 及其邻居的邻居 a_k，然后 a_i 以概率 $\min(1, \exp^{-\beta \Delta \mathcal{E}})$ 由 a_j 重连至 a_k。重连前后网络能量变化为：

$$\Delta \mathcal{E} = \mathcal{E}(a_i a_k a_j) - \mathcal{E}(a_i a_j a_k) \tag{8-11}$$

8.3.4　图转移的完备性

下面我们分析自适应网络演化过程中结构的连通度问题。在三角形重连法则作用下，如果在 G 中 $e_{uv} = e_{uw} = 1$ 且 $e_{vw} = 0$，那么在其演化生成的图 G' 中，则有 $e_{uw} = e_{vw} = 1$ 且 $e_{uv} = 0$。上述重连法则具备三个性质：

（1）网络中连接数目保持恒定；

（2）网络结构的连通度保持不变；

（3）任意两个同等节点规模和连接规模的连通图之间可通过三角形重连法则实现相互转换。

定义 8.1　令 G 为一个连通图，节点 v 与节点 w 之间通过路径 π 相连，路径上节点除 w 外都与 u 相连，其中 $e_{uv} = 1$，$e_{uw} = 0$。那么初始网络 G 可以通过三角形重连法则转移到网络 G'，其中 $e_{uv} = 0$，$e_{uw} = 1$，而其他结构保持不变。

证明：图转移过程需实现连接 uv 与 uw 的交换，而其他结构维持不变。图 8-7 刻画了这种图转移过程，其中由 v 到 w 的路径记为：

$$\pi : v \to k_1 \to k_2 \to \cdots \to k_m \to w$$

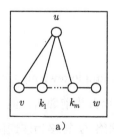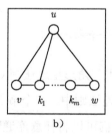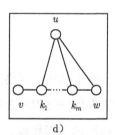

图 8-7　基于三角形重连的图转移过程示意图

为实现上述目的，首先通过 uk_m 与 uw 的互换实现连接的顺移，然后沿着路径 π

逐次与 $uk_{m-1}, \cdots, uk_1, uk_v$ 等节点交换连接，最终实现 uv 与 uw 的交换，图 G 转移 G'。

上述证明阐释了网络中 u、v 节点之间的连接能够沿路径"跳跃"一系列连接到达未相连的 u、w 节点。

令 $\mathcal{G}_E^N$ 为由 N 个节点和 E 条边构成的连通图空间，该空间中任意两个图之间都可以通过三角形重连法则进行转换。首先，我们考虑由连接 uv 到 uw 的转移。

定义 8.2　G 为网络空间 $\mathcal{G}_E^N$ 中一个连通图，u、v、w 为图中节点，且 $e_{uv} = 1$，$e_{uw} = 0$。如果 G' 是空间中一个连通图，且 $e_{uv} = 0$，$e_{uw} = 1$，其余不变，那么 G' 能够由 G 通过三角形重连操作得到。

证明：由于图 G 和 G' 都是连通图，因此存在从 v 到 w 的路径，且该路径不包含连接 uv：

$$\pi : v \to k_1 \to k_2 \to \cdots \to k_m \to w$$

对于路径上的任意节点 k_i $(1 \leqslant i \leqslant m)$，如果 $e_{uk_i} = 0$，那么我们就可以通过三角形重连将连接 uv 转移为 uk_i；反之如果 $e_{uk_i} = 1$，我们就利用定义 8.1"跳跃"已有的连接，最终 uv 连接消失，uw 连接建立，这种图转移过程的连接重置可由图 8-8 表示。

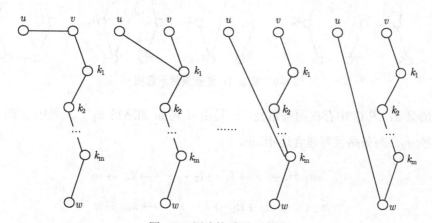

图 8-8　图连接重置示意图

上述证明阐释了网络中任一连接 uv 都可以通过三角形重连法则重置于该连接任一端点 u 和与其不相邻的节点 w 之间。下面我们考虑是否能够将该连接 uv 重置于任意不相邻的两个节点之间, 如 wx。

定义 8.3   令图 G 为 $\mathcal{G}_E^N$ 空间的一个连通图, 且满足 $e_{uv} = 1$, $e_{wx} = 0$。令 G' 为该空间中另一个连通图, 且满足 $e_{uv} = 0, e_{wx} = 1$, 其余配置同图 G。那么 G' 能够由 G 通过三角形重连操作得到。

证明: 图 G 和图 G' 都是连通图, 我们需要考虑下面两种图转移情景。

- 情景 1: 图 G 中存在两条路径, 一是由 u 到 w 的路径 π_1, 二是由 v 到 x 的路径 π_2, 两条路径都不包含连接 uv。

$$\pi_1 : u \to l_1 \to l_2 \to \cdots \to l_n \to w$$

$$\pi_2 : v \to k_1 \to k_2 \to \cdots \to k_m \to x$$

在该情况下, 首先沿路径 π_2 将连接 uv 重置于节点 u 和 x 之间, 然后沿着路径 π_1 将再连接 xu 重置于节点 x 和 w 之间。上述一系列重连操作可通过图 8-9 进行展示。

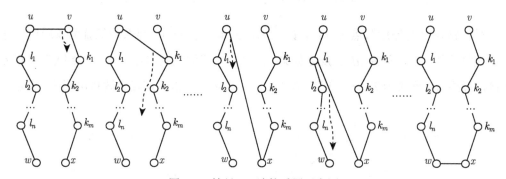

图 8-9   情景 1: 连接重置示意图

- 情景 2: 图 G 中存在两条路径, 一是由 u 到 w 的路径 π_1, 二是由 v 到 x 的路径 π_2, 两条路径都包含连接 uv。

$$\pi_1 : u \to v \to l_1 \to l_2 \to \cdots \to l_n \to w$$

$$\pi_2 : v \to u \to k_1 \to k_2 \to \cdots \to k_m \to x$$

在该情况下, 两条路径发生相交, 首先沿路径 π_1 将连接 uv 重置于节点 u 与 w 之间, 然后沿路径 π_2 将连接 wu 重置于 w 与 x 之间。于是连接 uv 最终重置于节点 w 与 x 之间, 如图 8-10 所示。

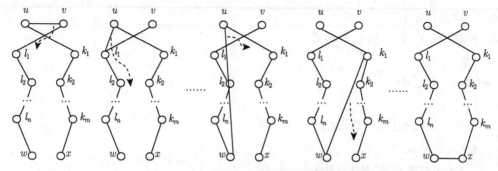

图 8-10 情景 2：连接重置示意图

需要指出的是，如果我们发现示例中存在由 u 到 w 的路径 π_1 包含连接 uv，同时存在由 v 到 x 的路径 π_2 不包含 uv，那么一定存在额外的路径 π_1'（图中虚线所示）将节点 u 和 w（或者 u 和 x）相连而不包含连接 uv，否则 G' 将不是连通图（如图 8-11所示）。如此一来，上述示例就变为情景 1 或情景 2，继而可通过三角形重连法则实现连接重置。

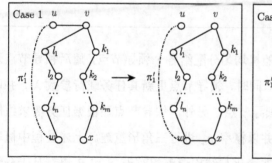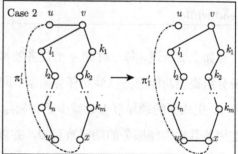

图 8-11 其他连接示例示意图

由上述分析可知，同等节点和连接规模下的任意两个连通图 G 和 G' 之间可以通过三角形重连法则实现相互转换，进而保证网络空间中图转移的完备性。

8.3.5 算法流程

综合上述节点角色演化、风险规避学习和网络结构调整，自适应网络中智能体任务分组算法流程如下所示：

算法 1 智能体任务分组

输入：初始状态 $N, E, S, \gamma, r, \lambda$, 及 $\boldsymbol{\theta}$

1: $t \leftarrow 0$

2: **while** $t < t_{\max}$ **do**

3:     $t \leftarrow t + 1$

4:     任务均匀地分配给各个领导节点

5:     **for** $a_i \in N$ **do**

6:        提供功能服务以满足任务需求

7:        **if** $r(a_i) = leader$ **then**

8:           更新 λ，θ

9:           以概率 p_e 生成新的领导节点或减少已有领导节点

10:        **end if**

11:     **end for**

12:     **for** $a_i \in N$ **do**

13:        以概率 p_a 进行三角重连

14:     **end for**

15: **end while**

正如上文所述，每一时刻 γ 个任务随机均匀分配给各个领导节点，随后领导节点及相应分组提供功能服务以满足任务需求。同时，领导节点更新其任务载荷参数 λ，并以概率 p_e 生成新的领导节点或减少已有领导节点。另外，领导节点还根据任务需求组成动态调整其对功能服务的期望数目 $\boldsymbol{\theta}$，并以概率 p_a 进行三角形重连。上述过程中概率 p_e 和 p_a 都是非常小的取值，暗示了状态演化与结构调整相对于 λ 和 $\boldsymbol{\theta}$ 更新是十分缓慢的行为。

8.4 自适应协同理论分析

在本节，我们将对基于 WLA 的智能体任务分组展开理论分析，通过解析计算的方法探究其对网络结构和组织性能的影响。在 AON 模型中，外界任务的产生服从多项式分布：

$$T \sim f(\boldsymbol{\psi}(S_1), \boldsymbol{\psi}(S_2), \cdots, \boldsymbol{\psi}(S_\xi), |T|, p_1, p_2, \cdots, p_\xi) \tag{8-12}$$

其中 $\sum_{i=1}^{\xi} \boldsymbol{\psi}(S_i) = |T|$ 且 $\sum_{i=1}^{\xi} p_i = 1$。

所有的功能服务随机均匀地分布在各个任务需求中，每个功能被选取的概率记为 $p_i = 1/\xi$。当任务规模 $|T|$ 足够大时，根据中心极限定理（CLT），任务中功能 S_i 的数目服从如下分布：

$$\boldsymbol{\psi}(S_i) \sim |T|p_i + \sqrt{|T|}\mathcal{N}(0, \sigma_i^2) \tag{8-13}$$

其中 $\sigma_i^2 = p_i(1 - p_i)$，意味着任务中各个功能需求数目的方差，$\mathcal{N}$ 为正态分布。

基于风险规避学习机制，领导节点对某功能服务 S_i 的期望数目 $\boldsymbol{\theta}(S_i)$ 计算公式为：

$$\Delta\boldsymbol{\theta}(S_i) \leftarrow \begin{cases} \eta_-[\boldsymbol{\psi}(S_i) - \boldsymbol{\theta}(S_i)] & \text{当 } \boldsymbol{\theta}(S_i) \geqslant \boldsymbol{\psi}(S_i) \\ \eta_+[\boldsymbol{\psi}(S_i) - \boldsymbol{\theta}(S_i)] & \text{当 } \boldsymbol{\theta}(S_i) < \boldsymbol{\psi}(S_i) \end{cases} \tag{8-14}$$

对于特定功能服务 S_i，定义 ϵ_i 为实际任务功能需求 $\boldsymbol{\psi}(S_i)$ 与期望数目 $\boldsymbol{\theta}(S_i)$ 之差，即 $\epsilon_i = \boldsymbol{\psi}(S_i) - \boldsymbol{\theta}(S_i)$，进而我们可得稳态条件下的 ϵ_i：

$$\epsilon_i \sim \sqrt{|T|}\mathcal{N}(0, \sigma_i^2) + |T|p_i - \boldsymbol{\theta}^\star(S_i)$$

其中 $\boldsymbol{\theta}^\star(S_i)$ 是稳态条件下领导节点对功能服务 S_i 的期望数目。

将上述方程展开，可得：

$$\epsilon_i \sim \mathcal{N}(|T|p_i - \boldsymbol{\theta}^\star(S_i), |T|\sigma_i^2) \tag{8-15}$$

其中概率密度函数（pdf）求解公式为：

$$p_{\epsilon_i} = \frac{1}{\sigma_i\sqrt{2\pi|T|}} \exp^{-\frac{(\epsilon_i - |T|p_i + \boldsymbol{\theta}^\star(S_i))^2}{2|T|\sigma_i^2}} \tag{8-16}$$

由于风险规避策略中有两个不同的学习率，即向上调整的 η_+ 和向下调整的 η_-，其稳态公式为：

$$\eta_+ \int_0^{+\infty} \epsilon_i p_{\epsilon_i}\, \mathrm{d}\epsilon_i = \eta_- \int_{-\infty}^{0} -\epsilon_i p_{\epsilon_i}\, \mathrm{d}\epsilon_i \tag{8-17}$$

其中 $\eta_- \leqslant \eta_+$，且二者相较于 $\boldsymbol{\psi}(S_i) - \boldsymbol{\theta}(S_i)$ 而言都为较小的数值。

通过分部积分，我们可获得稳态条件下的 $\boldsymbol{\theta}^{\star}(S_i)$，且其余 η_- 和 η_+ 密切相关。

$$\frac{|T|p_i - \boldsymbol{\theta}^{\star}(S_i)}{-\sigma_i\sqrt{|T|}}\left[\eta_+ - (\eta_+ - \eta_-)\Phi\left(\frac{|T|p_i - \boldsymbol{\theta}^{\star}(S_i)}{-\sigma_i\sqrt{|T|}}\right)\right]$$
$$= (\eta_+ - \eta_-)\frac{1}{\sqrt{2\pi}}e^{-\frac{(|T|p_i - \boldsymbol{\theta}^{\star}(S_i))^2}{2|T|\sigma_i^2}} \qquad (8\text{-}18)$$

其中 $\Phi(x)$ 为正态分布的累计分布方程 (CDF)。

进一步推导，定义一中间变量 a 为：

$$a = \frac{|T|p_i - \boldsymbol{\theta}^{\star}(S_i)}{-\sigma_i\sqrt{|T|}} \qquad (8\text{-}19)$$

将 $\dfrac{|T|p_i - \boldsymbol{\theta}^{\star}(S_i)}{-\sigma_i\sqrt{|T|}}$ 由 a 替换，可得如下稳态方程：

$$a\big[\eta_+ - (\eta_+ - \eta_-)\Phi(a)\big] = (\eta_+ - \eta_-)\frac{1}{\sqrt{2\pi}}e^{-a^2/2} \qquad (8\text{-}20)$$

其中中间变量 a 只依赖于学习率 η_+ 和 η_-。给定 η_+ 与 η_- 取值，我们可求解方程 8-20 得到 $a^{\star}$。

8.4.1　学习率的影响

在风险规避策略中，如果两个学习率相同，即 $\eta_+ = \eta_-$，那么通过求解方程 8-20，我们可以获得 $a^{\star} = 0$。基于此，推导方程 8-19 进一步可得：

$$a^{\star} = \frac{|T|p_i - \boldsymbol{\theta}^{\star}(S_i)}{-\sigma_i\sqrt{|T|}} = 0$$

显而易见，稳态条件下功能服务期望数目 $\boldsymbol{\theta}$ 与实际任务功能需求相等，于是可得：

$$\boldsymbol{\theta}^{\star}(S_i) = |T|p_i \qquad (8\text{-}21)$$

如果 $\eta_+ > \eta_- > 0$，那么 $a^{\star} > 0$，于是方程 8-20 的表达形式为：

$$a\left[\frac{\eta_+}{\eta_+ - \eta_-} - \Phi(a)\right] = a\left[\frac{1}{1 - \eta_-/\eta_+} - \Phi(a)\right] = \frac{1}{\sqrt{2\pi}}e^{-\frac{a^2}{2}} \qquad (8\text{-}22)$$

基于此，我们可以发现中间参数解 $a^{\star}$ 只依赖于 $\eta_+/(\eta_+ - \eta_-)$，也就是学习率的比值 η_-/η_+。求解方程 8-22，图 8-12 展现了中间参数解 $a^{\star}$ 随学习率之比 η_-/η_+（介于 0 到 1 之间）的变化情况。通过观察发现，$a^{\star}$ 随学习率之比的增加呈现单调递减趋势。

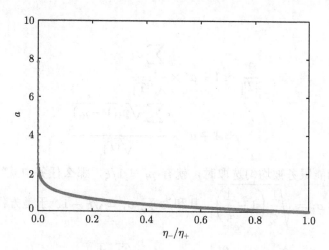

图 8-12 中间参数解 $a^{\star}$ 随学习率之比 η_-/η_+ 变化的情况

8.4.2 任务规模越大，资源浪费率越小

对于给定的功能服务 S_i，我们基于 $a^{\star} = \dfrac{|T|p_i - \boldsymbol{\theta}^{\star}(S_i)}{-\sigma_i\sqrt{|T|}}$，可进一步得到中间参数解的表达公式：

$$\boldsymbol{\theta}^{\star}(S_i) - |T|p_i = a^{\star} \times \sigma_i\sqrt{|T|} \tag{8-23}$$

基于上式，领导节点对功能服务的期望数目 $\boldsymbol{\theta}^{\star}(S_i)$ 与实际任务功能需求均值 $|T|p_i$ 之差可分解为三个影响因素：1）$a^{\star}$，其由学习率之比 η_-/η_+ 决定（见图 8-12）；2）σ_i，即任务功能 S_i 需求数目的标准差；3）任务规模 $|T|$。于是，对于 $\boldsymbol{\theta}^{\star}(S_i)/|T|$，我们可得：

$$\frac{\boldsymbol{\theta}^{\star}(S_i)}{|T|} \simeq p_i + a^{\star} \times \frac{\sigma_i}{\sqrt{|T|}} \tag{8-24}$$

上式表明随着中间参数解 $a^{\star}$ 的降低，或者任务规模的增长，又或者任务功能需求方差的降低，稳定状态下，某功能服务的期望数目 $\boldsymbol{\theta}^{\star}(S_i)$ 与外界任务规模 $|T|$ 之比收敛于 p_i，即任务中该功能的选取概率。

当我们考虑 S 中所有的功能服务时，可得 $\boldsymbol{\theta}^{\star} = \sum_{i=1}^{i=\xi} \boldsymbol{\theta}^{\star}(S_i)$，方程 8-24 可进一步

扩展为：

$$\frac{\boldsymbol{\theta}^\star}{|T|} \simeq 1 + a^\star \times \frac{\sum\limits_i \sigma_i}{\sqrt{|T|}}$$

$$= 1 + a^\star \times \frac{\sum\limits_i \sqrt{p_i(1-p_i)}}{\sqrt{|T|}} \tag{8-25}$$

当所有的功能服务被均匀选取时，就有 $p_i = 1/\xi$，那么任务中某特定功能服务 S_i 数目的标准差为 $\sigma_i = \sqrt{\frac{1}{\xi}\left(1 - \frac{1}{\xi}\right)}$，其和为 $\sum_i \sigma_i = \sqrt{\xi - 1}$。于是方程 8-25 可进一步化简为：

$$\frac{\boldsymbol{\theta}^\star}{|T|} \simeq 1 + a^\star \times \frac{\sqrt{\xi-1}}{\sqrt{|T|}} \tag{8-26}$$

其中，当功能服务集合较小时，即 ξ 取值较小时，稳定状态下功能服务期望数目 $\boldsymbol{\theta}^\star$ 与实际任务规模 $|T|$ 就越接近。当 $\xi = 1$ 时，可得 $\boldsymbol{\theta}^\star \simeq |T|$，即网络中只有一类功能服务节点，所有节点提供相同的服务。

假设通过一系列重连操作，稳态条件下，分组功能服务供应 ϕ 能够与功能服务期望数目 $\boldsymbol{\theta}$ 匹配，那么就可获得 $\phi^\star \simeq \boldsymbol{\theta}^\star$，其中 $\phi^\star = \sum_i \phi(S_i)^\star$ 为分组提供功能服务数目之和。基于此，分组资源浪费率（TWR）就可近似估计为如下公式，从中可以发现任务规模 $|T|$ 越大，资源浪费率 TWR 越小。

$$\text{TWR} = \frac{\phi^\star}{|T|} - 1 \simeq \frac{\boldsymbol{\theta}^\star}{|T|} - 1$$

$$\simeq a^\star \times \frac{\sqrt{\xi-1}}{\sqrt{|T|}} \tag{8-27}$$

8.4.3 功能集合越大，任务成功率越小

对于给定的功能服务 S_i，稳定状态下持有该功能的节点数目可近似为分组对应的期望数目：

$$\phi(S_i)^\star \simeq \boldsymbol{\theta}^\star(S_i) \simeq |T|p_i + a^\star \sigma_i \sqrt{|T|}$$

另外，实际任务中功能 S_i 的需求数目服从如下分布：

$$\psi(S_i) \simeq |T|p_i + \sqrt{|T|}\mathcal{N}(0, \sigma_i^2)$$

对于给定的任务 T，如果其功能需求 S_i 被任务分组满足，那么分组需提供足够数目的相应功能服务节点，即 $\phi^\star(S_i) \geqslant \psi(S_i)$，进而可得：

$$|T|p_i + a^\star \sigma_i \sqrt{|T|} \geqslant |T|p_i + \sqrt{|T|}\mathcal{N}(0, \sigma_i^2) \tag{8-28}$$

满足上述不等式的概率记为：

$$p(\phi^\star(S_i) \geqslant \psi(S_i)) = \Phi_{0, \sigma_i^2}(a^\star \sigma_i) \tag{8-29}$$

其中，Φ 为概率累计分布方程 (CDF)。

同理，当所有 ξ 个功能服务需求都被满足时，任务就能得以完成，其概率记为：

$$\prod_{i=1}^{\xi} p(\phi^\star(S_i) \geqslant \psi(S_i)) = \prod_{i=1}^{\xi} \Phi_{0, \sigma_i^2}(a^\star \sigma_i) \tag{8-30}$$

由于所有功能服务随机均匀选取构成一个任务，那么任务的成功完成率 TSR 可近似计算为：

$$\begin{aligned}
\text{TSR} &\simeq \prod_{i=1}^{\xi} \Phi_{0, \sigma_i^2}(a^\star \sigma_i) \\
&\simeq \Phi_{0, \sigma_i^2}(a^\star \sigma_i)^{\xi} \\
&\simeq \left(\frac{1}{2} \left[1 + \operatorname{erf}\left(\frac{a^\star}{\sqrt{2}} \right) \right] \right)^{\xi}
\end{aligned} \tag{8-31}$$

其中 $\operatorname{erf}(x)$ 为误差方程。

由此可见，对于给定的中间参数解 $a^\star$，任务成功完成的概率随着功能服务集合的扩大（即 ξ 的增加）呈指数递减，但是其与任务规模大小无关。

8.5 应用：分布式任务分组中自适应协同

在工作–学习–调节（Work-Learn-Adapt，WLA）机制下，我们将网络个体赋予不同的角色，即领导节点和下属节点，用以实现劳动力分工，进而避免在任务竞标和成员招募过程中的阻塞。随后在风险规避学习策略的基础上，动态调整分组中功能服务的期望数目，并通过三角形重连实现网络结构的调整。针对上述智能体任务分组模型以及相应的理论分析，本节将提供一系列数值仿真对其进行验证，在状态演化和结构调整过程中着重关注领导节点功能服务期望数目 θ，任务分组实际功能组成 ϕ，以及组织性能指标（主要包括任务成功率 TSR 和资源浪费率 TWR）。

数值仿真实验的初始条件为 ER 随机网络，节点规模 $N = 500$，平均度数 $\langle k \rangle = 4$。每一时刻，γ 个任务会进入网络中等待执行。角色演化和结构重连事件发生的概率都为 $p_e = p_a = 0.002$，相较于实时进行的参数更新和学习行为而言其发生速率相对较慢。在风险规避学习策略中，两个学习率分别记为 $\eta_+ = 0.01$ 和 η_-，其中后者取值范围为 $[0, \eta_+]$，学习率之比 $\eta_-/\eta_+ \in [0, 1]$。根据前面章节所示算法，整个数值仿真持续 10^5 步。

8.5.1   基准实验

首先，我们设定任务规模为 $|T| = 100$，每一时刻引入到网络中的任务数目为 $\gamma = 4$，于是满足 $\gamma|T| < N$。功能服务集合大小为 $\xi = 2$，每个功能被选取的概率都为 $p_i = 0.5$。任务生成服从多项式分布，因此某特定功能服务数目的标准差记为 $\sigma_i = \sqrt{p_i(1 - p_i)} = 0.5$。

当学习率之比为 $\eta_-/\eta_+ = 0.1$ 时，我们获取了稳态条件下的网络结构（如图 8-13 a 所示），其中存在四个显著的中心节点，分别代表了四个任务分组的领导节点。深浅两色节点代表不同服务功能的个体，初始条件下其均匀分布在网络中。在上述分析中，我们得知：

$$\frac{\theta^\star}{|T|} \simeq 1 + a^\star \sqrt{(\xi - 1)/|T|}$$

其中中间参数解 $a^\star$ 可通过图 8-12 获得，其只取决于 η_-/η_+。在稳态条件下，我们在图 8-13 b 还比较了分组功能服务期望数目与任务规模之比 $\theta^\star/|T|$ 在数值仿真和理论计算两种情况下的取值，从中我们发现二者随 η_-/η_+ 变化呈现了高度的一致性，充分验证了之前理论分析的有效性。

当学习率之比 η_-/η_+ 由 0.1 变化到 0.9 时，图 8-14 展示了任务规模 $|T|$ 和分组中功能服务期望数目 θ 的变化情况。由图我们可以发现，当学习率之比较小时，例如 $\eta_-/\eta_+ = 0.1$，θ 取值会明显高于 $|T|$，随着学习率的增加，二者差异逐渐减小，最终实现一致。

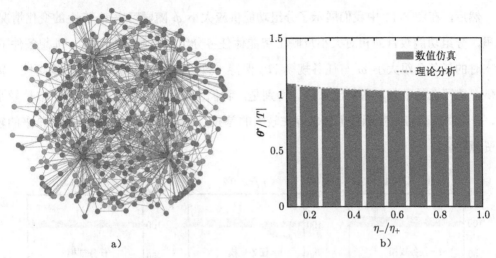

a)   b)

图 8-13　网络结构示意图与理论–仿真比较图

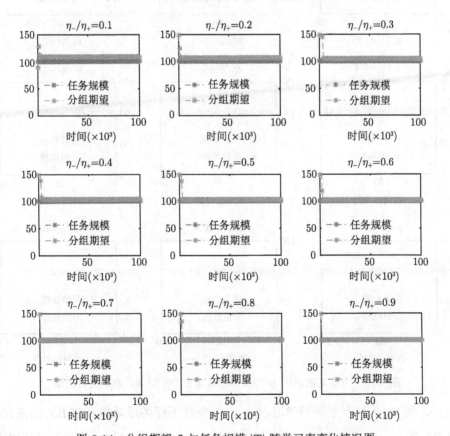

图 8-14　分组期望 θ 与任务规模 $|T|$ 随学习率变化情况图

然后，在图 8-15 中我们展示了分组功能供应大小 ϕ 随学习率 η_-/η_+ 的变化情况。这里，分组功能数目的相对大小反映了智能体任务分组中资源浪费程度。理想条件下，稳态时的任务分组大小 ϕ 与任务规模 $|T|$ 保持一致。考虑到任务需求的不确定性，需提供一些冗余的节点以备供应不足。特别是，我们发现当学习率之比 η_-/η_+ 取值较小时，分组功能供应与实际任务需求存在较大的差异，充分体现了风险规避策略带来的较大资源冗余。

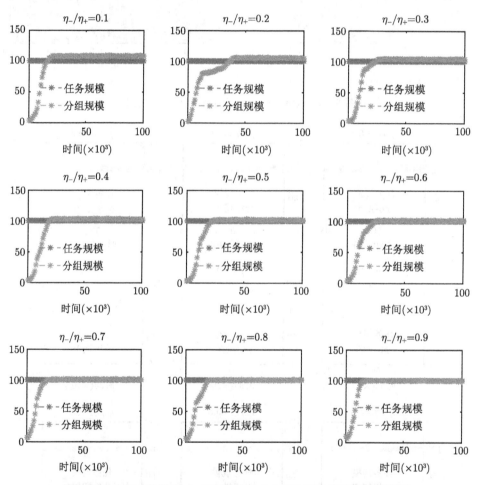

图 8-15　分组功能供应 ϕ 与实际任务大小 $|T|$ 随学习率变化情况图

另外，图 8-16 展示了不同学习率 η_-/η_+ 条件下任务成功率（TSR）的变化情况。显而易见，当 η_-/η_+ 取值较小时，分组功能供应能力较强，分组规模大于任务规模，任务成功率较高。反之，当 η_-/η_+ 取值较大时，分组规模趋近于任务规模，任务成功率较低。这种现象表明了分组资源浪费率（TWR）与任务成功率（TSR）二者之间的制约关系，较高的任务成功率不可避免会带来较高的资源浪费，也就是现实世界中"天下没有免费的午餐"这一道理。

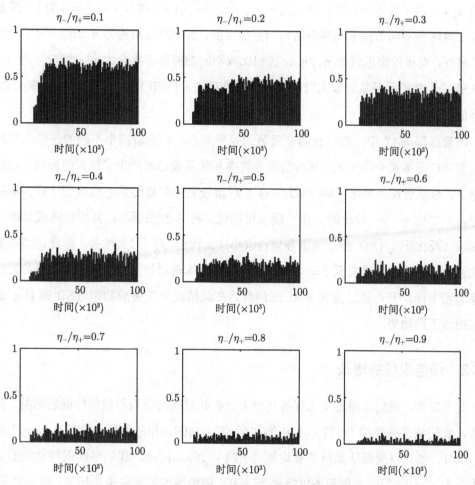

图 8-16　任务成功率 TSR 随学习率变化情况图

在上述基准实验的基础上，我们将变化一些参数，例如功能服务集合大小 ξ、任务规模大小 $|T|$、任务数目 γ 等，以观察相应条件下网络的自适应调整，以及其对任务成功率和资源浪费率的影响。

8.5.2　功能服务集合的扩大

为揭示功能服务集合大小 ξ 对网络结构和组织性能的影响，我们设定任务规模 $|T|=100$，任务数目 $\gamma=4$，分别考虑功能服务集合大小为 $\xi=2$ 和 $\xi=4$ 的情景。每个功能服务以概率 $p_i=1/\xi$ 被随机均匀选取构建任务需求。每个功能服务数目的标准差由 $\sigma_i=1/2$（当 $\xi=2$ 时）增长至 $\sigma_i=\sqrt{p_i(1-p_i)}=\sqrt{3}/4$（当 $\xi=4$ 时）。图 8-17 展现了这两种不同条件下的网络结构和组织性能，其中网络结构为 $\eta_-/\eta_+=0.1$ 时的情形。另外，对于给定取值的 η_-/η_+，我们比较不同功能服务集合大小 ξ 情况下的 TWR 和 TSR：当功能服务集合较大时，分组资源浪费率（TWR）较高，任务成功率（TSR）却降低到较低水平。

尽管在图 8-17 中，都存在四个显著的领导节点，对应着四个不同的任务分组，但是随着功能服务集合的扩大，其对资源浪费率和任务成功率产生了巨大的影响。在稳定状态下，分组资源浪费率（即 TWR）在 ξ 取值较大时明显高于 ξ 取值较小时，特别是当学习率之比 η_-/η_+ 较小时。这一现象可通过方程 8-27 来解释，其中任务成功率与任务规模（反比于 $\sqrt{|T|}$）和功能服务集合大小（正比于 $\sqrt{\xi-1}$）相关。因此，当功能服务集合大小由 $\xi=2$ 增长至 $\xi=4$ 时，任务分组规模得以相应扩大。另外，任务完成的概率急剧下降，其可通过方程 8-31 来解释，在此情况下任务成功率 TSR 随着 ξ 的增加呈指数下降趋势。

8.5.3　任务规模的增长

另一方面，我们还通过变化任务规模来分析其对网络结构和组织性能的影响。具体而言，我们将任务规模由 $|T|=100$ 增加至 $|T|=400$，相应的任务数目由 $\gamma=4$ 降低至 $\gamma=1$，如此以来保证系统负载均衡（$\gamma|T|<N$）。同时，我们继续保持功能服务集合大小为 $\xi=2$，每个功能服务以概率 $p_i=0.5$ 随机均匀被选取构建任务。这种情况下，功能服务需求数目的标准差不受任务规模的影响。与之前类似，我们在图 8-18 展现了这两种不同条件下的网络结构和组织性能，其中网络结构为 $\eta_-/\eta_+=0.1$ 时的情形。对于给定取值的 η_-/η_+，我们比较不同任务规模 $|T|$ 情况下的 TWR 和 TSR：当任务规模较大时，分组资源浪费率（TWR）较小，任务成功率（TSR）变化不大。

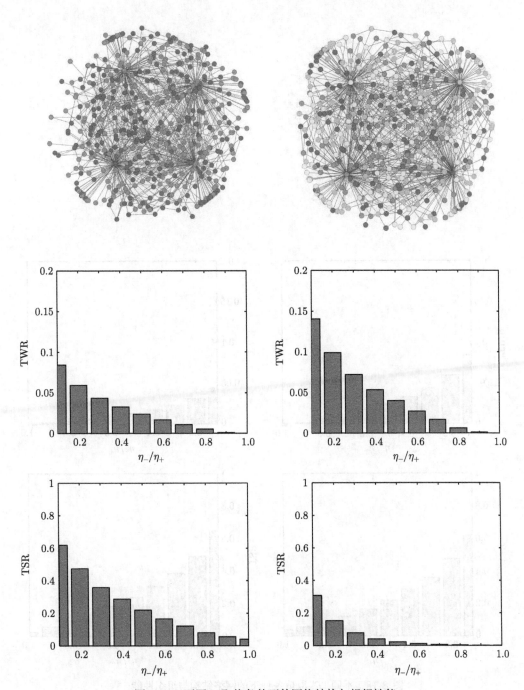

图 8-17 不同 ξ 取值条件下的网络结构与组织性能

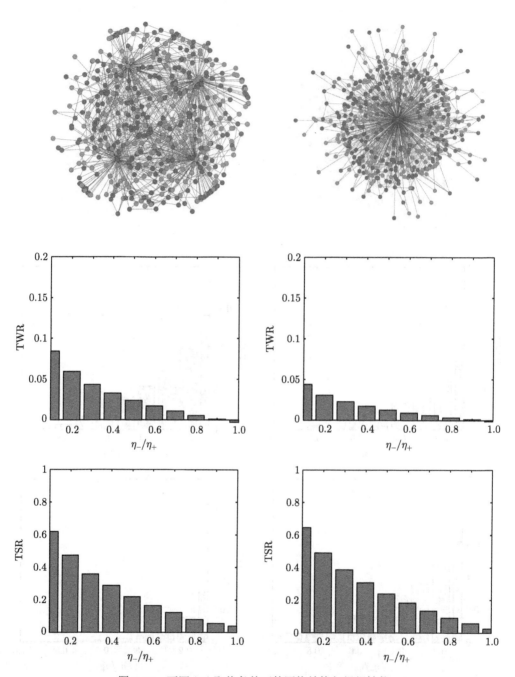

图 8-18　不同 $|T|$ 取值条件下的网络结构与组织性能

图 8-18 左侧展示了基准条件下的场景（$|T| = 100$，$\gamma = 4$），右侧展示了任务规

模增长条件下的场景（$|T| = 400$，$\gamma = 1$）。从中我们可以发现，网络结构分组数目由 4 变为 1 时，分组规模快速扩大。特别是，稳态条件下分组资源浪费率 TWR 反比于 $\sqrt{|T|}$（见公式 8-27），意味着较大的任务规模带来较小的资源浪费。同时，我们发现任务成功率前后没有发生较大变化，其性能与任务规模无关（具体细节可参考式 8-31）。

8.5.4　动态任务下的动态分组

考虑到现实世界中任务需求的动态性，本研究提出的分布式任务分组具备自适应性和强鲁棒性。为展现这些特性，我们动态变化任务规模 $|T|$ 和任务数目 γ，观察自适应网络相应的状态演化和结构调整。保持 $\eta_-/\eta_+ = 0.1$、$\xi = 2$ 和 $\gamma|T| < N$，我们以一定的周期改变任务规模和数目，网络结构和任务分组呈现如图 8-19 所示的动态过程。随着任务规模的增长，由 $|T| = 100$ 变为 $|T| = 200$，我们发现分组数目相应减少，但是分组规模不断扩大以匹配相应的任务。另一方面，当任务规模减小，由 $|T| = 200$ 变为 $|T| = 100$ 时，我们发现网络分组数目有所增加，但是分组规模相应下降。网络分组变化与外界任务变化的匹配充分验证了自适应网络上分布式协同机制的有效性。

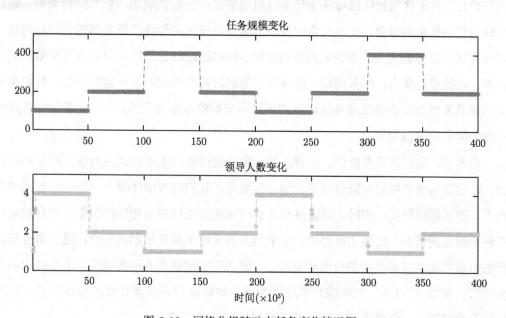

图 8-19　网络分组随动态任务变化情况图

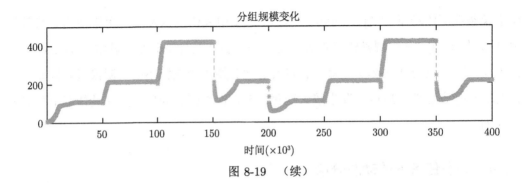

图 8-19　（续）

8.6　本章小结

在智能体任务分组中，其整体性能优劣的关键在于能否动态实现劳动力的分工。通过领导节点和下属节点角色划分，有效避免了因资源不足或不可达造成的阻塞现象。为实现网络分组随外部任务变化而自适应调整，我们还通过加权移动平均更新和风险规避学习策略聚合局部历史信息，获取网络中分组期望数目以及分组内部对各个功能服务的期望数目，基于这些量化指标各个任务分组能够进行分布式状态演化和结构调整，最终生成与任务匹配的分组，在没有集中控制的条件下有效实现各个智能体的协同。为进一步探索这种任务分组方式对组织性能的影响，我们通过理论分析和数值仿真实验发现学习率、功能服务集合、任务规模、任务数目等都对最终性能产生一定的影响，特别是扩大功能服务集合将会导致任务成功率的下降和分组资源浪费率的提升，而增加任务规模有助于降低资源浪费率。

在本章，我们将状态演化、分布式学习和结构调整应用于自适应网络上的分布式协同，以实现高效鲁棒的智能体任务分组。特别是，我们将智能体赋予一定的分布式学习能力，使其能够持续、实时、动态感知外部环境的变化以做出相应的调整，可有效应对多种不确定的情形。在现实世界中，越来越多的系统呈现开放动态特性，通过聚合局部历史信息实现状态和结构的自适应调整，对解决现实问题具有积极意义。本章提出的工作–学习–调节（WLA）机制综合考虑了网络个体局部行为及其导致的整体特性，可对复杂系统涌现性、鲁棒性和自适应性研究提供有益的借鉴。

参考文献

[1]　TEUVO K. Self-organization and associative memory. Self-Organization and Associative Memory[M].8th ed. New York: Springer, 1988: 312.

[2]　CHRISTIAN P, CHRISTIAN B. Self-organization in communication networks: principles and design paradigms[J]. IEEE Communications Magazine, 2005, 43(7): 78–85.

[3]　ESTEFANIA A, HOLGER B, CARLOS E C, et al. Agreement Technologies[M]. New York: Springer, 2013: 321–353.

[4]　YURIY B, GIOVANNA M S, CRISTINA G, et al. Software engineering for self-adaptive systems[M]. New York: Springer, 2009: 48-70.

[5]　MATTHEW E G, MARIE D J. Proceedings of the fourth international joint conference on Autonomous agents and multiagent systems[C]. New York: ACM, 2005: 230-237.

[6]　MATHIJS M W, ZHANG Y Q, TOMAS K. Multiagent task allocation in social networks[J]. Autonomous Agents and Multi-Agent Systems, 2012, 25(1): 46–86.

[7]　THADAKAMAILA H P, USHA N R, SOUNDAR K, et al. Surviv-ability of multiagent-based supply networks: a topological perspect[J]. Intelligent Systems, 2004, 19(5): 24–31.

[8]　LOVEKESH V, JULIE A A. Coalition formation: From software agents to robots[J]. Journal of Intelligent and Robotic Systems, 2007, 50(1): 85–118.

[9]　ROBIN G, PAUL S, KATIA S. Information Fusion, 2008 11th International Conference: Agent-based sensor coalition formation[C]. New York: IEEE, 2008: 1–7.

[10]　ONN S, SARIT K. Methods for task allocation via agent coalition formation[J]. Artificial Intelligence, 1998, 101(1): 165–200.

[11]　BULKA B, GASTON M, DESJARDINS M. Local strategy learning in networked multi-agent team formation[J]. Autonomous Agents and Multi-Agent Systems, 2007, 15(1): 29–45.

[12]　JULIE A A, et al. Coalition formation for task allocation: theory and algorithms[J]. Autonomous Agents and Multi-Agent Systems, 2011, 22(2): 225–248.

[13]　DANIELA S S, ANA B. Distributed clustering for group formation and task allocation in multiagent systems: a swarm intelligence approach[J]. Applied Soft Computing, 2012.

[14]　ABDALLAH S, LESSER V. Proceedings of the 6th international joint conference on Autonomous agents and multiagent systems: Multiagent reinforcement learning and self-organization in a network of agents[C]. New York: ACM, 2007: 172-179.

[15] KOTA R, GIBBINS N, JENNINGS N R. Decentralized approaches for self-adaptation in agent organizations[J]. ACM Transactions on Autonomous and Adaptive Systems (TAAS), 2012, 7(1): 1–36.

[16] YE D, ZHANG M, SUTANTO D. Self-organization in an agent network: A mechanism and a potential application[J]. Decision Support Systems, 2012, 53: 406–417.

[17] MATTHEW E G. Organizational learning and network adaptation in multi-agent systems[D]. Baltimore : University of Maryland at Baltimore County, 2005.

[18] GLINTON R, SYCARA K, SCERRI P. Proceedings of the Twenty-Second AAAI Conference on Artificial Intelligence: Agent organized networks redux [C]. New York: AAAI , 2008: 83–88.

[19] BARTON L, ALLAN V H. Information sharing in an agent organized network. Proceedings of the 2008 IEEE/WIC/ACM International Conference on Web Intelligence and Intelligent Agent Technology[C]. New York: IEEE Computer Society, 2007: 89–92.

[20] BARTON L, ALLAN V H. Methods for coalition formation in adaptation-based social networks[J]. Cooperative Information Agents XI, 2007: 285–297.

[21] BARTON L, ALLAN V H. Adapting to changing resource requirements for coalition formation in self-organized social networks. Proceedings of the 2007 IEEE/WIC/ACM International Conference on Web Intelligence and Intelligent Agent Technology[C]. New York: IEEE Computer Society, 2008: 282–285.

[22] THILO G, BERND B. Adaptive coevolutionary networks: a review[J]. Journal of The Royal Society Interface, 2008, 5(20): 259–271.

[23] BOWLING M, VELOSO M. Multiagent learning using a variable learning rate[J]. Artificial Intelligence, 2002, 136(2): 215–250.

[24] CHARLES A H, SUSAN K L. Risk aversion and incentive effects[J]. American economic review, 2002, 92(5): 1644–1655.

[25] VINCENT D, RUSS H, RICARDO H Z. Thermodynamic graphrewriting[J]. Lecture Notes in Computer Science, 2013, 11(2): 380–394.

[26] NICHOLAS M, ARIANNA W R, MARSHALL N R, et al. Equation of state calculations by fast computing machines[J]. The journal of chemical physics, 1953, 21(6): 1087–1092.